石油钻采机械使用与维护

主　编　王　岩　辛　颖
副主编　宋　文
参　编　燕　伟　申振强　崔金玉
　　　　张文博　郭瑞安（企业）
　　　　焦世全（企业）
主　审　武世新

北京理工大学出版社
BEIJING INSTITUTE OF TECHNOLOGY PRESS

图书在版编目(CIP)数据

石油钻采机械使用与维护 / 王岩，辛颖主编. -- 北京：北京理工大学出版社，2023.3
ISBN 978-7-5763-2789-2

Ⅰ. ①石… Ⅱ. ①王… ②辛… Ⅲ. ①油气钻井-钻机-使用方法②油气开采设备-机械设备-使用方法③油气钻井-钻机-维修④油气开采设备-机械设备-维修
Ⅳ. ①TE922②TE93

中国国家版本馆 CIP 数据核字(2023)第 160188 号

责任编辑：多海鹏　　文案编辑：多海鹏
责任校对：周瑞红　　责任印制：李志强

出版发行 / 北京理工大学出版社有限责任公司
社　　址 / 北京市丰台区四合庄路 6 号
邮　　编 / 100070
电　　话 / (010) 68914026 (教材售后服务热线)
　　　　　(010) 68944437 (课件资源服务热线)
网　　址 / http://www.bitpress.com.cn

版 印 次 / 2023 年 3 月第 1 版第 1 次印刷
印　　刷 / 唐山富达印务有限公司
开　　本 / 787 mm×1092 mm　1/16
印　　张 / 20.25
字　　数 / 435 千字
定　　价 / 89.90 元

前言

本教材为贯彻落实党的二十大精神，从美丽中国建设、科教兴国、文化自信等方面，积极融入绿色发展、科技创新、高质量发展等理念，更好地培养大批爱岗敬业、甘于奉献、德才兼备的高素质技术技能人才和大国工匠；坚持以立德树人为根本，围绕石油工程技术专业人才培养要求，构建了基于“传承铁人精神、弘扬劳动美德、争做石油工匠”的思政教学体系。在该体系的指导下，本教材有机地融入了思政元素，涵盖了埋头苦干、不怕牺牲的石油精神；吃苦耐劳、艰苦奋斗的劳动美德；敬业、专注和创新的大国工匠精神，充分阐释了爱国主义精神在高素质技术技能人才培养过程中的重要性，并通过努力培养学生团队协作、创新思维和社会责任的意识，让学生具备积极向上的职业态度。

本教材的开发坚持以职业活动为导向，紧密对接行业、企业最新内容，融入石油智能化生产新设备、新技术、新工艺和新标准，紧扣石油工程技术专业教学标准和国家职业技能等级标准，并按逻辑关系和学生的认知规律进行了整合、序化；将理论与技能相结合，难易适度，非常适合现代化高职学生职业能力的培养；采用校企合作的编写机制，符合先进性、科学性和适用性的设计理念。编者在编写本教材之初做了大量的企业调研，并聘请行业、企业专家和技术人员进行座谈，分析、提炼出现场职业岗位的典型工作任务；在编写过程中，企业人员就学习目标的定位、生产标准的提供，以及教材评价体系的设计等给出了关键的帮助与指导。

本教材融入了大量的精品课程资源，进一步丰富了教材内容，拓宽了读者视野，且贯彻“任务描述→任务分组→知识准备→任务实施→评价反馈”五个阶段的学习模式，在结构安排和内容选择上更加符合读者的认知习惯。本教材共分为九个学习模块，具体如下：

（1）模块 1 为钻机起升系统的使用与维护，包括起升系统中井架、游车、大钩、绞车、钢丝绳、电磁刹车、气动小绞车、盘式刹车的组成、结构与原理，以任务的形式展开介绍起升系统中各组成部分的操作、维护与保养的操作步骤和安全要求。

（2）模块 2 为钻机旋转系统的使用与维护，包括旋转系统中转盘、水龙头、顶驱钻井装置等的作用、结构、组成与原理，并以任务的形式展开介绍旋转系统中各组成部分的操作、维护与保养的操作步骤和安全要求。

（3）模块 3 为钻机循环系统的使用与维护，包括钻井泵缸套活塞、空气包气囊、十字头、安全阀、振动筛、除砂器旋流器、离心机等的结构原理、型号、特性，并以任务的形式展开介绍循环系统中各组成部分的操作、更换、调整、保养及安全要求。

（4）模块 4 为钻机驱动与传动系统的使用与维护，包括柴油机驱动钻机和电驱动钻机的驱动特性、类型和特点等，并以任务的形式展开介绍驱动与传动系统中各组成部分的使用、维护和安全操作要求。

（5）模块5为钻机液压传动系统的使用与维护，包括液压泵、液压马达、液压缸、液压控制阀、液压猫头的结构特性、类型、原理等，并以任务的形式展开介绍液压传动系统中各组成部分的维护与保养、安装、调整和故障处理。

（6）模块6为钻机气控系统的使用与维护，包括气源装置、执行元件、气控元件，以及防碰天车的结构原理和分类特点，并以任务的形式展开介绍气控系统中各组成部分的使用、维护、装配、拆检和更换等操作。

（7）模块7为钻井井口工具与设备的使用与维护，包括主要的井口工具B型吊钳、吊环、吊卡、卡瓦、安全卡瓦的使用要求和操作步骤，以及井口主要设备液气大钳、自动送钻装置、套管动力钳的结构原理和检查调整，并以任务的形式展开介绍井口工具与设备的正确使用、维护保养方法。

（8）模块8为抽油设备的使用与维护，包括有杆泵抽油机的使用与维护、抽油泵和抽油杆的使用与维护、无杆泵抽油设备的使用与维护，重点为有杆泵抽油机、有杆泵和抽油杆、无杆泵抽油设备的组成、结构和原理，并以任务的形式展开介绍抽油设备的常用操作、维护与保养的方法及安全要求。

（9）模块9为数字化采油设备的使用与维护，包括远程启停抽油机、远程调配注水井注水量的操作方法，压力变送器、温度变送器、变频器、载荷传感器、井口数据采集器、磁浮子液位计的组成、结构与原理，以及各个设备的应用场景及功能特点，并以任务的形式展开介绍数字化采油设备的操作、维护与保养的方法和安全要求。

本教材在经历多轮校内试教试用的前提下，反复修订凝练而成。本教材编写团队均为长期从事一线教学工作的专业教师，其中王岩副教授、辛颖副教授为主编，宋文为副主编，燕伟、申振强、崔金玉、张文博、郭瑞安（企业）、焦世全（企业）为参编，武世新教授为主审。本教材具体编写分工如下：模块1、模块2由王岩、辛颖编写，模块3、模块4、模块6、模块7由宋文、王岩、郭瑞安、焦世全编写，模块5由崔金玉编写，模块8由申振强、燕伟编写，模块9由张文博编写。

由于水平有限，时间仓促，本教材不足之处在所难免，恳请广大读者提出宝贵意见，以便进一步完善。

编　者

目　　录

模块1　钻机起升系统的使用与维护

【模块简介】

钻机的起升系统实质上是一台重型起重机，它是钻机的核心，起到接单根、起下钻具、钻进时控制钻压等作用，由井架、游车、天车、大钩、游动钢丝绳、绞车和辅助制动等设备组成。本模块包括井架的使用与维护、钻机游动系统的使用与维护、钻井绞车的使用与维护3个工作任务。在明确工作任务后，通过学习、理解相关设备的结构原理、组成特点、功能及应用场合等内容，应能够设计钻机起升系统使用与维护的工作方案并开展相应工作，且能够客观完成工作评价。

任务1.1　井架的使用与维护

【任务简介】

井架是钻机起升系统的重要组成部分。它在钻井和采油生产过程中，用于安放和悬挂起升设备与工具，并承受井中管柱的重力。所以，它是一种具有一定高度和空间的金属桁架结构，而且要有足够的承载能力及足够的强度、刚度和整体稳定性。本任务要求能够正确对A形井架进行使用与维护，具体由两个子任务组成，分别为安装A形井架和起升A形井架。

小贴士

安全操作是生产的关键，请秉持敬业、精益、专注的大国工匠精神和埋头苦干的石油精神，强化安全和规范意识，严格按照井架安全规范进行安装与起升。

【任务目标】

资源1　井架概述

1. 知识目标

（1）熟悉井架的功用和基本组成。

（2）了解井架的基本参数和代号。

（3）掌握A形井架安装和起升的操作程序。

2. 技能目标

（1）能规范使用井架。

(2) 会设计井架的基本参数。

(3) 能安装和起升 A 形井架。

3. 素质目标

(1) 提高安全生产、安全操作的意识。

(2) 培养户外作业不怕吃苦的劳动精神和奋斗精神。

(3) 培养在实践工作中发现问题、解决问题的意识与能力。

子任务 1.1.1 安装 A 形井架

【任务描述】

A 形井架是钻机起升系统中常用的井架类型，它由两个格构式或管柱式大腿，靠天车台与井架上部的附件杆件和二层台连接成“A”字形的空间结构。本任务需要学生在了解井架的功用和基本组成，以井架基本参数和代号的基础上，完成对 A 形井架的正确安装。要求：正确穿戴劳动保护用品；工具、量具、用具准备齐全，且能正确使用；操作应符合安全文明操作规程；按规定完成操作项目，质量达到技术要求；任务实施过程中能够主动查阅相关资料、互相配合、团队协作。

【任务分组】

学生填写表 1－1－1，进行分组。

表 1－1－1 任务分组表

<table>
<tr><td>班级</td><td></td><td>组号</td><td></td><td>指导教师</td><td></td></tr>
<tr><td>组长</td><td></td><td>学号</td><td></td><td></td><td></td></tr>
<tr><td rowspan="3">组员</td><td>姓名</td><td>学号</td><td>姓名</td><td colspan="2">学号</td></tr>
<tr><td></td><td></td><td></td><td colspan="2"></td></tr>
<tr><td></td><td></td><td></td><td colspan="2"></td></tr>
<tr><td colspan="6">任务分工</td></tr>
<tr><td colspan="6"></td></tr>
</table>

【知识准备】

（一）井架的功用

(1) 安放天车，悬挂游车、大钩和吊钳、各种绳索等提升设备和专用工具。

（2）在钻井作业中，支持游动系统并承受井内管柱的全部重力，进行起下钻具、下套管等作业。

（3）在钻进和起下钻时，存放钻杆单根、立根、方钻杆或其他钻具。

（4）遮挡落物，保护工人安全生产。

（5）方便工人高空操作和维修设备。

（二）井架的基本组成

石油矿场上使用的各种井架主要由主体、人字架、天车台、二层台、工作梯、立管平台等组成，如图1－1－1所示。

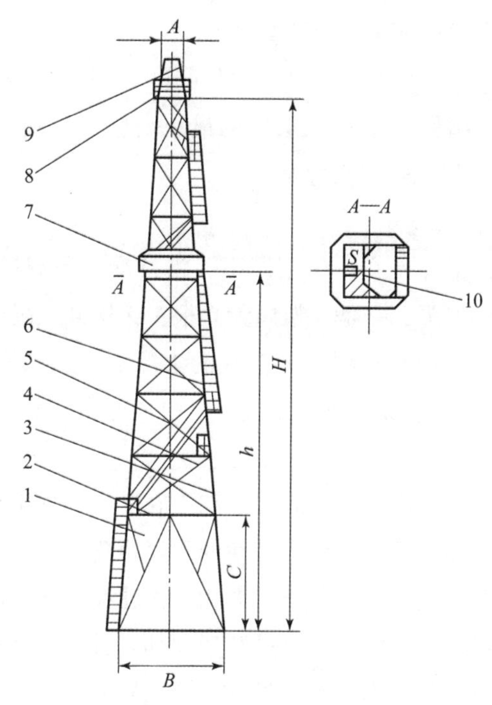

1—主体；2—横杆；3—弦杆；4—斜杆；5—立管平台；6—工作梯；7—二层台；8—天车台；9—人字架；10—指梁；A—井架上底尺寸；B—井架下底尺寸；C—井架大门高度；H—井架有效高度；h—二层台高。

图1－1－1 井架的基本结构

（1）主体：由井架大腿、横拉筋、斜拉筋组成的空间桁架结构，是主要的承载部分。如果主体失去几何形状或桁架结构被破坏，那么整个井架的稳定性和承载能力就会降低。

（2）人字架：位于井架的最顶部，其上可悬挂滑轮，用以在安装、维修天车时起吊天车。

（3）天车台：安装在井架顶部，用来安放天车。天车台上有检修天车的过道，周围用栏杆围起来。

（4）二层台：位于井架中间（塔型井架二层台在井架内部，其余井架二层台在井架外前侧），是井架工进行起下钻操作的场所，包括工作台和指梁。

（5）工作梯：是井架工上下井架的通道，有盘旋式和直立式两种。

（6）立管平台：装拆水龙带的操作台。

（三）井架的基本参数及代号

1. 最大钩载

最大钩载是钻机的主要参数之一，是指死绳固定在指定位置，用标准规定的钻井绳数，在没有风载荷和立根载荷的条件下，井架所能承受大钩的最大起重量。这一参数表明了井架承受垂直载荷的安全承载能力。

2. 井架的名义高度

井架的名义高度是井架大腿支脚底板的底面到天车梁底面的垂直距离。这个参数不能完全反映游动系统的操作高度，一般用井架有效工作高度来表示游动系统的操作高度。井架的有效高度是指钻台面到天车梁底面的垂直距离。

3. 二层台容量

二层台容量是指二层台指梁（装在二层台的最小高度上）所能存放立根的数量，用立根（钻杆、油管或抽油杆）的总长度来表示。

4. 井架的最大抗风能力

井架的最大抗风能力是指井架在一定工况下，抵抗最大风载的能力，常用 km/h 表示。最大抗风能力一般考虑两种工况，一是井架内无立根、无钩载工况，二是井架内排放一定数量立根、无钩载工况。在井架内无立根、无钩载的工况下，抗风能力一般为 180～200 km/h；在井架内排放一定数量立根、无钩载的工况下，抗风能力一般为 120～144 km/h。

5. 其他参数

井架的其他参数包括二层台高度、上底尺寸和下底尺寸、理论自重等。

井架的二层台高度是指钻台面到二层台底面的垂直距离。

塔形井架上底尺寸、下底尺寸分别是指井架相邻大腿在井架顶面和底面上的大腿轴线间的水平距离。上底尺寸要保证天车能自由通过井架顶部，游车在井架内能上下运行方便；下底尺寸则要保证具有尽量宽敞的操作空间及设备工具的安放位置。

井架的理论自重是根据设计图纸计算出所有构件质量的总和，它是井架整体经济性能的指标。

6. 井架代号

（1）第一部分用 JJ 表示“井架”。

（2）第二部分用阿拉伯数字表示最大钩载，单位为 10 kN。

（3）第三部分用阿拉伯数字表示井架有效高度，单位为 m。

（4）第四部分表示井架形式：T—塔形井架；K—前开口井架；A—A 形井架；W—桅杆形井架。

【任务实施】

安装 A 形井架

实施步骤一：井架安装前先将底座上左、右两调节支座的斜铁调整到最高位置。

实施步骤二：拼接井架左、右大腿，用吊车把左、右大腿第一段装在底座的调节支座上，然后依次装接二、三、四段。

实施步骤三：装井架上端两副十字形连接架，并对左、右大腿初步校正，利用配带的安装支架将井架垫平。

实施步骤四：装天车台及天车，装二层平台及第三段左、右大腿背面的加强横梁。装好二层台绷绳及其他附件（如梯子小台等）。

实施步骤五：安装人字架。人字架的安装是先将左、右人字架前腿装入人字架前支座中，斜靠在井架大腿第一段背面，然后将人字架横梁与左、右前腿拼装，再用吊车将左、右人字架后腿装上，并同时安装人字架前、后腿之间的拉杆，然后用吊车将整个人字架提起，使人字架两后腿就位在底座上的后腿支座中。

实施步骤六：摆放游车、大钩，并穿好游动系统钢丝绳，穿绳方法为花穿。

实施步骤七：安装井架的起升装置。将起升滑轮吊装在左、右井架大腿上，将起升平衡绳滑轮挂在大钩上，并穿好左、右起升大绳。起升大绳共一根，钢丝绳两端用绳卡固定在左、右基座的定滑轮上。做完上述工作，检查无误后，即可组织起升井架。

井架的拆卸步骤与安装步骤相反。

【评价反馈】

1. 学生自我评价

学生根据学习情况填写表1-1-2，完成自我评价。

表1-1-2 学生自我评价表

学到的知识/技能点	
不理解的知识/技能点	
有待提升的岗位能力	

2. 互相评价

学生填写表1-1-3，完成互相评价。

表 1-1-3　学生互评表

项目名称	评价内容	完成情况			
		优	良	中	差
综合能力测评项目（组内互评）	任务是否按时完成				
	材料完成上交情况				
	完成质量				
	语言表达能力				
	小组成员合作情况				
	创新点				
专业能力测评项目（组间互评）					
小组评议及建议	他（她）做到了： 他（她）的不足： 给他（她）的建议：			组长签名 年　月　日	
老师评语及建议				评价等级 教师签名 年　月　日	

3. 教师评价

教师根据学生表现，填写表 1-1-4 进行评价。

表 1-1-4　教师评价表

项目名称	评价内容		分值	得分
职业素养考核项目	劳保用品穿戴规范整洁		6 分	
	安全意识、责任意识、服从意识		6 分	
	积极参加教学活动，按时完成工作任务		10 分	
	团队合作、与人交流能力		6 分	
	劳动纪律、职业精神		6 分	
	生产现场管理 8S 标准		8 分	
专业能力考核项目	井架类型、井架设计等专业知识查找及时、准确		12 分	
	A 形井架安装前检查操作		12 分	
	A 形井架拆卸操作程序		8 分	
	A 形井架安装操作		16 分	
	完成质量		10 分	
总分				
总评	自评（20%）+互评（20%）+师评（60%）	综合等级		教师签名

子任务1.1.2 起升A形井架

【任务描述】

本任务需要学生在完成安装A形井架的基础上，完成A形井架的起升。要求：正确穿戴劳动保护用品；工具、量具、用具准备齐全，正确使用；操作应符合安全文明操作规程；按规定完成起升前检查、试起升井架和起升井架操作项目，质量达到技术要求；任务实施过程中能够主动查阅相关资料、互相配合、团队协作。

【任务分组】

学生填写表1-1-5，进行分组。

表1-1-5 学生分组表

<table>
<tr><td>班级</td><td colspan="2"></td><td colspan="2">组号</td><td colspan="2"></td><td colspan="2">指导教师</td><td></td></tr>
<tr><td>组长</td><td colspan="2"></td><td colspan="2">学号</td><td colspan="2"></td><td colspan="2"></td><td></td></tr>
<tr><td rowspan="3">组员</td><td colspan="2">姓名</td><td colspan="2">学号</td><td colspan="2">姓名</td><td colspan="3">学号</td></tr>
<tr><td colspan="2"></td><td colspan="2"></td><td colspan="2"></td><td colspan="3"></td></tr>
<tr><td colspan="2"></td><td colspan="2"></td><td colspan="2"></td><td colspan="3"></td></tr>
<tr><td colspan="10">任务分工</td></tr>
<tr><td colspan="10"></td></tr>
</table>

【知识准备】

（一）井架的使用要求

（1）应有足够的承载能力，以保证起下一定长度的钻柱。

（2）应有足够的工作高度和空间，使之能迅速安全地进行起下操作，并便于安装有关设备、工具、钻具。

（3）应便于拆装、运移和维修。为此要求采用合理的结构，以减轻重量，便于采用分段或整体运移、水平安装以及整体起放等安装方法。

（二）井架起升操作规程

1. 井架起升前的检查

（1）检查所有设备销子的连接情况及保险销的安装。

（2）检查起升大绳绕过各部分滑轮的穿法是否正确，死绳端的绳卡为7个，应卡紧，卡距为0.3 m。

（3）检查各滑轮是否注油，有无阻卡现象。

（4）检查大绳（含动力大绳）的磨损情况。

（5）检查缓冲器气缸的伸缩情况。

（6）检查死、活绳头的固定情况。

（7）检查刹把高度及刹车情况。

（8）检查气路是否正常，气缸压力是否为0.6~0.8 MPa。

（9）检查绞车和人字架的固定情况。

（10）检查绞车顶杠是否安装好。

2. 试起升井架

（1）井架起升由被考人员操作，一人协助。

（2）大绳拉紧后，检查大绳的穿法是否正确，大绳在滚筒上排列到第二层不少于4圈。

（3）绞车I挡，柴油机转速控制在800~1 000 r/min内，缓慢起升井架，当井架大腿离开安装支架0.5 m左右时刹车、检查，停止时间不小于5 min。

（4）检查起升大绳绳头的绳卡，死、活绳头的绳卡有无松动，井架大腿或拉盘有无变形。

（5）检查钢丝绳在滚筒上的排列是否整齐。

（6）检查井架上有无遗留物。

（7）检查刹车是否灵活、高度是否合适。

（8）检查绞车及各项点固定有无松动。

（9）检查完将井架缓慢放回支架。

3. 起升井架

（1）合上缓冲器气开关，起升井架。

（2）操作平稳，禁止猛刹，目送游车过指梁。

（3）起井架过程中，试放气一次，严禁停车。

（4）当缓冲器距人字架1 m时摘掉缓冲器开关，距人字架0.3 m时摘掉低速离合器，使井架缓慢靠在人字架上。

（5）拉紧起井架的大绳，固定刹把。

（6）固定人字架与井架锁紧装置。

【任务实施】

起升A形井架

实施步骤一：工具、用具准备。

实施步骤二：起升前检查。检查二层台吊绳、操作台的固定情况，检查绷绳、销子别针、绞车顶杠、动力大绳的磨损情况，起升井架轮的转动情况，缓冲器、绳卡、滚筒钢丝绳、设备固定、刹车系统及死、活绳头的固定情况。

实施步骤三：试起升井架。试起升，检查大绳的穿法是否正确，操作是否平稳，钢丝绳在滚筒上是否排列整齐，刹车是否灵活，刹把高度是否合适。

实施步骤四：起升井架。合上缓冲器，操作平稳，操作中目送游车过指梁，摘掉缓冲器气开关时间合适，井架靠在人字架上平稳，刹车并及时装锁紧装置。

实施步骤五：收拾工具、用具。

【评价反馈】

学生自我评价表

1. 学生自我评价

学生扫码完成自我评价。

学生互评表

2. 互相评价

学生扫码完成互相评价。

3. 教师评价

教师根据学生表现，填写表1－1－6进行评价。

表1－1－6 教师评价表

项目名称	评价内容	分值	得分
职业素养考核项目	劳保用品穿戴规范、整洁	6分	
	安全意识、责任意识、服从意识	6分	
	积极参加教学活动，按时完成工作任务	10分	
	团队合作、与人交流能力	6分	
	劳动纪律	6分	
	生产现场管理8S标准	8分	
专业能力考核项目	井架起升的基本要求等专业知识查找及时、准确	12分	
	井架起升前检查操作	12分	
	试起升井架操作	12分	
	起升井架操作	12分	
	完成质量	10分	
总分			
总评	自评（20%）＋互评（20%）＋师评（60%）	综合等级	教师签名

任务 1.2　钻机游动系统的使用与维护

【任务简介】

钻机的游动系统由天车、游车、钢丝绳和大钩组成，它可以大大降低快绳拉力，从而减轻钻机绞车在钻井作业（起下钻、下套管、钻进、悬持钻具）中的负荷和起升机组发动机的功率。本任务要求能够正确使用与维护钻机游动系统，具体由3个子任务组成，分别为检查保养游车、检查保养大钩、游动钢丝绳及穿法。

小贴士

钻机游动系统的检查保养是正确使用游动系统的关键，请养成良好的职业习惯，秉持精益求精的大国工匠精神，认真检查保养钻机的游动系统。

【任务目标】

1. 知识目标

（1）了解游车、大钩、钢丝绳的类型、结构及技术规范。

（2）熟悉游车、大钩的维护保养内容。

（3）掌握游车、大钩的操作和钢丝绳的穿法。

2. 技能目标

（1）会选择游车、大钩、钢丝绳。

（2）能进行游车、大钩的维护保养。

（3）能进行起下空游车和大钩操作，会穿大绳。

3. 素质目标

（1）养成做事有规划的工作习惯和良好的职业习惯。

（1）具备精益求精的大国工匠精神。

（3）培养在实践工作中发现问题、解决问题的意识与能力。

子任务 1.2.1　检查保养游车

【任务描述】

资源2　游车

游车通过钢丝绳与天车连接在一起，组成游动系统。游车形状为流线形，目的是防止起下时挂碰二层台上的外伸物。同时，游车要保证一定的重力，以便它在空载运行时平稳而垂直地下落。目前，钻机各型号的游车都是一根芯轴，滑轮在轴上排成一列，其结构与天车相似。在钻井作业过程中，要想安全地使用游车，就需要掌握游车的结构、使用及维护与保养要求。本任务需要在了解游车结构与技术规范的基础上，对游车进行起下操作及维护与保养。要求：正确穿戴劳动保护用品；工具、量具、用具准备齐全，正确使用；操作应符合安全文明操作规程；按规定完成起空游车、起升、下放空游车和保养游车的操作，质量达到技术要求；任务实施过程中能够主动查阅相关资料、互相配合、团队协作。

【任务分组】

学生填写表1－2－1，进行分组。

表1－2－1　学生分组表

<table>
<tr><td>班级</td><td colspan="2"></td><td colspan="2">组号</td><td colspan="2"></td><td colspan="2">指导教师</td><td></td></tr>
<tr><td>组长</td><td colspan="2"></td><td colspan="2">学号</td><td colspan="2"></td><td colspan="2"></td><td></td></tr>
<tr><td rowspan="3">组员</td><td colspan="2">姓名</td><td colspan="2">学号</td><td colspan="2">姓名</td><td colspan="3">学号</td></tr>
<tr><td colspan="2"></td><td colspan="2"></td><td colspan="2"></td><td colspan="3"></td></tr>
<tr><td colspan="2"></td><td colspan="2"></td><td colspan="2"></td><td colspan="3"></td></tr>
<tr><td colspan="10">任务分工</td></tr>
<tr><td colspan="10"></td></tr>
</table>

【知识准备】

（一）游车的结构

游车主要由横梁、左右侧反转组、滑轮、滑轮组、销座（钢板）、下提环（吊环）、护罩等组成，如图1－2－1所示。

（二）游车的使用要求

（1）滑轮用双列圆锥滚子轴承支承在滑轮轴上，每个轴承都通过安装在滑轮轴两端的油杯单独进行润滑。

（2）侧板组上部用螺杆与横梁连接，提环被两个提环销连接在销座上。

（3）销座用销轴与侧板组连接，提环销的一端用开槽螺母及开口销固定。

（4）当摘挂大钩时，可以拆掉游车上的任何一个或两个提环销。

（5）为使两侧板组夹紧滑轮轴，通过两侧板组的中部和上部的调节垫片进行调节。

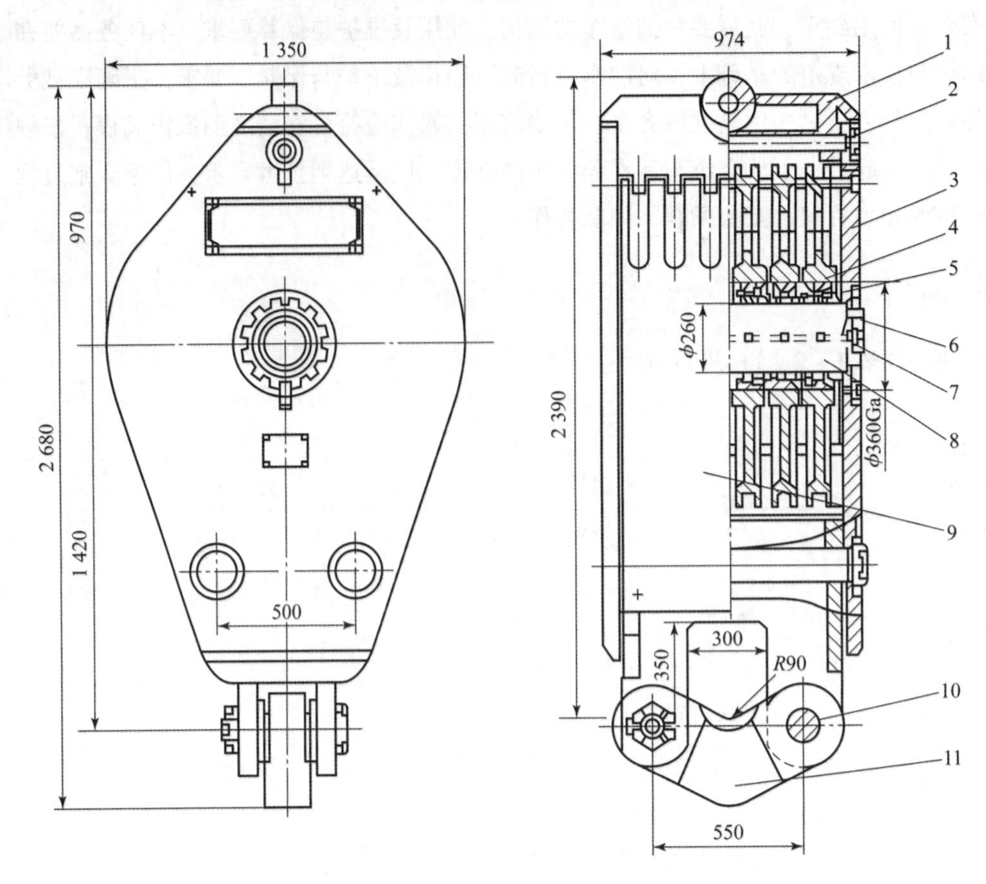

1—横梁；2—调节垫片；3—侧板；4—滑轮；5—间隔环；6—螺母；
7—黄油杯；8—滑轮轴；9—护罩；10—提环销；11—提环。

图 1－2－1　YC－350 游车结构

（6）用止动块（或键）将轴固定在侧板上，以防止轴转动。

（7）游车上部的横梁用来吊升和安装游车。

（三）游车的技术规范

不同的钻机型号，使用的游车型号的技术参数如表 1－2－2 所示。

表 1－2－2　游车的技术参数

钻机型号	Z40220CD	ZJ4S	2J60	2J50/3150L	2J70/4500DZ	2150/3150DB－1
游车型号	YC－225	YC－350	YC－450	YC－315	YC－450－2	YC－450
最大钩载/kN	2 250	3 300	4 500	3 150	4 500	4 500
滑轮数/个	5	6	6	6	6	6
滑轮直径/mm	1 120	1 260	1 542	1 270	1 542	1 524
滑轮槽底直径/mm	900	1 150	1 410	1 150	1 410	1 410

续表

钻机型号	Z40220CD	ZJ4S	2J60	2J50/3150L	2J70/4500DZ	2150/3150DB - 1
游车型号	YC - 225	YC - 350	YC - 450	YC - 315	YC - 450 - 2	YC - 450
滑轮绳槽宽/mm	32	32.5	35	35	38	38
质量/kg	3 788	6 710	7 978	3 842	8 135	8 135
长/mm	2 294	974	1 600	1 350	1 600	1 600
宽/mm	1 190	1 350	800	2 680	3 075	3 075
高/mm	630	2 710	3 075	974	800	800

【任务实施】

1. 起下空游车

实施步骤一：准备工作。首先检查指重表，大绳死、活绳头，刹车系统，盘刹，电磁刹，以及防碰天车是否正常；检查气压和油压是否在标准范围之内。

实施步骤二：起空游车。挂好吊卡后低速起车，右手不离刹车手柄，左手握高低速离合器手柄，右脚踩好油门踏板，空吊卡上升过转盘面 2 m 后改换高速。

实施步骤三：起升操作。游车上升过程中注意观察高度监视器，中途摘气开关一次，检查离合器放气情况，接到井架工发出停车信号，松开油门，先用电磁刹车再盘刹。

实施步骤四：下放空游车。打开盘刹，下放游车过指梁，空吊卡下行距转盘 3 m 左右，电磁刹车减速慢放，吊卡稳坐转盘后刹住盘刹。

2. 游车维护保养

实施步骤一：检查游车各滑轮转动是否灵活，有无阻卡和偏磨现象。

实施步骤二：检查游车轴承的润滑通道是否通畅，定期注入润滑脂，直至少量油脂挤出轴承外端面为止。

实施步骤三：钢丝绳与防跳槽护罩之间的间隙合适，不得碰触滑轮。

学生自我评价表

【评价反馈】

1. 学生自我评价

学生扫码完成自我评价。

2. 互相评价

学生扫码完成互相评价。

学生互评表

3. 教师评价

教师根据学生表现，填写表 1 - 2 - 3 进行评价。

表 1-2-3　教师评价表

项目名称	评价内容	分值	得分
职业素养考核项目	劳保用品穿戴规范、整洁	6 分	
	安全意识、责任意识、服从意识	6 分	
	积极参加教学活动，按时完成工作任务	10 分	
	发现问题、解决问题的意识	6 分	
	团队协作能力	6 分	
	生产现场管理 8S 标准	8 分	
专业能力考核项目	新型游车技术与工艺等专业知识查找及时、准确	12 分	
	起下空游车准备操作	12 分	
	起下空游车操作	12 分	
	游车保养操作	12 分	
	完成质量	10 分	
总分			
总评	自评（20%）+互评（20%）+师评（60%）	综合等级	教师签名

子任务 1.2.2　检查保养大钩

【任务描述】

大钩是提升系统的重要设备，它的功用是在正常钻进时悬挂水龙头和钻具，在起下钻时悬挂吊环起下钻具，完成起吊重物、安放设备及起放井架等辅助工作。大钩应具有足够的强度和工作可靠性；钩身能灵活转动，以便上扣、卸扣；大钩弹簧行程应足以补偿上钻杆和卸钻杆的距离；钩口和侧钩的闭锁装置应绝对可靠、闭启方便；大钩应有缓冲减震功能，减小拆卸立根的冲击。本任务需要在熟悉大钩结构与技术规范的基础上，对大钩进行操作和维护保养。要求：钻井、起下钻，提升系统在提升和下放时能够规范操作大钩。

资源 3　大钩

【任务分组】

学生填写表 1-2-4，进行分组。

表 1-2-4 学生分组表

<table>
<tr><td>班级</td><td></td><td>组号</td><td></td><td>指导教师</td><td></td></tr>
<tr><td>组长</td><td></td><td>学号</td><td></td><td></td><td></td></tr>
<tr><td rowspan="3">组员</td><td>姓名</td><td>学号</td><td>姓名</td><td colspan="2">学号</td></tr>
<tr><td></td><td></td><td></td><td colspan="2"></td></tr>
<tr><td></td><td></td><td></td><td colspan="2"></td></tr>
<tr><td colspan="6">任务分工</td></tr>
<tr><td colspan="6"></td></tr>
</table>

【知识准备】

（一）大钩类型

目前使用的大钩有以下两大类。

一类是独立大钩，其提环挂在游车的吊环上，可与游车分开拆装，如 DG-350 大钩和 DG-315 大钩，这两种大钩结构相同，均属于双弹簧加液压减震的独立大钩。DG-350 大钩主要配备于 ZJ45J 钻机和 ZJ45 钻机，DG-315 大钩主要配备于 ZJ50/3150DZ 钻机和 ZJ50/3150L 钻机。DG-315 大钩主要由钩身、筒体、吊环座、内外弹簧、钩杆、吊环、安全锁紧装置和转动锁紧装置等组成，如图 1-2-2 所示。

另一类是将游车和大钩做成一个整体结构的游车大钩，主要由游车总成、缓冲减震总成和大钩总成三部分组成，这种结构的特点是减少了大钩和游动滑车的总高度，充分利用了井架的有效高度，但穿钢丝绳和维修不便。常用的大钩有 MC-400、MC-200 等。

（1）游车总成：由 5 个滑轮、滑轮轴、外壳等组成。每个滑轮通过双列圆锥滚子轴承支承在滑轮轴上。用支承套将滑轮轴、外壳连为一体并固定在外壳的两侧板上，用键防止滑轮轴转动和移动。

（2）缓冲减震总成：主要由内弹簧、外弹簧和减震油等组成。当大钩全负荷时，与钩杆固定的承载盘压缩内、外弹簧，迅速坐在承压套内部台肩上，钩杆下行一定行程。当钩杆卸载时，弹簧力足以使刚卸开的钻杆立根自动从钻柱中跳出。

（3）大钩总成：由钩身、杆等零件组成。钩身上装有安全锁紧装置，钩身两侧铸有挂吊环的配钩，为了防止吊环从副钩中弹出，用月牙挡板闭锁。钩身通过轴与提帽相连，提帽通过螺纹的帽盖悬挂在装有单向推力滚子轴承的提杆上。

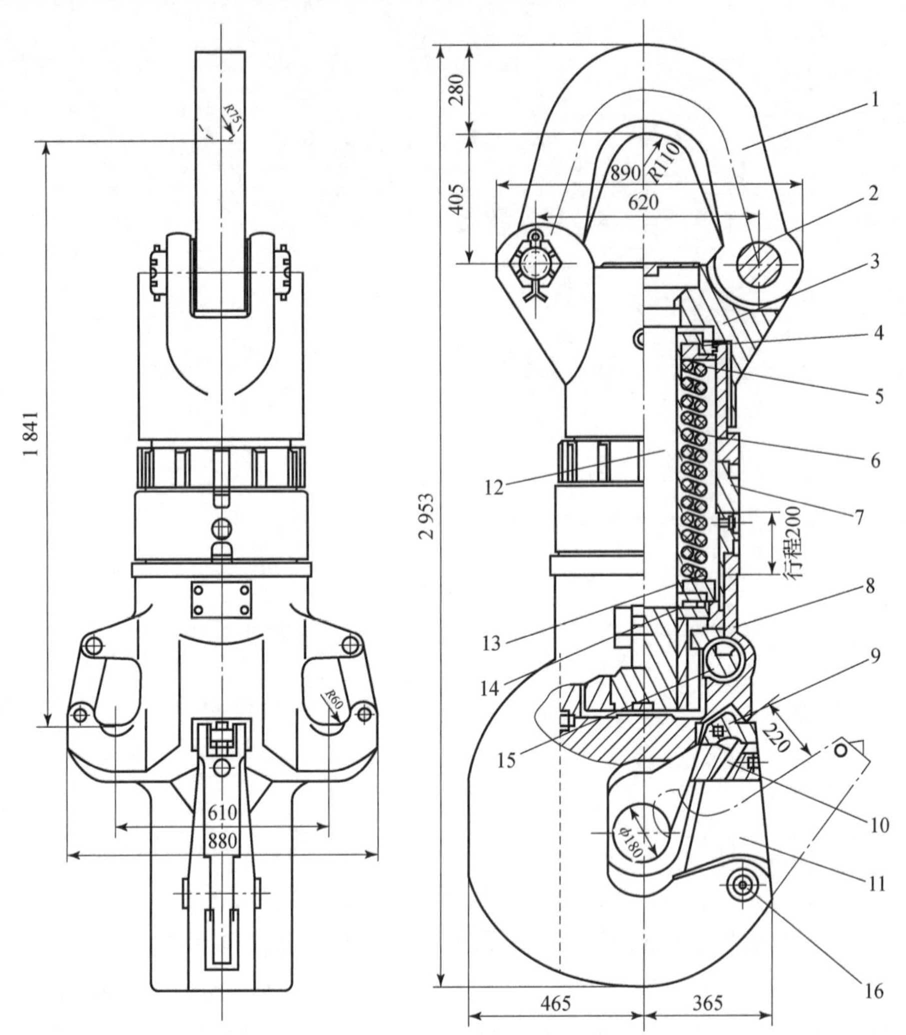

1—吊环；2—吊环销；3—吊环座；4—定位盘；5—外弹簧；6—内弹簧；7—筒体；8—钩身；9—安全锁块；10—安全锁插销；11—安全锁体；12—钩杆；13—座圈；14—止推轴承；15—转动锁紧装置；16—安全锁销。

图 1－2－2　DG—315 型大钩结构

（二）大钩技术参数

不同型号钻机所使用的大钩型号的技术参数如表 1－2－5 所示。

表 1－2－5　大钩技术参数

钻机型号	ZJ40/2250CJD	ZJ45	ZJ60	ZJ50/3150L	ZJ70/4500DZ	ZJ50/3150DB－1
大钩型号	DG－250	DG－350	DG－450	DG－315	DG－450	DG－450
最大钩载/kN	2 250	2 940	3 920	3 150	4 500	4 500

续表

钻机型号	ZJ40/2250CJD	ZJ45	ZJ60	ZJ50/3150L	ZJ70/4500DZ	ZJ50/3150DB-1
大钩型号	DG-250	DG-350	DG-450	DG-315	DG-450	DG-450
大钩开口宽/mm	190	180	—	220	220	220
弹簧工作行程/mm	180	200		200	200	200
弹簧行程开始时负荷/kN	26.6	30.0	—	30.6	30.6	30.6
弹簧行程终了时负荷/kN	52.5	55.4	—	56.5	56.5	56.5
弹簧数量/个	2	2	—	2	2	2
长/mm	2 524	830	880	2 953	2 953	2 953
宽/mm	780	890	880	890	890	890
高/mm	750	2 953	2 953	880	880	880
质量/kg	2 180	3 340	3 430	3 410	3 496	3 496

【任务实施】

1. 操作大钩

实施步骤一：钻井时，用操作杆将转动锁紧装置“止”端的手把向下拉，使钩身锁住，以防水龙头回转。

实施步骤二：起下钻时，用操作杆将转动锁紧装置“开”端的手把向下拉，使钩身能够转动，以防钢丝绳打扭。

实施步骤三：大钩在工作中应受力平稳，转动灵活，无杂声，严禁冲击受力。

实施步骤四：提升系统在提升和下放时，应避免大幅度左右、前后摆动。

实施步骤五：水龙头提环进入大钩后，大钩安全锁销必须锁住，在处理事故强行提升时，要用钢丝绳系牢。

2. 大钩维护保养

实施步骤一：检查提环轴。

实施步骤二：检查钩身制动装置。

实施步骤三：检查耳环固定情况。

实施步骤四：检查大钩各部位紧固情况。

实施步骤五：检查固定螺栓锁紧销。

【评价反馈】

学生自我评价表

1. 学生自我评价

学生扫码完成自我评价。

学生互评表

2. 互相评价

学生扫码完成互相评价。

3. 教师评价

教师根据学生表现，填写表 1－2－6 进行评价。

表 1－2－6　教师评价表

<table>
<tr><th>项目名称</th><th colspan="2">评价内容</th><th>分值</th><th>得分</th></tr>
<tr><td rowspan="6">职业素养
考核项目</td><td colspan="2">劳保用品穿戴规范、整洁</td><td>6 分</td><td></td></tr>
<tr><td colspan="2">安全意识、责任意识、服从意识</td><td>6 分</td><td></td></tr>
<tr><td colspan="2">积极参加教学活动，按时完成工作任务</td><td>10 分</td><td></td></tr>
<tr><td colspan="2">团队合作、与人交流能力</td><td>6 分</td><td></td></tr>
<tr><td colspan="2">劳动纪律</td><td>6 分</td><td></td></tr>
<tr><td colspan="2">生产现场管理 8S 标准</td><td>8 分</td><td></td></tr>
<tr><td rowspan="5">专业能力
考核项目</td><td colspan="2">新型大钩技术与工艺等专业知识查找及时、准确</td><td>12 分</td><td></td></tr>
<tr><td colspan="2">检查钩身制动装置操作</td><td>12 分</td><td></td></tr>
<tr><td colspan="2">检查安全锁紧、耳环固定操作</td><td>12 分</td><td></td></tr>
<tr><td colspan="2">检查大钩各部位螺栓紧固情况</td><td>12 分</td><td></td></tr>
<tr><td colspan="2">保养大钩安全销、制动销和弹簧操作</td><td>10 分</td><td></td></tr>
<tr><td colspan="4">总分</td><td></td></tr>
<tr><td rowspan="2">总评</td><td rowspan="2">自评（20%）＋互评（20%）＋师评（60%）</td><td colspan="2">综合等级</td><td rowspan="2">教师签名</td></tr>
<tr><td colspan="2"></td></tr>
</table>

子任务 1.2.3　游动钢丝绳及穿法

资源 4　游动钢丝绳及穿法

【任务描述】

钻机游动系统所用的钢丝绳称为大绳，起着悬持游车、大钩和井中全部钻具，悬吊游车、大钩，以及传递绞车动力的作用。由于钢丝绳运动频繁、速度高、负荷大，并承受弯曲、扭转、挤压、冲击、振动等复杂应力的作用，我国钻机标准中规定：各级石油钻机应保证在井绳数和最大柱重量的情况下，钢丝的安全系数 $n \geq 3$；在最大绳数和最大钩载的情况下，钢丝绳的安全系数 $n \geq 2$。

本任务需要在熟悉钢丝绳的结构与分类的基础上，用顺穿法和交叉穿法穿大绳。要求：将天车轮自死绳端编号为1、2、3、4、5、6，游车自靠近地面一侧编号为a、b、c、d、e；在地面将白棕绳与大绳连接，作为引绳；整盘大绳在穿大绳过程中要用支架支起；穿大绳时要将大绳的扭劲放掉，避免大绳穿好后打扭。

【任务分组】

学生填写表1-2-7，进行分组。

表1-2-7 学生分组表

<table>
<tr><td>班级</td><td colspan="2"></td><td colspan="2">组号</td><td></td><td>指导教师</td><td></td></tr>
<tr><td>组长</td><td colspan="2"></td><td colspan="2">学号</td><td></td><td></td><td></td></tr>
<tr><td rowspan="3">组员</td><td colspan="2">姓名</td><td colspan="2">学号</td><td>姓名</td><td colspan="2">学号</td></tr>
<tr><td colspan="2"></td><td colspan="2"></td><td></td><td colspan="2"></td></tr>
<tr><td colspan="2"></td><td colspan="2"></td><td></td><td colspan="2"></td></tr>
<tr><td colspan="8">任务分工</td></tr>
<tr><td colspan="8"></td></tr>
</table>

【知识准备】

（一）钢丝绳的组成

钢丝绳先由钢丝围绕一根中心钢丝制成绳股，再由股围绕绳芯捻成绳。

钢丝绳的绳芯分为油浸纤维芯、油浸麻芯和金属绳芯。

绳芯的作用是支持绳股、储油、润滑钢丝，以及减少钢丝间的磨损，使钢丝受力均匀。

（二）钢丝绳的捻制方法及分类

1. 钢丝绳捻制方法

（1）交互捻，股捻的方向与股内钢丝绳的方向相反。

（2）同向捻，股捻的方向与股内钢丝绳的方向相同。

2. 钢丝绳按捻制方法分类

（1）右交互捻，如图 1－2－3（a）所示，股向右捻，丝向左捻。

（2）左交互捻，股向左捻，丝向右捻。

（3）右同向捻，如图 1－2－3（b）所示，股和丝均同向右捻。

（4）左同向捻，股和丝均同向左捻。

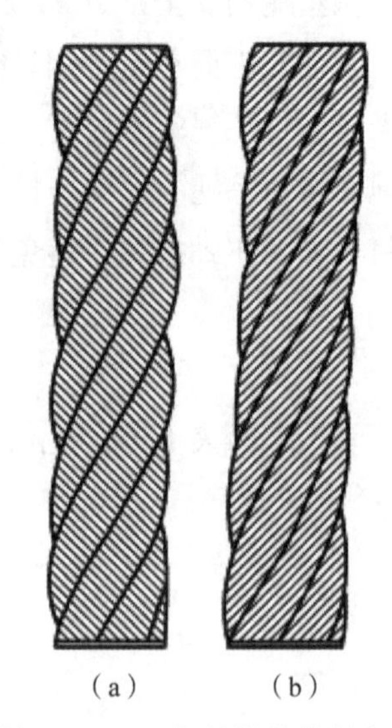

图 1－2－3　钢丝绳的捻制方法

（a）右交互捻；（b）右同向捻

（三）钢丝绳的合理使用

（1）钢丝绳在滚筒上要规则排列，不得在钢丝绳缠乱的情况下承受负荷。

（2）钢丝绳的直径应与滑轮绳槽相匹配，滑轮绳槽半径应略大于钢丝绳半径 1 mm 左右。

（3）滑轮或滚筒直径与钢丝绳直径的比例要合理，二者的比值一般不得小于 18。因为钢丝绳经过滑轮时不但承受弯曲交变应力，而且承受弯曲阻力，所以钢丝绳所通过的轮径越小，钢丝绳受力越大，其寿命越短。

（4）切割钢丝绳时应先用软铁丝缠好两端，缠绕长度为绳径的 2～3 倍，再用氧气切割或用剁绳器切断钢丝绳。

（5）上绳卡时，两绳卡间距离不应小于绳径的 6 倍；上卡子时，要正上，卡子的拧紧程度应在拧紧螺母后，钢丝绳被压扁 1 mm 左右为宜。

（6）每周应检查一次钢丝绳润滑状态，如无润滑剂挤出，则应涂抹润滑脂。

【任务实施】

1. 顺穿法穿大绳

实施步骤一：准备工作。将引绳与大绳连接牢固。

实施步骤二：天车轮自死绳端编号为 1、2、3、4、5；游车自靠近井口一侧编号为 a、b、c、d、e。

实施步骤三：大绳从天车 1 号轮左侧穿入，拉出后从游车右侧穿入 a 轮，向左侧穿出；大绳从天车 2 号轮左侧穿入，拉出后从游车右侧穿入 b 轮，向左侧穿出；大绳从天车 3 号轮左侧穿入，拉出后从游车右侧穿入 c 轮，向左侧穿出；大绳从天车 4 号轮左侧穿入，拉出后从游车右侧穿入 d 轮，向左侧穿出；大绳从天车 5 号轮左侧穿入，拉出后从游车右侧穿入 e

轮，向左侧穿出。

实施步骤四：将钢丝绳一端固定在滚筒绳座上，死绳端用死绳固定器固定。

顺穿法的优点是绕方式简单，对顶驱的安装基本无限制；缺点是受力不平衡，游车易晃动，高速启动和急刹车时游车的倾斜比较明显。

2. 交叉穿法穿大绳

实施步骤一：准备工作。将引绳与大绳连接牢固。

实施步骤二：天车轮自死绳端编号为 1、2、3、4、5、6；游车自靠近井口一侧编号为 a、b、e、d、e。

实施步骤三：把引绳搭在死绳轮上（即天车 1 号轮）。

实施步骤四：引绳的一端与钢丝绳相连，另一端拴在上行的大绳上。

实施步骤五：倒引绳的顺序，第一次、第二次引绳头都拴在天车 1 号轮的上行绳上；第三次拴在 a 轮至 6 号轮的上行绳上；第四次拴在 e 轮至 2 号轮的上行绳上；第五次拴在 b 轮至 5 号轮的上行绳上。

实施步骤六：穿完大绳，解去引绳，准备安装死绳固定器及上绞车工作，活绳头穿天车 4 号轮时按从前向后进行。

交叉穿法的优点是钢丝绳分四角提升游车，形成吊篮式提升，因而游车运行平稳，游车的侧向力小；缺点是绕绳方式复杂，钢丝绳的偏角比顺穿法的偏角大，运行时钢丝绳与滑轮摩擦较为严重，钢丝绳寿命较短，滑轮偏磨严重。

【评价反馈】

学生自我评价表

1. 学生自我评价

学生扫码完成自我评价。

学生互评表

2. 互相评价

学生扫码完成互相评价。

3. 教师评价

教师根据学生表现，填写表 1－2－8 进行评价。

表 1－2－8　教师评价表

项目名称	评价内容	分值	得分
职业素养考核项目	劳保用品穿戴规范、整洁	6 分	
	安全意识、责任意识、服从意识	6 分	
	积极参加教学活动，按时完成工作任务	10 分	
	发现问题、解决问题的意识	6 分	
	团队协作能力	6 分	
	生产现场管理 8S 标准	8 分	

续表

项目名称	评价内容	分值	得分
专业能力考核项目	游动钢丝绳类型、技术参数等专业知识查找及时、准确	10 分	
	穿钢丝绳准备操作	10 分	
	顺穿法钢丝绳操作	14 分	
	交叉穿法钢丝绳操作	14 分	
	完成质量	10 分	
总分			
总评	自评（20%）+互评（20%）+师评（60%）	综合等级	教师签名

任务 1.3　钻井绞车的使用与维护

【任务简介】

钻井绞车是起升系统的重要设备，也是钻机的核心设备，是钻机的三大工作机之一。熟悉绞车的结构和原理，是正确操作和维护保养绞车的关键。本任务要求能够正确使用与维护钻井绞车，具体由 4 个子任务组成，分别为检查与保养绞车、操作气动小绞车、保养电磁刹车、操作与保养液压盘式刹车。

小贴士

正确操作和维护保养绞车可以延长绞车的使用寿命，是提高绞车工作效率的前提，请养成一丝不苟的职业习惯，秉持敬业、精益、专注的大国工匠精神，强化规范意识，严格按照标准操作和维护绞车。

【任务目标】

资源 5
绞车概述

1. 知识目标

（1）了解电磁刹车的种类和优缺点。

（2）熟悉绞车、气动小绞车、电磁刹车的组成与工作原理。

（3）掌握绞车和液压盘式刹车的保养方法及气动小绞车的操作步骤。

2. 技能目标

（1）会判断磁刹车的种类。

（2）会使用绞车、气动小绞车、电磁刹车。

(3) 能进行绞车和液压盘式刹车的保养，会操作气动小绞车。

3. 素质目标

(1) 养成严肃认真、一丝不苟的工作态度。

(1) 培养专注、精益求精和吃苦耐劳的精神。

(3) 具有环保、节约、低碳和绿色发展观念。

子任务 1.3.1 检查与保养绞车

【任务描述】

对石油钻机的水刹车、电（气）动小绞车的密封情况，每次起下钻都要检查一次。对石油钻机绞车的所有水气管线、阀门、压力表的性能，每打 1 口井必须检查一次。对石油钻机绞车的所有离合器零部件的磨损情况，每打 1 口井必须检查一次。对石油钻机绞车每根链条的磨损及完好情况，应每班检查一次。

资源 6
绞车保养

【任务分组】

学生填写表 1－3－1，进行分组。

表 1－3－1 学生分组表

<table>
<tr><td>班级</td><td colspan="2"></td><td>组号</td><td colspan="2"></td><td>指导教师</td><td></td></tr>
<tr><td>组长</td><td colspan="2"></td><td>学号</td><td colspan="2"></td><td></td><td></td></tr>
<tr><td rowspan="3">组员</td><td colspan="2">姓名</td><td colspan="2">学号</td><td colspan="2">姓名</td><td>学号</td></tr>
<tr><td colspan="2"></td><td colspan="2"></td><td colspan="2"></td><td></td></tr>
<tr><td colspan="2"></td><td colspan="2"></td><td colspan="2"></td><td></td></tr>
<tr><td colspan="8">任务分工</td></tr>
<tr><td colspan="8"></td></tr>
</table>

【知识准备】

（一）绞车的结构

钻机绞车主要由支撑系统、传动系统、控制系统、刹车系统、润滑及冷却系统等组成。钻机绞车的机械主刹车按其作用原理可分为带式刹车、块式刹车和盘式刹车，其中带式刹车主要由控制部分（刹把）、传动部分（传动杠杆）、制动部分（刹带）、刹车毂、辅助部分和刹车气缸等组成。

JC40DB1 绞车为内变速、墙板式、全密闭四轴绞车。其中，内变速可以使绞车获得 4 个挡，转盘 2 个挡。挂挡有机械换挡和气胎离合器换挡两种方式，机械换挡需停车换挡。绞车的传动链条采用强制润滑，设有液压盘式刹车及风冷电磁涡流刹车。从功用上看，JC40DB1 绞车主要由以下几个部分组成。

（1）传动部分：引入并分配和传递动力，主要包括输入轴、传动轴、猫头轴、滚筒轴等总成及传动链条等。

（2）提升部分：担负着起放井架、起下钻具、下套管及起吊重物等任务，主要包括滚筒轴总成。

（3）转盘驱动箱部分：为转盘提供动力，主要包括驱动箱、翻转箱、输入轴、中间轴、输出轴等。

（4）控制部分：用于控制绞车和转盘的运转及变速，主要包括气胎离合器、齿式离合器及气路阀件、管线等。

（5）润滑部分：用于绞车各运转部位轴承、链条等的润滑，有机油润滑与润滑脂润滑两种方式，包括油杯、喷嘴、油路及管线等。

（6）制动机构：用于控制下钻速度及刹车，包括主刹车和辅助剂车。JC40DB1 绞车主刹车采用液压盘式刹车，其刹车盘直径为 1 570 mm。

（7）支撑部分：用于安装和固定绞车各零部件，包括底座、支架及各链条箱、护罩等。

按部件划分，JC40DB1 绞车主要由绞车架、滚筒轴、猫头轴、传动轴、驱动箱、翻转箱、电磁涡流刹车、防碰天车装置、主刹车机构、气控系统和润滑系统等组成。

（二）主要部件的结构

1. 绞车架

JC40DB1 绞车的绞车架为墙板式焊接结构，能准确定位并支承滚筒轴、猫头轴、传动轴和输入轴。该绞车各传动链条均为密闭传动。

绞车底座主梁均采用焊接工字钢，底座四角合适位置有起吊桩用以起吊绞车。底座内部设有油箱，用于储存整个绞车的润滑油。各气控管线及油水管线均在底座内部布置，在需要检修处均有活动盖板。底座走道均铺设了防滑花纹钢板。

2. 滚筒轴

滚筒轴总成是绞车的核心部件，由滚筒体、轮毂、刹车盘、轴承座、轴、链轮体和 LT1070/200T 通风型气胎离合器等组成。工作时，滚筒上缠有游动系统的钻井钢丝绳，通过该轴的正反转，钢丝绳在滚筒上缠绕或退绳，从而实现起升、下放钻具和钻进。

滚筒轴总成通过左轴承座和右轴承座用螺栓固定在主墙板上。当动力输入空套的双排链轮（$z=77$ 或 $z=40$）后，空套链轮转动（空套链轮与摩擦毂用螺栓连为一体，摩擦毂也随之转动），空套链轮上的双排链轮（$z=40$）通过链条驱动转盘驱动箱工作。装在滚筒轴上的连接盘通过螺栓与 LT1070/200T 离合器连为一体，并在对称位置设有两个端面键来传递扭矩。当离合器充气抱住摩擦毂后，通过连接盘带动滚筒轴转动，从而使得滚筒轴旋转，实现提升钻具等的要求。

3. 猫头轴

猫头轴由链轮，轴，上、卸扣猫头和 LT700/135 离合器等组成。猫头轴由双排链轮驱动工作，并通过左、右轴承座用螺栓固定在主墙板上，轴左端为上扣猫头，右端为卸扣猫头。猫头轴主要用于上、卸钻具螺纹。

4. 传动轴总成

传动轴总成由左、右轴承座，四排链轮（$z=82$、$z=45$），双排链轮（$z=22$、$z=25$）等组成。该轴连接输入轴和滚筒轴的中间部分，担负着将动力向滚筒轴传递及分配的任务，固定在主墙板上。动力输入后通过两挂四排链轮传给两个空套链轮，操纵换挡齿轮挂合两挂四排链轮之一，可将动力传给其他链轮。两个双排链轮可向滚筒轴输入动力。这样，传动轴可以向滚筒轴和猫头轴提供两种速比。

5. 输入轴

输入轴由两个四排链轮（$z=25$）、两个齿式联轴器和惯性刹车等组成。两台 YJ19 交流变频电动机的动力经该轴合流后，通过两个 $z=25$ 的链轮中的一个链轮，经链条输入传动轴，同时通过该轴 $z=40$ 的双排链轮输出动力驱动润滑油泵。

6. 电磁涡流刹车

FDWS4ODB1 风冷式电磁涡流刹车用作 JC40DB1 绞车的辅助刹车，它是一种无摩擦刹车，没有任何磨损件，在高速和低速时都具有很高的制动扭矩，而且制动扭矩的调节十分方便。司钻只要操作司钻开关便可调节自如，使劳动强度减轻。要取消制动，只要将司钻开关关闭即可。

7. 主刹车机构

JC40DB1 绞车的主刹车机构采用液压盘式刹车，主要由 3 个常闭钳、3 个常开钳、紧急刹车控制阀、调压控制阀、供油管线及液压站组成。液压站的供油压力应通过调压阀调至 5. 6 MPa。当刹车块与刹车盘之间的间隙磨大时，应用专用扳手调节钳缸，使刹车块与刹车盘保持合适的间隙。

（三）绞车的特点、作用和工作原理

1. 绞车的特点

（1）滚筒轴是由一台交流变频电动机通过齿轮减速箱驱动的，在特殊情况下，可由两台电动机并车驱动。滚筒的提升速度通过电动机实现无级变速。

（2）减速箱中间轴上装有伊顿 CH1940 离合器，以满足下放空吊卡和起下钻的点动操作。

（3）下钻时电机反转，则变成发电机，充当绞车的辅助刹车进行能耗制动，实现对电网能量的反馈，减少制动装置的能量损耗，节约能源。根据需要也可在滚筒轴右端安装一个伊顿336WCB2盘式气刹车作为绞车的第二辅助刹车。

（4）采用双联电动齿轮油泵装置，对齿轮减速箱强制润滑。

（5）减速箱采用收缩盘式结构与滚筒轴相连，安全可靠，可减小轴向尺寸。

（6）主刹车采用液压盘式刹车，两个刹车盘集中布置在轴左端，每个刹车盘上装有两个工作钳和一个安全钳，由司钻房集中控制。

（7）装有过卷阀和数码式防碰装置，使起下作业安全可靠。

（8）油、气、水管线布置于铺板下易于检修的地方。

2. 绞车的作用

（1）钻机绞车的主要功用是起下钻具和下套管，控制钻压，上、卸钻具螺纹，起吊重物和其他辅助工作。

（2）钻机绞车的带式刹车一般是通过操作刹把转动传动杠杆，再由曲拐拉拽刹带活动端使其抱紧刹车毂。

（3）钻机绞车的机械刹车在下钻和下套管时刹慢或刹住滚筒，以控制下放速度。在钻进过程中，钻压的调整及钻具的送进主要是由钻机绞车控制的。

3. 绞车的工作原理

如图1-3-1所示，绞车的动力机将自身的能量以转速的形式传递给绞车的变速系统，变速系统根据钻机所要执行的动作将速度调整到合适的范围传递给绞车的滚筒，滚筒再通过钢丝绳带动天车、游车、大钩等游动系统，最终完成大钩上移或下行的垂直运动，达到起升或下放钻具等目的。在这一运动转换过程当中，如遇到紧急情况需要停车或需要绞车承受部分钻具载荷，改善井下钻头钻压，则需要通过刹车控制系统来实现。

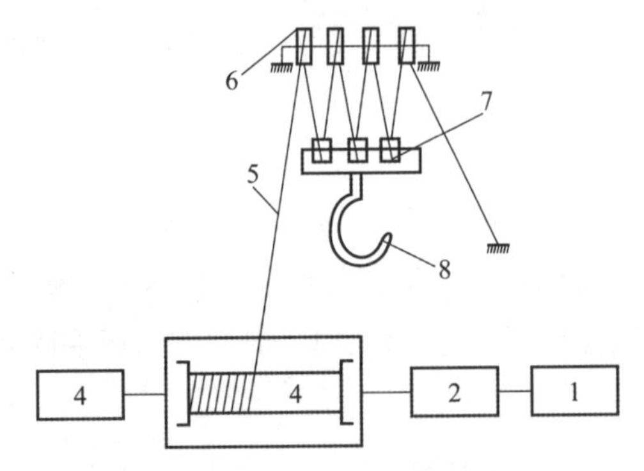

1—动力机；2—变速箱；3—运动转换机构；4—刹车等控制系统；5—钢丝绳；6—天车；7—游车；8—大钩。

图1-3-1 绞车的工作原理

JC40DB1绞车为四轴式绞车结构，即由输入轴、传动轴、猫头轴和滚筒轴等组成。由两台YJ19电机经输入轴并车，功率合流后通过输入轴与传动轴之间的两挂链条形成两个挡位，传动轴与滚筒轴之间的两挂链条又形成两个挡位，绞车总共产生2×2=4个挡位。此外，传动轴经与滚筒轴低速端的一挂链条，使猫头轴形成两个挡位，传动轴经滚筒高速端的一挂链条将两挡转速传递给转盘驱动箱，使转盘产生两个挡位。

动力输入轴与传动轴之间的换挡采用机械换挡，传动轴与滚筒轴之间的换挡采用气胎离合器换挡。

【任务实施】

1. 绞车的检查

实施步骤一：准备工具。各工具应配齐完好。

实施步骤二：查找保养项点，加注润滑脂。根据设备运转保养记录，查找保养项点；转盘离合器轴承每工作 200 h 保养注油一次；铜套每工作 8 h 保养一次；风葫芦每工作 200 h 保养一次；刹车曲拐、刹车气缸、排挡系统、排绳器滚杠每工作 500 h 保养一次；辅助刹车牙嵌、轴承注油每次使用前保养一次，查找保养点；黄油嘴、液压盘式刹车齐全完好并加注润滑脂，黄油嘴齐全完好并加注润滑脂。

实施步骤三：检查油标尺，油泵加注润滑油。观察油标尺，检查油量。检查油泵，加注润滑油。

实施步骤四：链条浇机油。传动链条浇机油每 8 h 一次；转盘链条浇机油每 8 h 一次；气控阀件滴机油每 500 h 一次。

实施步骤五：固定绞车。紧固绞车固定螺栓。

实施步骤六：清洁绞车表面。擦洗绞车外表面。

实施步骤七：清理工具、安装护罩。清理、保养工具，安装护罩和安全设施。

2. 绞车的维护保养

实施步骤一：准备工具。各工具应配齐、完好。

实施步骤二：绞车固定。检查前停绞车动力，检查绞车的固定，检查绞车各轴的固定。

实施步骤三：绞车护罩。护罩齐全、固定牢固。

实施步骤四：轴承、链轮、拨叉等。检查轴承、链轮、离合器、猫头轴、摘挂挡拨叉和黄油嘴。

实施步骤五：（刹车曲拐、平衡梁）液压盘式刹车、冷却系统。检查刹车片磨损、复位弹簧、液压管线、冷却系统和水位。

实施步骤六：辅助刹车。检查辅助刹车牙嵌、冷却系统、固定装置、电源、电机、控制箱。

实施步骤七：链条（万向轴）。检查链条磨损，检查润滑油油泵、油质和油量。

实施步骤八：防碰天车装置。检查防碰天车装置，方法正确。

实施步骤九：收拾工具。按要求将工具清洁复位。

【评价反馈】

1. 学生自我评价

学生扫码完成自我评价。

2. 互相评价

学生扫码完成互相评价。

学生自我评价表

学生互评表

3. 教师评价

教师根据学生表现，填写表 1-3-2 进行评价。

表 1-3-2 教师评价表

<table>
<tr><td>项目名称</td><td colspan="2">评价内容</td><td>分值</td><td>得分</td></tr>
<tr><td rowspan="6">职业素养
考核项目</td><td colspan="2">劳保用品穿戴规范、整洁</td><td>6 分</td><td></td></tr>
<tr><td colspan="2">安全意识、绿色发展理念、环保意识</td><td>6 分</td><td></td></tr>
<tr><td colspan="2">积极参加教学活动，按时完成工作任务</td><td>10 分</td><td></td></tr>
<tr><td colspan="2">团队合作、与人交流能力</td><td>6 分</td><td></td></tr>
<tr><td colspan="2">劳动纪律</td><td>6 分</td><td></td></tr>
<tr><td colspan="2">生产现场管理 8S 标准</td><td>8 分</td><td></td></tr>
<tr><td rowspan="8">专业能力
考核项目</td><td colspan="2">绞车的新类型、新技术等专业知识查找及时、准确</td><td>10 分</td><td></td></tr>
<tr><td colspan="2">绞车的加注润滑脂检查操作</td><td>6 分</td><td></td></tr>
<tr><td colspan="2">绞车的油标尺及油泵加注润滑油检查操作</td><td>8 分</td><td></td></tr>
<tr><td colspan="2">绞车的清洁表面检查操作</td><td>6 分</td><td></td></tr>
<tr><td colspan="2">绞车的清理工具、安装护罩检查操作</td><td>6 分</td><td></td></tr>
<tr><td colspan="2">绞车的固定、护罩保养操作</td><td>6 分</td><td></td></tr>
<tr><td colspan="2">绞车的轴承、链轮、拨叉保养操作</td><td>8 分</td><td></td></tr>
<tr><td colspan="2">绞车的防碰天车装置保养操作</td><td>8 分</td><td></td></tr>
<tr><td colspan="4">总分</td><td></td></tr>
<tr><td rowspan="2">总评</td><td rowspan="2">自评（20%）+互评（20%）+师评（60%）</td><td colspan="2">综合等级</td><td rowspan="2">教师签名</td></tr>
<tr><td colspan="2"></td></tr>
</table>

子任务1.3.2 操作气动小绞车

【任务描述】

在钻井中气动小绞车常用来起吊钻具或其他小型工具上、下钻台，不可以利用气动小绞车起升井架。XJFH 系列气动小绞车是以气动启动机为动力，通过齿轮机构驱动卷筒，实现重物牵引和提升的绞车装置。它具有结构紧凑、操作方便、工作安全可靠、维修简单、运转平稳和无级变速等优点。本任务需要在熟悉气动小绞车工作原理的基础上，进行气动小绞车的操作。要求：操作应符合安全文明操作规程；按规定完成操作项目，质量达到技术要求；操作完毕，做到工完、料净、场地清。

资源7
气动小绞车

【任务分组】

学生填写表1-3-3，进行分组。

表1-3-3 学生分组表

<table>
<tr><td>班级</td><td colspan="2"></td><td colspan="2">组号</td><td></td><td>指导教师</td><td></td></tr>
<tr><td>组长</td><td colspan="2"></td><td colspan="2">学号</td><td></td><td></td><td></td></tr>
<tr><td rowspan="3">组员</td><td colspan="2">姓名</td><td colspan="2">学号</td><td colspan="2">姓名</td><td>学号</td></tr>
<tr><td colspan="2"></td><td colspan="2"></td><td colspan="2"></td><td></td></tr>
<tr><td colspan="2"></td><td colspan="2"></td><td colspan="2"></td><td></td></tr>
<tr><td colspan="8">任务分工</td></tr>
<tr><td colspan="8"></td></tr>
</table>

【知识准备】

（一）气动小绞车的工作原理及技术参数

1. 工作原理

当将操作手柄扳至启动位置时，分配阀的气门打开，压缩空气进入配气阀芯使其转动，同时借助配气阀芯的转动，将压缩空气依次送入周围5个气缸中，气缸内压缩空气的膨胀，推动活塞、连杆、曲轴转动，当活塞被推至“下死点”时，配气阀芯也同时转至排气位置，经膨胀后的气体即自行经阀体的排气孔道直接排出，同时气缸内原理的剩余气体全部自配气阀芯、分配阀的排气孔道排出。如此往复循环，就使曲轴不断旋转，从而带动传动轴，并经齿轮传动，带动卷筒旋转，提升重物。

气动启动机本身具有一定的自锁功能，当操纵手柄回复中位时，进、排气腔均封闭。如果此时绞车处于吊重状态，则重物基本不下降，或有缓慢下滑。为保证用户的绝对安全，绞车还设计有制动系统。

2. 技术参数

常用的 XJFH－3/35、XJFH－5/35 气动小绞车参数如表 1－3－4 所示。

表 1－3－4　XJFH－3/35、XJFH－5/35 气动型小绞车技术参数

项目	规格及参数	
	XJFH－3/35	XJFH－5/35
最大提升重力/kN	30	50
最大绳速/($m \cdot min^{-1}$)	35	35
额定功率/kW	13.2	16
额定进气压力/MPa	0.8	0.8
额定耗气量/($m^3 \cdot min^{-1}$)	12.7	12.7
容绳量/m	150（单制），152（双制）	120（单制），100（双制）
钢丝绳直径/mm	16	19
底座连接尺寸/mm	912 × 500（高底座）	912 × 500（高底座）
	912 × 392（矮底座）	912 × 392（矮底座）
质量/kg	550（500）	550（500）

（二）操作前的准备工作

（1）气动小绞车吊运中不得碰撞配气总成，防止损坏零部件。

（2）油田钻井平台安装：气动小绞车中间底座分为高、低两种形式。气动小绞车的进气端有 40 mm 的鱼鳞接头和 Rcl/2n 圆锥内螺纹接头两种形式，可根据不同需求进行选用。

（3）往气动启动机壳体内加入 2 L 空气压缩机油，依据 GB/T 12691—2021《空气压缩机油》标准，夏季用 L－DAG46#，冬季用 L－DAG32#。齿轮传动部位和黄油嘴加注锂基润滑脂。拧下油雾器的加油螺母，加入清洁的润滑油 0.5 L，调节针阀使其供油量在额定工况时保持 10～15 滴/min。

（4）将离合器手柄扳至“合”的状态。

（5）开车：操纵分配阀手柄，按箭头标记指示，向内拉为提升，向外推为下降。开车后，应先空转1~2 min，并检验刹车机构是否可靠、有无异常声音。

（6）停车：停车时，将分配阀手柄扳至中间空车位置，然后再操纵制动系统停车。在特殊情况下需紧急刹车时，可将分配阀手柄和制动系统同时操作。

（三）气动小绞车运转中的注意事项

气动小绞车在运转过程中，如有异常声音，应立即停车检查；当缸盖罩接合面处和壳体与分配阀接合面处有明显漏气现象时应停车检查。气动小绞车要定期进行维护与保养。

1. 润滑油

每周向气动启动机中加润滑油，并经常拧下放油塞检查润滑油是否变质，如果发现变质或与水混合应立即更换。每天检查油雾器润滑油，如果发现没有应立即加足。

2. 蒸汽水

每天检查分水滤气器内蒸汽水，发现蒸汽水滤满时应立即放掉。

3. 润滑脂

每运转500 h向齿轮传动部位和各油嘴处加注润滑脂。

（四）故障及原因、故障排除方法

1. 故障及原因

（1）提升力不足。原因可能是气动启动机活塞磨损间隙太大，气体泄漏量大；进气压力达不到规定要求；供气管径不按规定要求安装，管径太小，供气量不足和压力损失大。

（2）启动运转困难。原因是修配后，活塞连杆和壳体装配时不干净。

（3）气动启动机运转中有异常撞击声。原因可能是连杆小头和大头的磨损间隙太大；曲轴主轴颈的滚动轴承磨损间隙太大。

（4）制动系统失灵。原因是刹车带失灵。

（5）从内齿圈泄漏润滑油。原因是花键轴油封圈损坏严重。

（6）气动启动机过热。原因可能是长时间超负荷运行；润滑油不足或变质。

2. 故障排除方法

（1）气动启动机活塞磨损间隙太大、气体泄漏大时应更换活塞环；进气压力达不到规定要求时应增加进气压力；供气管径不按规定要求安装、管径太小、供气量不足和压力损失大时应按规定安装供气管路。

（2）修配后，因活塞连杆和壳体装配不干净造成启动运转困难时，应拆下气动启动机，重新清洗干净再装配。

（3）连杆小头和大头的磨损间隙太大造成异响时，应更换活塞销、曲轴铜套和圆环；曲轴主轴颈的滚动轴承磨损间隙太大造成异响时，应更换曲轴滚动轴承。

（4）刹车带失灵时，应调节活接螺栓或更换刹车带。

（5）花键轴油封圈损坏严重，从内齿圈泄漏润滑油时，应更换油封圈。

（6）气动启动机过热或长时间超负荷运行时，应适当降低负荷；润滑油不足或变质时，应加足或更换润滑油。

【任务实施】

操作气动小绞车

实施步骤一：气动绞车的固定。检查气动绞车底座固定、吊钩固定、钢丝绳套是否正常。

实施步骤二：刹车系统。检查刹带连接固定、磨损情况，以及刹车灵活可靠情况。

实施步骤三：钢丝绳磨损及排列。检查钢丝绳在滚筒上的排列情况，观察有无打扭和断丝结扣现象，不得与井架、二层平台缠绕。

实施步骤四：气开关灵活好用、不漏气。检查气管线连接是否密封良好，检查气开关操作是否灵活。

实施步骤五：挂合。打开气路阀门，左手握刹把，右手握气开关。

实施步骤六：合气开关，起升。接信号合气开关，观察钢丝绳排列，吊钩无挂卡，起吊到位后及时刹住刹把，同时松开气开关。

实施步骤七：下放重物。刹车后滚筒不打滑，下放时松开刹把，速度不要过快，观察有无挂卡，并把重物放到指定位置。

【评价反馈】

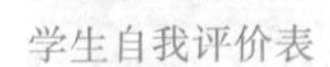

学生自我评价表

学生互评表

1. 学生自我评价

学生扫码完成自我评价。

2. 互相评价

学生扫码完成互相评价。

3. 教师评价

教师根据学生表现，填写表 1－3－5 进行评价。

表 1－3－5　教师评价表

项目名称	评价内容	分值	得分
职业素养考核项目	劳保用品穿戴规范、整洁	6 分	
	安全意识、责任意识、服从意识	6 分	
	积极参加教学活动，按时完成工作任务	10 分	
	团队合作、与人交流能力	6 分	
	劳动纪律	6 分	
	生产现场管理 8S 标准	8 分	

续表

项目名称	评价内容	分值	得分
专业能力考核项目	气动小绞车的新工艺、新技术等专业知识查找及时、准确	8分	
	检查气动绞车的固定情况	8分	
	检查刹车系统的灵活情况	8分	
	检查钢丝绳的磨损及排列情况	6分	
	检查气开关是否灵活好用、不漏气	6分	
	挂合操作	6分	
	合气开关，起升操作	8分	
	下放重物操作	8分	
总分			
总评	自评（20%）+互评（20%）+师评（60%）	综合等级	教师签名

子任务1.3.3 保养电磁刹车

【任务描述】

刹车系统是钻井设备最重要的系统之一，许多设备和安全事故都是由刹车失灵或刹车使用不当造成的。钻井设备日新月异，目前大部分钻机的刹车系统由两部分组成：主刹车系统和辅助刹车系统。主刹车系统一般起到把钻具完全刹死或紧急刹车的作用，不作为经常使用的刹车类型。现在安全、稳定又应用广泛的主刹车一般是液压盘式刹车。辅助刹车系统则在大部分起下钻具作业中承担刹车任务。主刹车和辅助刹车系统相辅相成，又各有分工、互相配合，共同为钻井生产提供设备支持。本任务需要在熟悉电磁刹车原理、结构及技术参数的基础上，保养电磁刹车。要求：操作规程符合安全文明操作；按规定完成操作项目，质量达到技术要求；操作完毕，做到工完、料净、场地清。

资源8
绞车刹车

【任务分组】

学生填写表1-3-6，进行分组。

表1-3-6 学生分组表

班级		组号		指导教师	
组长		学号			

续表

组员	姓名	学号	姓名	学号
任务分工				

【知识准备】

（一）辅助刹车的种类

辅助刹车的种类很多，如伊顿气刹车、电磁刹车、能耗制动刹车等。

伊顿刹车的优点是制动力矩大、体积小、质量轻，在 ZJ40 以下钻机上可以得到较充分的发挥，但在 ZJ40 以上钻机使用时各方面存在一些问题。安装必需附件后其整体占用刹车的空间较大，与电磁刹车相比并不占太大优势，这些附件包括封闭的防护罩、冷却水管线（每个刹车盘两根）、ZJ50 以上钻机在气缸侧的支承轴承等。护罩对平时的观察和维护保养造成众多不便。气缸侧支承轴承在更换摩擦副时必须拆除，其工作量大，技术要求比较高。随着盘刹的日益普及，电磁刹车逐渐体现出更大的优越性，电信号容易检测，可以方便地与盘刹形成安全联锁，当电磁刹车断电或出现故障时，盘刹自动刹车，同时与盘刹的联锁可以省去体积庞大的后备安全电源系统，既简化了整个系统，又使刹车的安全性得到有效提高。电磁刹车可以与钻机上广泛使用的游车电子防碰有效结合，在高速下钻时及时有效，先减速预警，然后使电子防碰动作，盘刹刹死滚筒，整个防碰与刹车系统更加高效和完善。

能耗制动刹车是交流变频设备常用的制动方式，理论上这种刹车方式有很多优点，如可以“悬停”；刹把既是刹车也是控速旋钮，司钻操作起来灵活稳定。但因为其需要的电控系统复杂，出现问题极容易导致井下钻具不可移动，故容易产生井下事故。

（二）电磁刹车的原理、结构及技术参数

1. 原理

电磁刹车也称电磁涡流制动器，它是利用电磁感应原理，将钻具下钻时的机械能转化成电能，进而转化成热能的一种制动设备。根据冷却方式的不同，电磁刹车分为水冷和风冷两种形式。

2. 结构

电磁刹车一般由刹车主体、冷却系统、可控硅整流系统、司钻控制旋钮组成。刹车主体主要由定子和转子组成，是产生力矩的核心部件。冷却系统可把从机械能转化而来的热能及时散发出去。可控硅整流系统和司钻控制旋钮是电磁刹车的控制部分，可通过旋钮调节整流系统，进而控制刹车力矩大小。

3. 技术参数

DS ×× 是电磁刹车型号的表述方式，其中 DS 表示电磁刹车：第一个 × 表示冷却方式，F 表示风冷，无字母表示是水冷；最后一个 × 表示刹车级别，它表示 114 mm 钻杆，以 10 m 为单位计的名义钻深。例如，DSF40 表示风冷型 4 000 m 钻机适用。电磁刹车的技术参数如表 1－3－7 所示。

表 1－3－7　电磁刹车的技术参数

<table>
<tr><th rowspan="2">基本参数</th><th colspan="10">型 号</th></tr>
<tr><th colspan="2">DS（F）30</th><th colspan="2">DS（F）40</th><th colspan="2">DS（F）50</th><th colspan="2">DS（F）70</th><th>DS（F）90</th><th>DS（F）120</th></tr>
<tr><td>制动扭矩/（kN·m）</td><td colspan="2">23</td><td colspan="2">33</td><td colspan="2">55</td><td colspan="2">98</td><td>110</td><td>130</td></tr>
<tr><td>适用井深/m</td><td colspan="2">3 000</td><td colspan="2">4 000</td><td colspan="2">5 000</td><td colspan="2">7 000</td><td>9 000</td><td>12 000</td></tr>
<tr><td>空载转速/（$r \cdot min^{-1}$）</td><td colspan="2">500</td><td colspan="2">500</td><td colspan="2">500</td><td colspan="2">500</td><td>500</td><td>500</td></tr>
<tr><td>最大励磁功率/kW</td><td colspan="2">9</td><td colspan="2">10</td><td colspan="2">12</td><td colspan="2">23</td><td>25</td><td>—</td></tr>
<tr><td>冷却水流量/（$L \cdot min^{-1}$）</td><td colspan="2">150</td><td colspan="2">190</td><td colspan="2">285</td><td colspan="2">560</td><td>600</td><td>—</td></tr>
<tr><td>冷却风流量/（$m^3 \cdot min^{-1}$）</td><td colspan="2">4 000</td><td colspan="2">6 000</td><td colspan="2">12 000</td><td colspan="2">15 000</td><td>—</td><td>—</td></tr>
<tr><td>最高出水（风）温度/℃</td><td>72</td><td>70</td><td>72</td><td>70</td><td>72</td><td>70</td><td>72</td><td>70</td><td>72</td><td>72</td></tr>
<tr><td>最高进水（风）温度/℃</td><td>42</td><td>40</td><td>42</td><td>40</td><td>42</td><td>40</td><td>42</td><td>40</td><td>42</td><td>42</td></tr>
</table>

（三）电磁刹车的优缺点

1. 优点

（1）制动特性好。电磁刹车无论是在高速还是在低速时都能产生很大的制动力矩。在钻具下放时，其制动几乎全部由电磁刹车承担。

(2) 无级调速。通过司钻台的控制旋钮，可任意调节刹车力矩的大小，继而平滑地控制钩速。

(3) 维护简单、寿命长。电磁刹车是靠电磁感应原理产生制动力，无须像靠摩擦力制动的设备那样经常检查、更换刹车毂和刹车片及附件，因此其寿命比普通类型的刹车设备长。

(4) 安全、经济效益明显。因为电磁刹车几乎承担了所有的刹车任务，所以主刹车得以被保护，主刹车的良好状态对钻井的安全生产提供了强有力的保障。同时，电磁刹车的无级调速可让操作更平稳安全。此外，电磁刹车的维护保养简单，其带来的经济效益也是巨大的。

2. 缺点

(1) 电磁刹车靠电能取得刹车力矩，最后以热量的形式散走，浪费了能量。

(2) 电磁刹车的刹车力矩是靠其转子和定子的相对速度产生的，换言之，电磁刹车并不能完全刹住钻具，所以它只能作为辅助刹车来使用。

【任务实施】

保养电磁刹车

实施步骤一：检查固定螺栓是否紧固，包括与绞车的连接固定螺栓和电磁刹车本身的固定螺栓。

实施步骤二：清理风道的进风口和出风口，防止进入异物破坏电磁刹车。

实施步骤三：每次下钻前，在刹车两侧的轴承腔里注入足够的锂基润滑脂。

实施步骤四：经常给牙嵌或齿式离合器注入机油。每班要检查拔插螺栓是否松动及“离”“合”位置是否正确。

实施步骤五：电磁刹车的电路检查是十分关键和必要的，尤其是每次搬家安装后，应避免因线路受损而出现设备失灵甚至造成人员伤亡事故。

【评价反馈】

1. 学生自我评价

学生扫码完成自我评价。

学生自我评价表

2. 互相评价

学生扫码完成互相评价。

学生互评表

3. 教师评价

教师根据学生表现，填写表 1－3－8 进行评价。

表1-3-8 教师评价表

<table>
<tr><td>项目名称</td><td colspan="2">评价内容</td><td>分值</td><td>得分</td></tr>
<tr><td rowspan="6">职业素养
考核项目</td><td colspan="2">劳保用品穿戴规范、整洁</td><td>6分</td><td></td></tr>
<tr><td colspan="2">安全意识、责任意识、绿色发展理念、环保意识</td><td>6分</td><td></td></tr>
<tr><td colspan="2">积极参加教学活动，按时完成工作任务</td><td>10分</td><td></td></tr>
<tr><td colspan="2">团队合作、与人交流能力</td><td>6分</td><td></td></tr>
<tr><td colspan="2">劳动纪律</td><td>6分</td><td></td></tr>
<tr><td colspan="2">生产现场管理8S标准</td><td>8分</td><td></td></tr>
<tr><td rowspan="5">专业能力
考核项目</td><td colspan="2">检查固定螺栓紧固情况</td><td>12分</td><td></td></tr>
<tr><td colspan="2">注入锂基润滑脂操作</td><td>12分</td><td></td></tr>
<tr><td colspan="2">离合器注入机油操作</td><td>12份</td><td></td></tr>
<tr><td colspan="2">检查电磁刹车电路</td><td>12分</td><td></td></tr>
<tr><td colspan="2">完成质量</td><td>10分</td><td></td></tr>
<tr><td colspan="4">总分</td><td></td></tr>
<tr><td rowspan="2">总评</td><td rowspan="2">自评（20%）+互评（20%）+师评（60%）</td><td colspan="2">综合等级</td><td rowspan="2">教师签名</td></tr>
<tr><td colspan="2"></td></tr>
</table>

子任务1.3.4 操作与保养液压盘式刹车

【任务描述】

盘式刹车于19世纪问世以来，获得了飞速发展。我国于20世纪90年代开始在修井机上改装盘式刹车，目前液压盘式刹车已在钻机绞车中得到了广泛应用。由于液压盘式刹车应用了液压系统，因此其结构比传统的带式刹车要复杂得多。特别是对污染物敏感的液压泵、液压阀及液压油缸等，这些高性能元器件的引入，使得盘式刹车装置比带式刹车需要更精心的维护。本任务需要在熟悉盘式刹车组成与原理的基础上，操作和保养液压盘式刹车。要求：操作规程符合安全文明操作；按规定完成操作项目，质量达到技术要求；操作完毕，做到工完、料净、场地清。

【任务分组】

学生填写表1-3-9，进行分组。

表1-3-9 学生分组表

班级		组号		指导教师	
组长		学号			

续表

<table>
<tr><td rowspan="3">组员</td><td>姓名</td><td>学号</td><td>姓名</td><td>学号</td></tr>
<tr><td></td><td></td><td></td><td></td></tr>
<tr><td></td><td></td><td></td><td></td></tr>
<tr><td colspan="5">任务分工</td></tr>
<tr><td colspan="5"></td></tr>
</table>

【知识准备】

(一) 盘式刹车的结构组成及刹车装置总成

1. 结构组成

盘式刹车由刹车盘(滚筒两侧)、开式刹车钳(安全钳)、闭式刹车钳(工作钳)、钳架、液压动力源和控制系统等组成。

2. 刹车装置总成

如图 1-3-2 所示,刹车装置总成由钳架、刹车盘和刹车钳等组成,刹车盘通过滚筒轮缘与滚筒组装成一体,刹车钳安装在钳架上,它是盘式刹车实现刹车的主要部件。

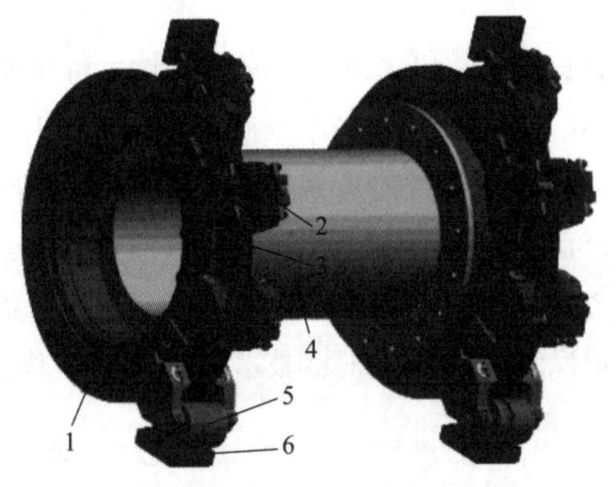

1—刹车盘;2—工作钳;3—钳架;4—滚筒;5—安全钳;6—过渡板。

图 1-3-2 液压盘式刹车总成图

(1) 刹车盘。刹车盘是直径为 1 500~1 650 mm,厚为 65~75 mm,带有冷却水道的回环,其内径与滚筒轮缘配合,装配成一体,由刹车盘连接法兰与滚筒相连。刹车盘的结构如图 1-3-3 所示。刹车盘按形式分为水冷式刹车盘、风冷式刹车盘和实心刹车盘三种。

（2）刹车钳架。刹车钳架是一个弯梁，上面安装有工作钳和安全钳，如图1－3－4所示。刹车系统通常配备两个钳架，钳架上下端通过螺栓分别固定在绞车横梁和绞车底座上，位于滚筒两侧的前方。

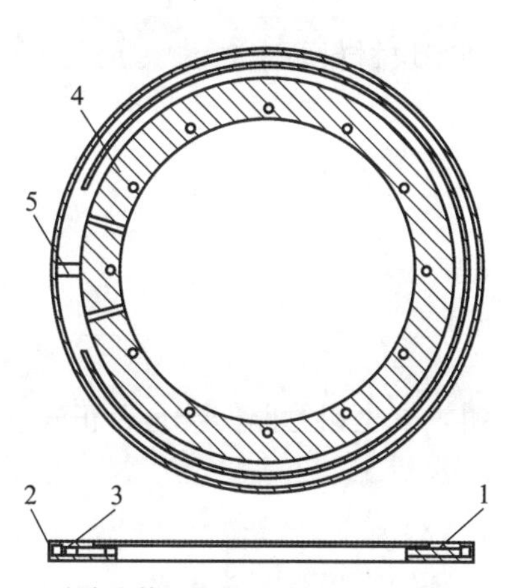

1—刹车盘体；2—外封闭环；3—支承环；4—沉头螺钉；5—隔环连接板。

图1－3－3　液压刹车盘结构

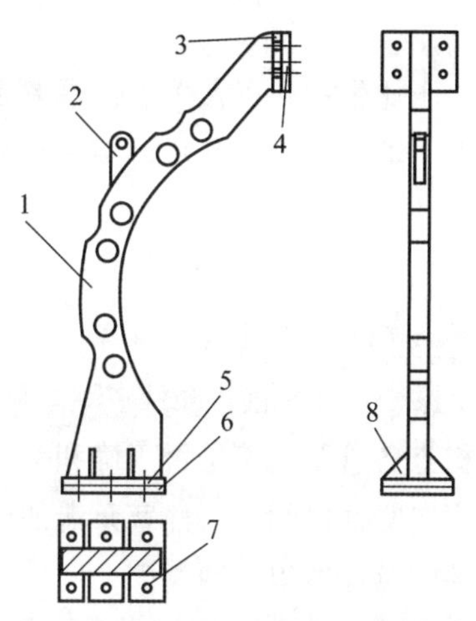

1—弯梁；2—吊耳；3—连接顶板；4—上连接板；5—连接底板；6—下连接板；7—六角螺栓；8—加强筋板。

图1－3－4　刹车钳架

（3）刹车钳。刹车钳共有8副，一侧4副。每副刹车钳有一对刹车块，刹车钳由浮式杠杆开式钳（常开钳）和浮式杠杆闭式钳（常闭钳）组成。常开钳是工作钳，用于控制钻压及各种情况下的刹车；常闭钳用于悬持情况下的驻刹。

（二）盘式刹车的工作原理

盘式刹车系统可实现以下五种情况的刹车：

（1）工作刹车（由常开钳承担）。操作司钻阀向常开钳输入不同压力的压力油，可以产生不同的刹车力，工作刹车的刹车力是液压力。

（2）驻刹车（由常闭钳承担）。实施驻刹车时常闭钳泄油刹车，驻车的刹车力是弹簧力。

（3）紧急刹车（由常开钳与常闭钳共同承担）。实施紧急刹车时，常闭钳泄油刹车，同时常开钳充入压力油也可进行刹车。

（4）防碰天车刹车（由常闭钳承担）。当过卷阀启动送来的气压信号传递给盘式刹车系统的控制元件时，常闭钳自动泄油刹车。

（5）在系统失电的情况下刹车。蓄能器分别向常开钳和常闭钳提供刹车压力油，可分别进行6～8次刹车。

（三）盘式刹车的优缺点

1. 优点

（1）刹车盘是中空带通风的叶轮，散热性好。

（2）由于比压大及离心作用等，不易存水和油污物，故刹车块的吃水稳定性好。

（3）比压分布均匀，摩擦副的寿命较长。

（4）双向制动，操作省力。

（5）有应急钳，刹车可靠。

2. 缺点

（1）比压比带式刹车大2倍，摩擦表面温度高，对刹车块材料要求高。

（2）多了液压装置及其密封圈等易损件。

【任务实施】

1. 操作液压盘式刹车

实施步骤一：开机前准备工作。

（1）检查各管路连接是否正确和畅通，特别是工作钳、安全钳管路安装是否正确。

（2）开启吸油口阀门、柱塞泵泄油口阀门。

（3）关闭蓄能器组回油阀门。

（4）接通外部电源。

（5）开启气源（盘式刹车控制系统的气源压力应为0.8 MPa）。

（6）闭合电控箱电源开关。

注意

开机前，必须确保柱塞泵吸油口和泄油口的截止阀都已经打开，否则将造成柱塞泵的严重损坏。安全钳接错将会发生顿钻事故。

实施步骤二：将刹把、紧急刹车按钮、驻车制动手柄复位，即刹把处于“松”位，紧急刹车按钮处于“刹”位，驻车制动手柄处于“刹”位。

实施步骤三：启动电动机。此时系统处于紧急制动状态。

实施步骤四：解锁。先拉动刹把，使其刹住载荷；然后推动驻车制动手柄，拔出紧急刹车，按车的操作规程钮使其均处于“松”位。

实施步骤五：工作制动。拉动刹把即可进行工作制动，其操作角度为0°～60°，拉动角度越大，制动力越大。

注意

下放钻具，特别是在下放较重的钻具时，必须与辅助刹车配合使用，即必须利用盘式刹车和辅助刹车的组合能力来安全下放钻柱和套管。任何时候都不允许将钻具自由下放，必须连续减速，以保证操作的安全性，减少制动负荷，提高刹车系统和整套钻机设备的使用可靠性和使用寿命。

实施步骤六：驻车制动。拉动驻车制动手柄至“刹”位，实现驻车制动。转换到工作制动时，必须先解除驻车制动，即先拉动刹把，使其处于“刹”位以刹住载荷，再推动驻车制动手柄至“松”位，然后进行工作制动。

注意

驻车制动只有安全钳参与制动。为了确保安全钳油缸内大刚度碟簧有足够的弹力，每12个月至少更换一次碟簧组。

实施步骤七：紧急制动。按下紧急制动按钮，实现紧急制动。转换到工作制动时，必须先解除紧急制动，即先拉动刹把以刹住载荷，再拔出紧急制动按钮，然后进行工作制动。

注意

司钻离开司钻位置或停机时必须用卡瓦悬持重负载，然后按下紧急制动按钮，确认工作钳压力为系统压力，安全钳压力为零。严禁运用盘式刹车长时间悬持重负载，否则会造成严重事故。起下钻，特别是在快速起下钻过程中，严禁操作驻车制动手柄、紧急制动按钮，否则将造成钻机设备的严重损害。

2. 保养液压盘式刹车

实施步骤一：更换液压油。盘刹液压站液压油必须按要求的型号、过滤精度使用，并定期（一般为3~6个月）更换，更换时必须同时清理油箱。接头拆卸后要及时戴上接头护帽，保护拆卸开的接头不受污染。在钻机运行中，应经常检查管线接头的连接是否松动漏油，正确使用电加热器和冷却器，保证油液在规定的温度范围内使用。

实施步骤二：检查液面并及时补油。当系统中的液面降到要求最低液面以下时，可能引起温升，不溶解空气积聚，泵因气穴而失效，电加热器外露而引起局部温度升高，使油液分解变质，从而引起系统故障。液面下降，说明有渗油或漏油的地方，要及时检查、及时维修。

实施步骤三：检查油温。液压油的工作温度允许最高值为60 ℃，因为更高温度会加快油液的老化，并缩短密封件和软管的寿命，故必须经常监测油箱中的油液温度。油温逐渐升高，表明液压油可能被污染或形成胶质，或柱塞泵磨损。油温突然升高是报警信号，应立即停机检查。

注意

液压系统的故障大多是由液压油的污染造成的，应严格按使用说明书的要求使用规定的液压油。在加油和钻机搬家时应注意防止液压油的污染，按规定时间更换液压油。

实施步骤四：观测压力表。经常观测液压站上压力表的压力值，特别是系统压力表，压力应稳定在设定值，并定期校定压力表。

实施步骤五：更换过滤器。工作介质的清洁，除部分靠油箱沉淀杂质完成外，主要是靠过滤器来完成的。液压系统中的过滤器分为油液过滤器和空气过滤器两类。油液过滤器用于滤去油液中的杂质，维护油液清洁，保证液压系统正常工作；空气过滤器主要用于过滤进入开式油箱的空气，使空气清洁，从而保证液压油的清洁。空气滤清器只用于油箱液面升降时过滤进出油箱的空气，应每隔1~3个月检查并清洗或更换一次滤芯。

注意

更换阀组上的高压滤油器时，游车必须处低位，检查安全钳刹车可靠后按下紧急制动按钮刹车，关闭波压站电机电源；释放系统压力到零，防止高压油伤人。更换后应及时将压力恢复到系统额定压力值。

实施步骤六：检测蓄能器。必须经常检测蓄能器的氮气压力。泄压时，打开所有的截止阀，即能释放蓄能器的油压。正常工作时，截止阀一定要关严，否则系统压力将建立不起来。

实施步骤七：检测防碰天车系统。过卷/防碰阀应经常检测，确保其性能可靠。特别是在冬季，压缩空气里可能含有水分，气路因天气寒冷会发生结冰堵塞现象，引起防碰失灵。防碰系统需每天试用一次，确保能够正常工作。

实施步骤八：更换工作钳。在交接班时需检测刹车块的厚度及油缸的密封性能。随着刹车块的磨损（单边磨损 1～1.5 mm），需调节拉簧的拉力，使刹车块在松刹时能及时返回，且间隙适当。当刹车块厚度仅剩 12 mm 时，必须更换。

实施步骤九：更换安全钳。需经常检测调节间隙（至少一周一次）、刹车块的厚度以及油缸的密封性能。刹车盘与刹车块之间的间隙大于 1 mm 时，必须调整，松刹间隙应不大于 0.5 mm；施行紧急刹车操作后，也必须重新调整松刹间隙。当刹车块厚度磨损到只有 12 mm 时，必须更换。

注意

必须及时调整安全钳的松刹间隙，否则可能发生紧急制动或驻车制动失灵事故。为了确保安全钳的使用可靠性，油缸内碟簧组每 12 个月至少更换一次。

实施步骤十：检查快速接头、液压管线。每天检查所有快速接头两次，确保连接良好。特别是移动管线或意外碰到管线后，严格检查液压管线是否损坏、快速接头是否虚接，确保液压管线无损伤、快速接头连接良好。

【评价反馈】

1. 学生自我评价

学生扫码完成自我评价。

2. 互相评价

学生扫码完成互相评价。

学生自我评价表

学生互评表

3. 教师评价

教师根据学生表现，填写表 1－3－10 进行评价。

表 1-3-10 教师评价表

<table>
<tr><th>项目名称</th><th>评价内容</th><th>分值</th><th>得分</th></tr>
<tr><td rowspan="6">职业素养
考核项目</td><td>劳保用品穿戴规范、整洁</td><td>6 分</td><td></td></tr>
<tr><td>绿色发展理念、环保意识</td><td>6 分</td><td></td></tr>
<tr><td>积极参加教学活动，按时完成工作任务</td><td>10 分</td><td></td></tr>
<tr><td>团队合作、与人交流能力</td><td>6 分</td><td></td></tr>
<tr><td>劳动纪律</td><td>6 分</td><td></td></tr>
<tr><td>生产现场管理 8S 标准</td><td>8 分</td><td></td></tr>
<tr><td rowspan="5">专业能力
考核项目</td><td>液压盘式刹车技术要求等专业知识查找及时、准确</td><td>12 分</td><td></td></tr>
<tr><td>液压盘式刹车检查</td><td>12 分</td><td></td></tr>
<tr><td>液压盘式刹车操作</td><td>12 份</td><td></td></tr>
<tr><td>液压盘式刹车保养</td><td>12 分</td><td></td></tr>
<tr><td>完成质量</td><td>10 分</td><td></td></tr>
<tr><td colspan="3">总分</td><td></td></tr>
<tr><td rowspan="2">总评</td><td rowspan="2">自评（20%）+互评（20%）+师评（60%）</td><td>综合等级</td><td rowspan="2">教师签名</td></tr>
<tr><td></td></tr>
</table>

模块2 钻机旋转系统的使用与维护

【模块简介】

旋转系统是钻机的重要组成部分，其主要功用是旋转钻柱、钻头，破碎岩石形成井眼。钻机的旋转系统主要包括转盘、水龙头和顶驱钻井装置三大部分，是钻机的地面旋转设备。本模块包括转盘的使用与维护、水龙头的使用与维护和顶驱的使用与维护3个工作任务。通过对钻机旋转系统结构原理、组成特点及操作的学习，应能完成钻机旋转系统使用与维护的工作任务，且能客观完成工作评价。

任务2.1 转盘的使用与维护

【任务描述】

转盘实质上是一个大功率的圆齿轮减速器，主要作用是带动钻具旋转钻进和在起下钻过程中悬持钻具、卸开钻具螺纹，以及在井下动力钻井时承受螺杆钻具的反向扭矩。转盘的动力经水平轴上的法兰或链轮输入，通过锥齿轮转动转台，借助转台通孔中的方瓦和方补心带动方钻杆、钻柱和钻头转动；同时，方补心允许方钻杆轴向自由滑动，实现边旋转边送进。本任务需要在熟悉转盘结构与原理的基础上，启动和保养转盘。要求：穿戴好劳动保护用品；正确使用工具、量具和用具；按规定完成启动和保养操作项目，质量达到技术要求。

小贴士

钻井转盘是旋转机的关键设备，也是钻机的三大工作机之一。请秉持敬业、精益、专注的大国工匠精神和埋头苦干的石油精神，正确使用与维护转盘。

【任务目标】

资源9 钻井转盘

1. 知识目标

（1）了解钻井工艺对转盘的要求。

（2）熟悉转盘的结构与原理。

（3）掌握转盘的启动操作步骤和要求。

2. 技能目标

(1) 能进行转盘参数的设计。

(2) 能对转盘进行维护与保养。

(3) 会启动转盘操作。

3. 素质目标

(1) 具有吃苦耐劳、埋头苦干的石油精神。

(2) 具备精益求精的大国工匠精神。

(3) 能够认识工作任务内容，具有及时发现问题、分析问题和解决问题的能力。

【任务分组】

学生填写表2-1-1，进行分组。

表2-1-1 学生分组表

<table>
<tr><td>班级</td><td colspan="2"></td><td>组号</td><td></td><td>指导教师</td><td></td></tr>
<tr><td>组长</td><td colspan="2"></td><td>学号</td><td></td><td></td><td></td></tr>
<tr><td rowspan="3">组员</td><td>姓名</td><td colspan="2">学号</td><td colspan="2">姓名</td><td>学号</td></tr>
<tr><td></td><td colspan="2"></td><td colspan="2"></td><td></td></tr>
<tr><td></td><td colspan="2"></td><td colspan="2"></td><td></td></tr>
<tr><td colspan="7">任务分工</td></tr>
<tr><td colspan="7"></td></tr>
</table>

【知识准备】

(一) 钻井工艺对转盘的要求

钻井工艺对转盘的要求如下：

(1) 具有足够大的扭矩和一定的转速，以转动柱带动钻头破碎岩石，并能满足打捞、对扣、倒扣、造扣或磨铣等特殊作业的要求。

(2) 具有抗震、抗击和抗蚀的能力，尤其是主轴承应有足够的强度和寿命，并要求其承载能力不小于钻机的最大钩载。

(3) 能正反转，且具有可靠的制动机构。

(4) 具有良好的密封、润滑性能。

(二) 转盘的代号和技术参数

转盘代号：用汉语拼音大写字头表示；型号级别：用转盘通孔直径表示，单位为in[①] ×

① 1 in = 2.54 cm。

10；驱动形式：如果是机械驱动则省略，Y 表示液压驱动，D 表示电驱动；更新设计标号：用阿拉伯数字表示。

不同钻机型号使用的转盘型号的技术参数，如表 2－1－2 所示。

表 2－1－2　转盘的技术参数

钻机型号	ZI20K	250/3150L ZH4022500D	7H45J	ZJ70/450010 250/3150DB－1	219076750
转盘型号	ZP－175	ZP－275	ZP－205	P－375	P－475
通孔直径/m	44.5	68 5	520. 7	952.5	1 206.5
最大静载荷/kN	2 250	4 500	4 413	585D	—
最高转速/($r \cdot min^{-1}$)	300	250	35D	300	300
齿轮传动比	31.58	3.667	3.22	3.56	—
主轴承(长×宽×高)/(mm×mm×mm)	53×710×109	800×1060×155 800×950×120	800×1 060×155	1 050×1 270×220	—
辅助轴承(长×宽×高)/(mm×mm×mm)	500×600×600	600×710×67	800×950×120	800×950×120	—
质量/kg	388	6 163	6 182	8 026	—

（三）转盘结构

转盘主要由水平轴总成、转台体总成、制动机构、密封及壳体等组成，如图 2－1－1 所示。

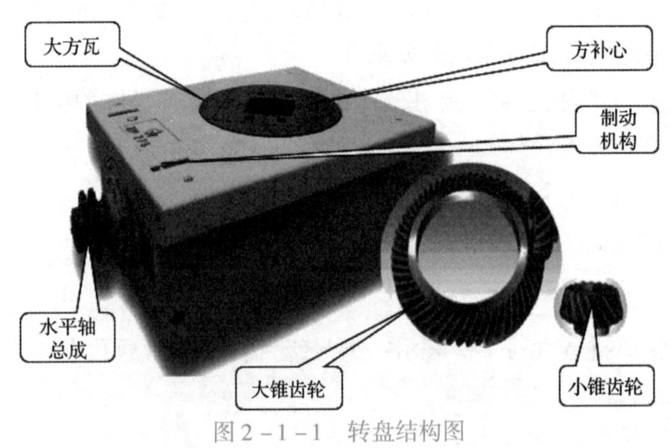

图 2－1－1　转盘结构图

（1）水平轴总成（传递动力）：主要由动力输入链轮或连接法兰、水平轴、小锥齿轮、轴承套和底座上的小油池组成。

（2）转台总成——驱动方钻杆：主要由转台迷宫、转台、大锥齿轮、主轴承、轴承套、下座圈、大方瓦和方补心等组成。

（3）制动机构：在转盘的上部装有制动钻台两个方向转动的制动装置，它由两个操纵杆、左右掣肘和转台外缘上的26个燕尾槽组成。

（4）壳体：是转盘的底座，采用铸焊结构，由铸钢件和板材焊接而成。其作用是作为主辅轴承及输入轴总成的支承。

【任务实施】

1. 启动转盘

实施步骤一：准备工具、用具。

实施步骤二：检查转盘锁紧位置的操纵位置，在转盘启动前应在不锁紧位置。

实施步骤三：检查固定锁是否移位，固定转盘及方补心所用的制动块和销子是否灵活可靠。

实施步骤四：按规定检查机油的油质、油量，并使其符合要求。

实施步骤五：转动转盘，检查锥形齿轮的啮合情况，转台转动应平稳，上下无跳动，无杂音。

实施步骤六：转盘在使用过程中外壳温度是否正常，万向轴启动前，应检查万向轴是否有移位，轴头固定螺钉是否有松动，万向轴连接螺钉有无松旷，并及时进行检查保养。

注意

（1）必须在转盘不工作的情况下进行检查保养，防止工具掉入井内。

（2）检查保养万向轴时，必须关闭转盘气开关旋塞，防止转动伤人。

（3）正常使用时，每1 000 h更换机油一次，防跳轴承每500 h注润滑脂一次，万向轴每100 h注润滑脂一次。

（4）保养完填写好记录，不得超保和漏保。

2. 检查保养转盘

实施步骤一：准备检查。检查工具、材料。

实施步骤二：转盘固定。检查转盘固定情况。

实施步骤三：快速轴与链轮。检查链轮、轴头固定情况，快速轴密封情况，护罩固定情况。检查转台与方瓦、方补心与方瓦的制动块和销子、锁紧装置。

实施步骤四：润滑情况。检查润滑情况及油量、油质和黄油嘴。

实施步骤五：外观检查。检查大方瓦与转台面平齐情况和外壳温度。

实施步骤六：转台。检查转台转动平稳情况。

实施步骤七：保养。明确保养时间，填写保养记录。

实施步骤八：清理工具。按要求清理工具。

学生自我评价表

学生互评表

【评价反馈】

1. 学生自我评价

学生扫码完成自我评价。

2. 互相评价

学生扫码完成互相评价。

3. 教师评价

教师根据学生表现，填写表 2－1－3 进行评价。

表 2－1－3　教师评价表

<table>
<tr><th>项目名称</th><th colspan="2">评价内容</th><th>分值</th><th>得分</th></tr>
<tr><td rowspan="6">职业素养
考核项目</td><td colspan="2">劳保用品穿戴规范、整洁</td><td>6 分</td><td></td></tr>
<tr><td colspan="2">安全意识、责任意识</td><td>6 分</td><td></td></tr>
<tr><td colspan="2">积极参加教学活动，按时完成工作任务</td><td>10 分</td><td></td></tr>
<tr><td colspan="2">团队合作、与人交流能力</td><td>6 分</td><td></td></tr>
<tr><td colspan="2">劳动纪律</td><td>6 分</td><td></td></tr>
<tr><td colspan="2">生产现场管理 8S 标准</td><td>8 分</td><td></td></tr>
<tr><td rowspan="7">专业能力
考核项目</td><td colspan="2">转盘的原理及技术参数等专业知识查找及时、准确</td><td>10 分</td><td></td></tr>
<tr><td colspan="2">检查转盘的锁紧位置</td><td>8 分</td><td></td></tr>
<tr><td colspan="2">转动转盘，检查锥形齿轮的啮合情况</td><td>8 分</td><td></td></tr>
<tr><td colspan="2">按规定检查机油的油质、油量，并使其符合要求</td><td>8 分</td><td></td></tr>
<tr><td colspan="2">检查转盘的固定情况</td><td>8 分</td><td></td></tr>
<tr><td colspan="2">检查转盘链轮、轴头的固定情况</td><td>8 分</td><td></td></tr>
<tr><td colspan="2">检查转台的转动情况</td><td>8 分</td><td></td></tr>
<tr><td colspan="4">总分</td><td></td></tr>
<tr><td rowspan="2">总评</td><td rowspan="2">自评（20%）＋互评（20%）＋师评（60%）</td><td colspan="2">综合等级</td><td rowspan="2">教师签名</td></tr>
<tr><td colspan="2"></td></tr>
</table>

任务2.2 水龙头的使用与维护

【任务描述】

水龙头是钻机的旋转系统设备，起着循环钻井液的作用。它悬挂在大钩上，通过上部的鹅颈管与水龙带相连，下部与方钻杆连接。它不但要输送来自钻井泵的钻井液，还要在旋转的情况下承受井中钻具的重力。本任务需要在熟悉水龙头结构组成的基础上，更换水龙头冲管和维护保养水龙头。要求：冲管密封及隔环不能装反，上下压盖均为左旋螺纹，不得旋错方向；黄油嘴要对正带有注油孔的隔环，以确保润滑通道畅通；上卸冲管时，站好位置，握牢榔头并拴保险绳，防止坠落；水龙头在搬运、运输过程中必须带护丝。

小贴士

水龙头是旋转钻机中提升、旋转、循环三大工作机中相交汇的关键设备。请秉持吃苦耐劳、埋头苦干的石油精神和精益求精的大国工匠精神，正确更换水龙头冲管和维护保养水龙头。

【任务目标】

资源10 水龙头

1. 知识目标

（1）了解钻井工艺对水龙头的要求。

（2）熟悉水龙头的结构组成。

（3）掌握更换水龙头冲管的操作步骤。

2. 技能目标

（1）能使用水龙头。

（2）会保养水龙头。

（3）能更换水龙头冲管。

3. 素质目标

（1）具有吃苦耐劳、埋头苦干的石油精神。

（2）具有精益求精的大国工匠精神。

（3）能够认识工作任务内容，具有及时发现问题、分析问题和解决问题的能力。

【任务分组】

学生填写表2-2-1，进行分组。

表2-2-1 学生分组表

班级		组号		指导教师	
组长		学号			

续表

组员	姓名	学号	姓名	学号
任务分工				

【知识准备】

（一）钻井工艺对水龙头的要求

钻井工艺对水龙头的要求如下：

（1）水龙头主轴承应具有足够的强度和寿命，其承载力应不小于钻机的最大钩载。

（2）有可靠的高压钻井液密封系统，寿命长，拆卸迅速、方便。

（3）上端与水龙带连接处能适合水龙带在钻进过程中的伸缩、弯曲。

（4）各承载件要有足够的强度和刚度，要求连接可靠，能承受高压。

（二）水龙头的代号及参数

水龙头代号由两部分构成，第一部分 SL 表示“水龙头”；第二部分数字表示最大静载荷，单位为 ×10 kN。常用的水龙头型号有 SL450、SL315、SL135 等。水龙头的主要技术参数如表 2－2－2 所示。

表 2－2－2　水龙头的主要技术参数

技术参数	型号					
	SL90	SL135	SL225	SL315	SL450	SL50S
最大静载荷/kN	900	1 350	2 250	3 150	4 500	5 050
主轴承额定负荷/kN	600	>900	1 600	>2 100	3 000	3 900
鹅颈管中心线与垂线夹角/(°)	15					
接头下端螺纹	4－1/2FH 左旋或 4－1/2REG 左旋			6－5/8REG 左旋		
中心管通孔直径 D/mm	64			75		

续表

技术参数	型号					
	SL90	SL135	SL225	SL315	SL450	SL50S
泥浆管通孔直径 d/mm	57	64	75			
提环弯曲半径 F_{2min}/mm	102	115				
提环弯曲处断面半径 F_{2max}/mm	51	57	64	70	83	83
最大工作压力/MPa	25	35				

（三）水龙头的结构组成

目前，生产现场在用的水龙头主要有两类：一类是普通水龙头，另一类是两用水龙头。普通水龙头的结构主要由“三管”“三（或四）轴承”和“四密封”组成。

（1）“三管”：鹅颈管、冲管、中心管。

（2）“三轴承”：主轴承、上辅助轴承、下辅助轴承。

（3）“四轴承”：除主轴承、上辅助轴承及下辅助轴承外，还有一个防跳轴承。

（4）“四密封”：上、下钻井液密封和上、下机油密封。

我国石油天然气钻井中应用最广泛的是SL135水龙头和SL450水龙头，而且它们的结构特点类似。下面以最典型的SL450水龙头为例介绍水龙头的结构组成及特点，如图2－2－1所示。

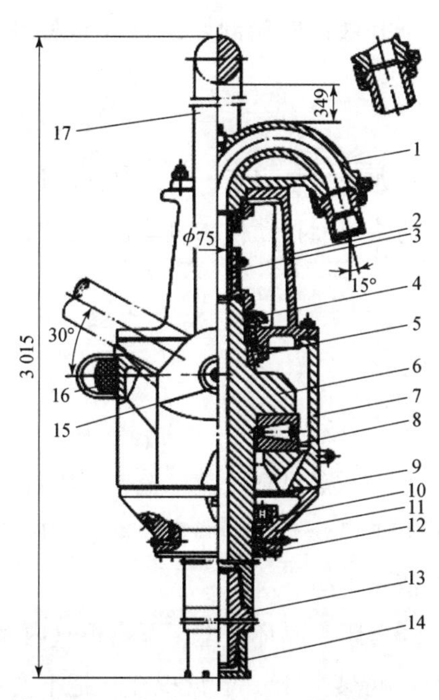

1—鹅颈管；2—上盖；3—浮动冲管总成；4—钻井液伞；5—上辅助轴承；6—中心管；7—壳体；8—主轴承；9—密封垫圈；10—下辅助轴承；11—下盖；12—压盖；13—方钻杆接头；14—护丝；15—提环销；16—缓冲器；17—提环。

图2－2－1 SL450水龙头

1. 固定部分

固定部分主要由提环、外壳、上盖、下盖和鹅颈管等组成。

(1) 提环。提环是用合金钢锻造经热处理后加工而成的，通过提环销与外壳连接。

(2) 外壳。外壳是一个中空钢件，通过螺栓分别与上、下盖连接，构成润滑和冷却水龙头主轴承与辅助轴承的密闭壳体和油池。

(3) 上盖。上盖又称支架，是支架式钢件，其上部加工成法兰，通过螺栓安装鹅颈管。

(4) 鹅颈管。鹅颈管是一个鹅颈形中空式合金钢铸件，在其下部的异形法兰上加工有左旋螺纹，通过上钻井液密封盒压盖与冲管总成连接。

(5) 下盖。下盖是一个圆形钢件，并通过螺栓与壳体连接，在其中心孔处安装下辅助轴承和 3 个自封式 U 形弹簧密封。

2. 旋转部分

旋转部分主要由中心管和主、辅轴承组成。

(1) 中心管。中心管是用合金钢锻造并经热处理后加工而成的，是水龙头旋转部分的重要承载部件。它不仅要在旋转的情况下承受全部钻柱的重力，而且其内孔还要承受高压钻井液压力。中心管上端连接冲管总成，下端内螺纹与保护接头连接，保护接头再与方钻杆上端连接。中心管上、下端螺纹均为左旋，钻进时可防止转盘带动中心管向右旋转时松螺纹。

(3) 主、辅轴承。主轴承为上下圈可拆卸的圆滚子轴承，承载能力大。因滚子的锥顶角与其旋转中心线相交，根据相交轴定理，滚子只做纯滚动，寿命长。

3. 密封部分

水龙头的密封部分由上、下井液冲管密封盒组件（也称冲管总成）和上、下机油密封盒组件四部分组成。

4. 两用水龙头

与普通水龙头相比，两用水龙头只是多了一个风马达。风马达通过变速箱驱动中心管快速转动，完成在接单根作业时的快速上扣动作。风马达气源来自钻机气控制系统，可以满足接单根时上扣的需要。

【任务实施】

1. 更换水龙头冲管

实施步骤一：用榔头砸松上、下密封盒压盖，上、下压盖丝扣均左旋，卸开后取下旧冲管总成，取下冲管卡簧，取下上盘根盒，抽出冲管，拿下下压盖，分别把上、下盘根盒里的密封压套、隔环、盘根取出，清洗干净。

实施步骤二：在新冲管、新盘跟、隔环及上、下盘根盒内涂一层润滑脂，按先后顺序把盘根装入隔环，隔环不能装反，再装入上、下盘根盒，把下盘根盒密封压套装好，用螺钉固定。

实施步骤三：将新冲管装入下盘根盒内，套上下压盖，装上黄油嘴后，再套上上压盖，黄油嘴要对正带有注油孔的隔环，装上上盘根盒，卡上弹簧，最后装上下盘根盒的 O 形密封圈。

实施步骤四：将装好的冲管总成装入水龙头的冲管位置，上下对正，上紧上、下压盖，清理手工具。

2. 维护和保养水龙头

实施步骤一：检查上、下盘根盒压盖、连接内接头的螺母和接头是否上紧。为了保证连接良好、丝扣不受到破坏，必须将接头拧下来涂抹丝扣油，并用大钳拧紧。

实施步骤二：检查冲管的密封装置、密封填料和 O 形圈等，如有磨损应更换。

实施步骤三：检查上密封压套和冲管的花键是否损坏，如有损坏应更换。

实施步骤四：检查中心管上、下弹簧骨架密封圈密封情况，如有漏油应更换。

实施步骤五：检查全部滚柱和底圈有无破碎、腐蚀和裂纹，如主轴承上有任何缺陷，必须更换。

【评价反馈】

1. 学生自我评价

学生扫码完成自我评价。

2. 互相评价

学生扫码完成互相评价。

学生自我评价表

学生互评表

3. 教师评价

教师根据学生表现，填写表 2－2－3 进行评价。

表 2－2－3 教师评价表

项目名称	评价内容	分值	得分
职业素养考核项目	劳保用品穿戴规范、整洁	6 分	
	安全意识、责任意识	6 分	
	积极参加教学活动，按时完成工作任务	10 分	
	团队合作、与人交流能力	6 分	
	劳动纪律	6 分	
	生产现场管理 8S 标准	8 分	

续表

项目名称	评价内容		分值	得分
专业能力考核项目	水龙头的原理及技术参数等专业知识查找及时、准确		10分	
	更换水龙头冲管准备操作		16分	
	更换水龙头冲管操作步骤		16分	
	维护和保养水龙头		8分	
	完成质量		8分	
总分				
总评	自评（20%）+互评（20%）+师评（60%）	综合等级		教师签名

任务2.3　顶驱的使用与维护

【任务简介】

顶驱是将动力从井架的上部空间直接驱动钻具旋转，可沿井架内专用导轨上下移动，同时完成钻进、循环钻井液、接立根、上扣和倒划眼等多种钻井操作的钻井装置。顶驱作为一种自动化钻井系统的组成部分，在提高钻井速度、处理井下复杂工况等方面优势明显，在钻井行业中正在逐步普及使用。本任务要求能够正确使用与维护顶驱钻井装置，具体由3个子任务组成，分别为顶驱系统检查调整、顶驱的安装和顶驱常见故障分析与排除。

小贴士

顶驱是机电液一体化的结构复杂的设备，是钻井作业中的重要设备，请秉持创新思维及质量强国、低碳观念与绿色发展的观念，同时具备发现问题、分析问题和解决问题的能力，处理顶驱系统常见的故障。

【任务目标】

资源11　顶驱

1. 知识目标

（1）熟悉常见顶驱故障的处理程序。

（2）了解顶驱系统的特点、组成及液压系统调试的内容。

（3）掌握维护保养顶驱主电动机和安装顶驱的操作步骤。

2. 技能目标

（1）能处理常见顶驱故障。

（2）会进行液压系统调试。

（3）能维护保养顶驱主电动机和安装顶驱系统。

3. 素质目标

(1) 具有创新思维和质量强国的观念。

(1) 具备环保、节约、低碳观念和绿色发展观念。

(3) 培养在实践工作中发现问题、解决问题的意识与能力。

子任务 2.3.1 顶驱系统检查调整

【任务描述】

顶驱装置安装完成后，需要进行一次彻底的检查，确认各项安装工作已经正确完成，所有运输面定装置已经取下，为开机调试做好准备。检查工作应当由顶驱安装的技术负责人按照“顶驱装置安装检查表”进行。该检查表不可能包括全部应当检查的内容，仅仅是对检查工作的一种提示，因而不能替代检查人员的正常判断。本任务要求在熟悉顶驱系统组成的基础上，能够调试液压系统和维护保养顶驱主电动机。

【任务分组】

学生填写表 2-3-1，进行分组。

表 2-3-1 学生分组表

班级		组号		指导教师	
组长		学号			
组员	姓名	学号	姓名	学号	
任务分工					

【知识准备】

(一) 顶驱系统的特点

顶驱系统的特点如下。

(1) 节省接单根时间。

(2) 倒划眼防止卡钻。

(3) 利于下钻划眼。

(4) 节省定向钻进时间。

(5) 人员安全。

(6) 井下安全。

(7) 井控安全。

(8) 便于维修。

(9) 使用常规水龙头部件。

(10) 使用灵活。

(11) 具有内部防喷器。

(二) 顶驱系统组成

1. 钻井主电动机－水龙头总成

钻井主电动机－水龙头总成是顶驱的主体部件，它由钻井主电动机和制动器（气刹车）、齿轮箱（变速箱）、整体水龙头和平衡器组成。

(1) 钻井主电动机。钻井主电动机是顶驱的动力源，根据主电动机的类型可将顶驱分为液马达顶驱、AC－SCR－DC 顶驱和 AC－VF－AC 变频顶驱。美国 NOV 公司生产的 TDS－11SA 顶驱，主电动机配置双头电枢轴和垂直止推轴承，气刹车用于承受钻柱扭矩，有利于定向钻井的定向工作，如图 2－3－1 所示。

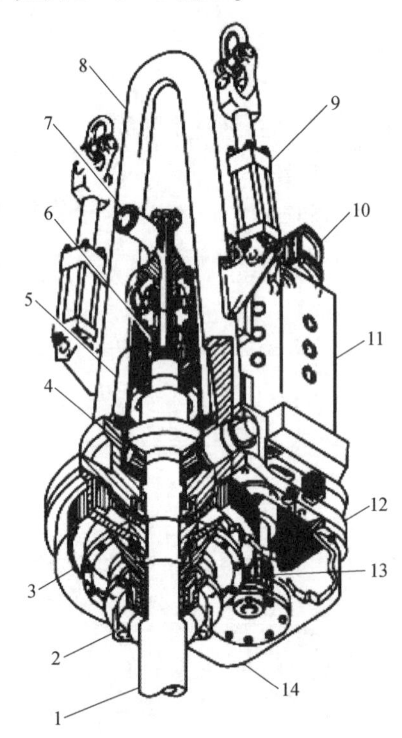

1—主轴/驱动杆；2—旋转头；3—大齿轮；4—650 t 水龙头轴承；5—机罩，电动机支座；6—标准冲管密封圈；7—整体式水龙头鹅颈管；8—整体式水龙头提环；9—平衡器油缸；10—气刹车；11—直流电动机；12—上齿轮箱；13—小齿轮；14—下齿轮箱。

图 2－3－1　TDS－11SA 钻井主电动机－水龙头总成

(2) 齿轮箱（变速箱）总成。TDS－11SA 顶驱的单速变速箱由主轴、齿轮、箱体、箱盖、轴承、密封机构等部件组成，变速箱是一个单速齿轮减速装置，水龙头止推轴承装在齿轮箱内，由止推轴承支撑的主轴承通过一个锥形衬套连接大齿轮，并支撑钻杆上的卸扣装置，如图2-3-2所示。

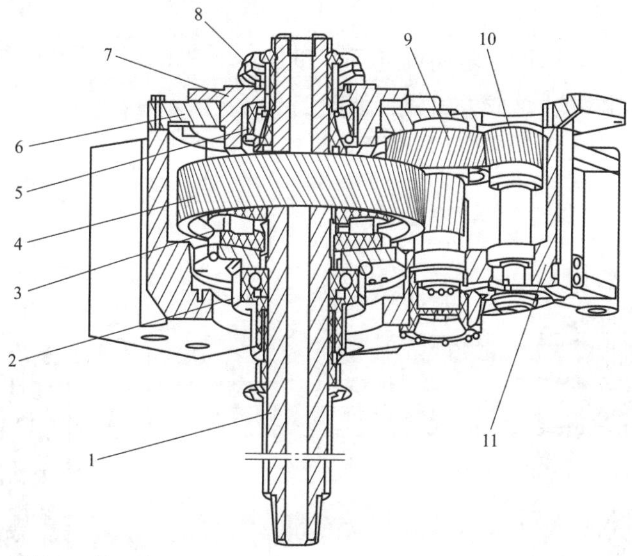

1—主轴；2—扶正轴承；3—止推轴承；4—大齿轮；5—防跳轴承；6—箱盖；7—上轴承盖；8—密封机构；9—中间轴齿轮；10—输入轴齿轮；11—减速箱箱体。

图2-3-2 TDS-11SA 齿轮箱总成

（3）整体水龙头。整体水龙头主要由固定部分、旋转部分和密封部分组成，如图2-3-3所示。固定部分主要包括提环、鹅颈管等；旋转部分主要包括中心管、轴承等；密封部分主要包括快卸冲管总成。水龙头的止推轴承位于大齿圈上方的变速箱内部。

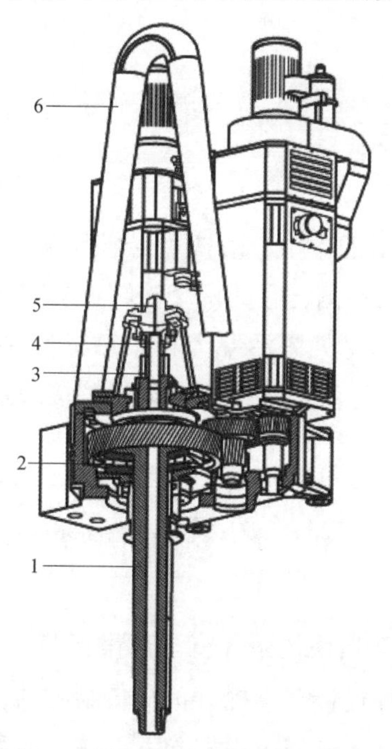

1—主轴；2—止推轴承；3—快卸冲管总成；4—中心管；5—鹅颈管；6—提环。

图2-3-3 整体水龙头

(4) 钻井主电动机冷却系统。钻井主电动机冷却系统为风冷，借助于鼓风机和空气管道实现对钻井马达的冷却，如图 2-3-4 所示。

2. 钻杆上卸扣装置总成

钻杆上卸扣装置，可以用主电动机进行上卸立柱。它由扭矩扳手、内防喷器、吊环连接器、吊环倾斜装置、旋转头总成等组成，如图 2-3-5 所示。

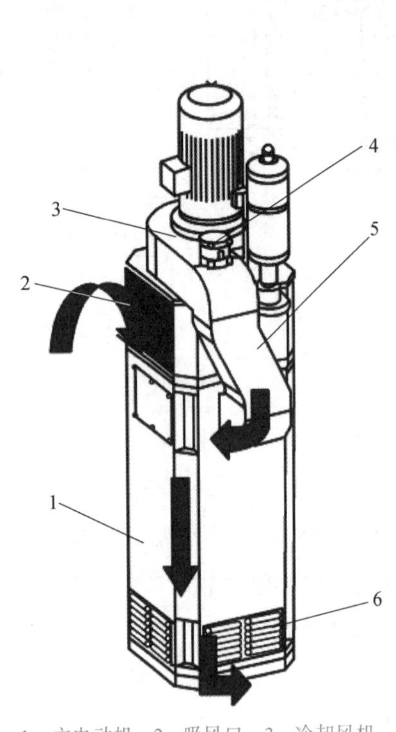

1—主电动机；2—吸风口；3—冷却风机；
4—风压开关；5—出风管道；6—出风口。

图 2-3-4 主电机冷却系统

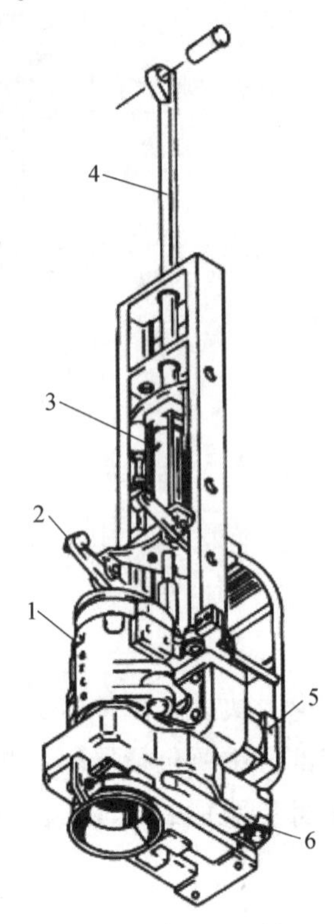

1—扭矩管；2—上部内防喷器启动手柄；3—升降液缸；
4—吊杆；5—扭矩液缸；6—夹紧活塞。

图 2-3-5 钻杆上卸扣总成

(1) 扭矩扳手。扭矩扳手用于卸扣。吊杆可悬挂于旋转头上，支撑扭矩扳手。扭矩扳手位于内防喷器下部的保护接头一侧，它的两个液缸连接在扭矩管和下钳头之间，下钳头延伸至保护接头外螺纹下方。卸扣时夹紧活塞先夹紧钻杆母接头，该动作由夹紧液缸驱动完成，然后与扭矩管相连的两个扭矩液缸动作，转动保护接头及主轴松扣再启动钻井主电动机旋扣，完成卸扣操作。

(2) 内防喷器。内防喷器是全尺寸、内开口、球型安全阀的形式，主要由阀体、上下阀座、球座、操作手柄等组成，如图 2-3-6 所示。带花键的远控上部内防喷器和手动下部内防喷器形成内井控防喷系统。

(3) 吊环连接器。吊环连接器通过吊环将下部吊卡与主轴相连，主轴穿过齿轮箱壳体，后者又同整体水龙头相连。吊环连接器将提升负荷传给主轴，在没有提升负荷的条件下，主轴可在吊环连接器内转动。吊环连接器可根据起下钻作业的需要随旋转头转动。该吊卡与常规吊卡不同，在连接吊环处比常规吊卡宽，这样可以避免钻进时同其他设备相碰。

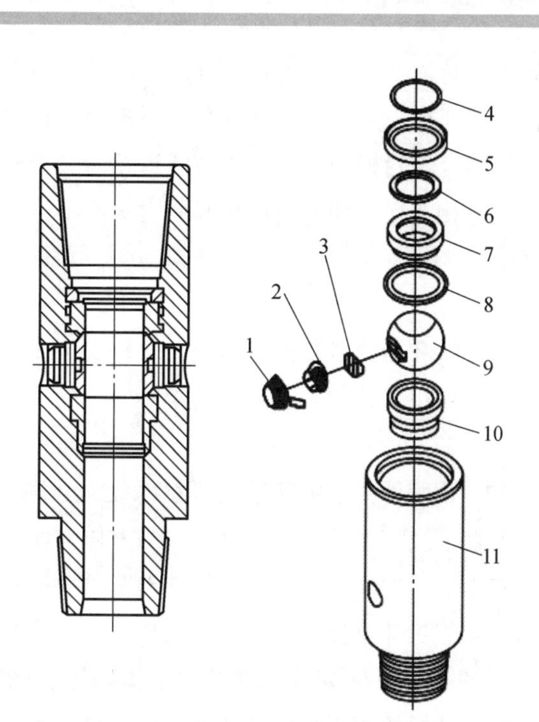

1—手柄套；2—操作手柄；3—手柄座；4—卡环；5—上拼合扣环；6—支撑环；
7—上阀座；8—下拼合扣环；9—球阀；10—下阀座；11—阀体。

图2-3-6 内防喷器

(4) 吊环倾斜装置。吊环倾斜装置上的吊环倾斜臂位于吊环连接器的前部，由空气弹簧启动。钻杆上卸扣装置上的2.7 m长吊环在吊环倾斜装置启动器的作用下，可以轻松的摆动，提放小鼠洞内的钻杆。吊环倾斜装置有两个功用：吊鼠洞中的单根；接立根时，不用井架工在二层台上将大钩拉靠到二层台上。

(5) 旋转头总成。顶驱旋转头总成如图2-3-7所示，当钻杆上卸扣装置在起钻中随

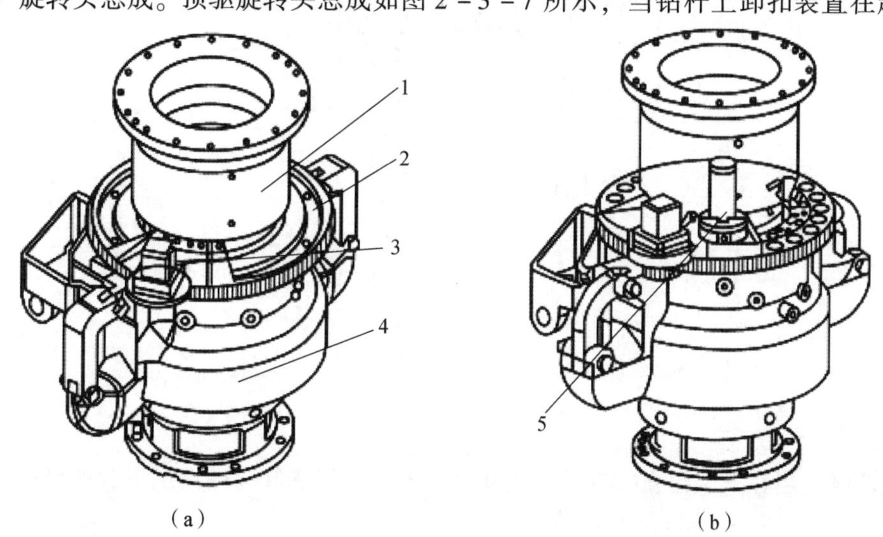

1—内套；2—大齿轮；3—液压马达；4—旋转头；5—锁紧油缸。

图2-3-7 旋转头总成

钻柱部件旋转时，它能始终保持液、气路的连通。在固定法兰体内部钻有许多油气流道，一端接软管口，另一端通往法兰，向下延伸至圆柱部分的下表面。在旋转滑块的表面部分有许多密封槽，槽内也有许多流道，密封槽与接口靠这些流道相通。当旋转滑块就位于固定法兰的支承面上时，密封槽与孔眼相对接，使旋转滑块和固定法兰不论是在旋转位置还是在任意固定位置始终都有油气通过。

3. 导轨－导向滑车总成

导轨－导向滑车总成由导轨和导向滑车框架组成，导轨安装在井架内部，通过导向滑车或滑架对顶驱钻井装置起导向作用，钻井时承受反扭矩。

4. 平衡系统总成

平衡系统总成如图 2－3－8 所示，图中所示的平衡系统包含两个相同的油缸及其附件，以及两个液压储能器和一个管汇及相关管线。油缸一端与整体水龙头相连，另一端或者与大钩耳环连接或者直接连到游车上。这两个油缸还与导向滑车总成电动机支架内的液压储能器相通。储能器通过液压油补充能量并且保持一个预设的压力，其值由液压控制系统主管汇中的平衡回路预先设定，故这种装置又称为液气弹簧式平衡装置。该管汇是整个装置的动力源，也包括向操纵钻杆上卸扣装置扭矩扳手部分的液压阀提供动力。

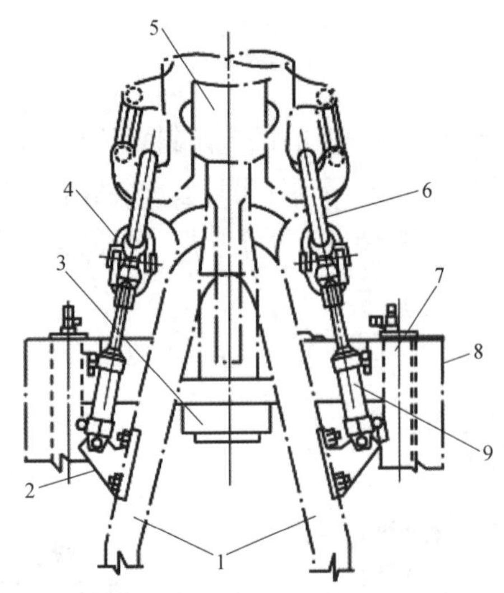

1—整体水龙头提环；2—平衡器耳座（螺栓连接于提环上）；3—平衡总管汇（在导向滑车上）；
4—连接环；5—大钩；6—梨形环；7—液压储能器（在电动机支架内）；
8—电动机支架及导向滑车总成；9—平衡液缸总成。

图 2－3－8　平衡系统总成

（三）开机调试

开机调试应当在安装检查完成后，确认没有安装错误和缺陷的情况下，严格按以下程序进行。

（1）减速箱加油。开机调试前，向减速箱加入齿轮油，在确认减速箱齿轮油放净的情况下首次加入油量约 18 L。开机运转后，观察油位下降及流量开关的运行情况，补充齿轮油

6～8 L。运行时，齿轮油不得低于最低液位；静止时，不得高于最高液位。

（2）导轨滑车调试。在导轨全长范围内，缓慢上提下放顶驱，观察顶驱滑动是否正常，顶驱电缆和液压管线是否正常。

（3）电控系统送电。开机前确认进线相序正确后，给电控系统送电，检查确认 PLC/MCC 系统工作是否正常，动力系统仪表及其指示、监控系统等工作是否正常。

（4）主电动机冷却风机调试。按以下程序调试主电动机冷却风机，确认风机工作正常：确认主电动机操作钮在停止位置；手动启动风机，确认旋转方向；检查风机风量。

（5）主电动机调试。按以下程序调试主电动机转向，确认两台电动机旋转方向一致，并且与操作面板的指示方向一致：确认主电动机在单电动机操作模式（A 电动机或 B 电机）；启动 A 电动机，低速运转，观察旋转方向；启动 B 电动机，低速运转，观察旋转方向。

【任务实施】

1. 液压系统调试

实施步骤一：检查压力表是否在零位；轴向柱塞变量泵吸入口的球阀是否打开；齿轮油泵进油口球阀是否为冷却循环位；齿轮油泵出油口球阀是否为过滤位（即主泵工作时的位置）；蓄能器通油阀是否为开位，蓄能器卸油阀是否为关位；系统加热球阀是否为关位；用手盘动联轴器，检查确认泵轴在转动过程中是否正常。

实施步骤二：启动液压源，观察液压泵旋转方向。

实施步骤三：轴向柱塞变量泵调节前，先松开轴向柱塞变量泵压力调节机构的锁紧螺母。

实施步骤四：调节时，顺时针旋动调节旋钮压力升高，逆时针旋动调节旋钮压力降低。

实施步骤五：调节后需要拧紧轴向柱塞变量泵压力调节机构的锁紧螺母。

实施步骤六：调节与设定液压源安全阀压力，液压源安全阀工作时，其设定压力为 19 MPa。

实施步骤七：安全阀压力调节前，先松开系统安全阀压力调节机构的锁紧螺母。

实施步骤八：安全阀压力调节时，顺时针旋动调节旋钮压力升高，逆时针旋动调节旋钮压力降低。

实施步骤九：安全阀压力调节后，需要拧紧轴系统安全阀锁紧螺母。

注意

轴向柱塞变量泵出厂时已将系统压力调定在 16 MPa，如现场要改变这一压力值，须注意的是，在分配阀块和蓄能器阀块上分别有一只溢流阀，此溢流阀虽然也可以调压，但在系统中此溢流阀只起安全阀的作用。正确的使用方法是，此溢流阀的压力调定值要比轴向柱塞变量泵的压力调定值高 2～3 MPa，否则系统将产生严重故障。

2. 维护保养顶驱主电机

实施步骤一：检查前测量电枢和励磁部分的绝缘电阻，检查主电动机轴的锥度、表面粗糙度、接触斑点符合要求。

实施步骤二：检查主电动机外壳受力情况正确，吸风口方向正确。

实施步骤三：检查加热器，长期不使用时应关掉加热器。

实施步骤四：检查密封情况。

实施步骤五：对各轴承部位加注润滑脂，润滑油嘴齐全。

【评价反馈】

1. 学生自我评价

学生扫码完成自我评价。

2. 互相评价

学生扫码完成互相评价。

学生自我评价表

学生互评表

3. 教师评价

教师根据学生表现，填写表 2－3－2 进行评价。

表 2－3－2　教师评价表

项目名称	评价内容	分值	得分
职业素养考核项目	劳保用品穿戴规范、整洁	6 分	
	安全意识、责任意识、绿色发展观念	6 分	
	积极参加教学活动，按时完成工作任务	10 分	
	团队合作、与人交流能力	6 分	
	劳动纪律	6 分	
	生产现场管理 8S 标准	8 分	
专业能力考核项目	顶驱系统新工艺、新技术等专业知识查找及时、准确	12 分	
	顶驱液压系统调试准备	10 分	
	顶驱液压系统调试操作	10 份	
	维护保养顶驱主电动机操作	16 分	
	完成质量	10 分	
总分			
总评	自评（20%）＋互评（20%）＋师评（60%）	综合等级	教师签名

子任务2.3.2 顶驱的安装

【任务描述】

本任务需要在熟悉顶驱系统组成的基础上，安装和拆卸顶驱设备。要求：正确穿戴劳动保护用品；工具、量具、用具准备齐全，正确使用；操作应符合安全文明操作规程；按规定完成操作项目，质量达到技术要求；任务实施过程中能够主动查阅相关资料，互相配合，团队协作。

【任务分组】

学生填写表2-3-3，进行分组。

表2-3-3 学生分组表

<table>
<tr><td>班级</td><td></td><td>组号</td><td></td><td>指导教师</td><td></td></tr>
<tr><td>组长</td><td></td><td>学号</td><td></td><td></td><td></td></tr>
<tr><td rowspan="3">组员</td><td>姓名</td><td>学号</td><td>姓名</td><td colspan="2">学号</td></tr>
<tr><td></td><td></td><td></td><td colspan="2"></td></tr>
<tr><td></td><td></td><td></td><td colspan="2"></td></tr>
<tr><td colspan="6">任务分工</td></tr>
<tr><td colspan="6"></td></tr>
</table>

【知识准备】

（一）安装准备

1. 安装组织

顶驱安装前，应当指定安装技术负责人和安全负责人，召开专门会议进行技术交底，讨论、确定安装技术方案，确保所有参与安装的人员对安装方案和相应的安全措施有清晰的了解。

2. 清点设备

顶驱安装前，应当按装箱单仔细清点全部设备，确认设备及其附件已经到位并保持完好，油品、工具等辅助材料已经具备，避免安装过程中由于准备不充分导致停顿。

3. 工作计划

顶驱安装前，应当考虑制订详尽的安装工作计划。与顶驱安装工作有关的工作项目包括：在井架立起前，将吊耳顶板焊接在天车下面，将吊耳用螺栓连接到吊耳顶板上，且连接应牢固。

4. 井场布置

顶驱安装前，应当仔细考虑井场布置。井场布置工作包括：将电控房摆放在井架的左后侧；将司钻控制台摆放在司钻房内；将液压源摆放在井架的左后侧或者钻台上；将顶驱本体（及其运移架）摆放在井架右前侧靠近钻台的位置；将导轨从运移架吊出，摆放在钻台滑道前方。为了处理立根，顶驱的行程要达到 35 m，一般需要取下常规水龙带和软管，把立管上升到 22 m。

（二）拆卸及存放

完井后，钻井队一般要对整台钻机进行拆卸运输。

1. 拆卸前的准备

为了确保快速、安全地拆卸顶驱装，在拆卸前应做好以下准备：

（1）设备到位。应准备汽车起重机，吊车，风动绞车，产品出厂时所带的各种集装箱、运移架及连接辅件，避免拆卸过程中由于准备不充分而中断。

（2）对参与顶驱拆卸的人员进行技术交底和安全培训，讨论、确定拆卸技术方案，确保所有参与拆卸的人员对拆卸方案和相应的安全措施有清晰的了解。

2. 拆卸注意事项

（1）对顶驱装置进行拆装作业，必须在断电、泄压的情况下进行。

（2）遇有大风、雷电、雨雪等天气，应当停止拆卸作业。

（3）拆卸过程中注意环保，准备适宜的容器、油堵和棉丝等，避免液压管线的液压油、齿轮。

（4）在拆卸电气连接和液压管线之前，要对电线（电缆）、接线端子和液压管线做出标记；油泄漏会对设备和周围环境造成污染的压力，应确认系统管路及系统蓄能器中没有油压。

（5）拆卸液压系统之前，应当切断电力、液压油、压缩空气等能源，释放所有系统蓄能器，以确保能正确地重新连接。

（6）拆卸液压系统时要保持清洁，对已卸开的液压管线一定要及时封口，严禁任何污染物进入液压系统内部。

（7）房体起吊要用专用吊具，从底座 4 个吊杠起吊，严禁使用拖杠或在房体其他部分起吊。更换损坏吊具时，其规格和长度不得改变。

（8）应按标示吊装位置吊装。

【任务实施】

安装顶驱

实施步骤一：安装电控房。按顶驱的总体布置，把电控房安放位置的地面垫平。按房体吊装要求从运输车辆上吊起电控房放在规划位置上。将电控房出线一侧朝向井架，以便于摆放电缆。将接地极（1.8 m长镀锌钢棒）按要求钉入地面（接地极必须与地表下的水分接触）。将接地极与接地电缆的一端连接，接地极与电缆线芯连接应可靠；电缆的另一端由电缆接头与电气房房体可靠连接并固定。

实施步骤二：安装司钻操作台。将司钻控制台摆放在司钻房内易于操作的地方。连接气源管线，调整进气压力，气源压力不高于0.8 MPa。调整司钻操作台上的气减压阀，观察操作台后部的排气孔，逐渐降低进气压力，至排气孔略有排气即可。

实施步骤三：安装辅助操作台。将辅助操作台安放在二层台上易于操作的地方，安装应牢固可靠，避免坠落。

实施步骤四：安装液压源。将液压源摆放在井架左后侧易于接近的地方，液压源应当靠近井架，避免液压管线从车辆通道上穿过。

实施步骤五：连接电缆和管线。动力电缆，分为游动电缆（30 m）、井架电缆（38 m）、地面电缆（38 m）3段；控制电缆，分为井架电缆（68.6 m）、地面电缆（38 m）2段；液压管线，分为井架管线（26 m）、地面管线（50 m）2段；水龙带，1条（23 m）。

实施步骤六：安装导轨和导轨吊耳。将导轨顶部连接总成（导轨吊耳顶板）牢固焊接在井架顶部的天车底梁上，用螺栓将吊耳固定在顶板上，它将承担导轨的全部重力，在部分工况下，焊缝所承受的载荷为导轨和本体的实际重力；安装导轨调节板，将上部连接总成中的调节板和U形环安装在导轨顶部连接总成上，并穿上别针。导轨销和锁销的安装如图2－3－9所示，将第一节导轨吊上钻台，将导轨安装架与第一节导轨连接，钢绳挂在大钩侧面吊耳上；将第二节导轨吊至钻台平面，对正第一节导轨的下接头1和第二节导轨的上接头2，连接钩板3与固定销4并吊起，提升至两节导轨均位于竖直位置后下放游车，由于自重，下接头1将自动装入带有框架结构的上接头2中，此时上下接头组件的销孔会自动对正，将导轨销5插入销孔即可固定两节导轨，然后插入锁销6固定导轨销5。

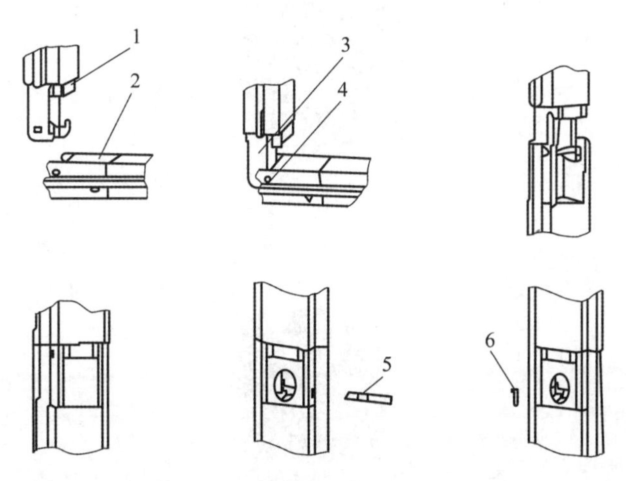

1—下接头；2—上接头；3—连接钩板；4—固定销；5—导轨销；6—锁销。

图2－3－9　导轨销和锁销的安装

实施步骤七：安装顶驱主体。方案一：将钢丝绳挂于运移架两侧的吊装管上；用40 t吊车直接将顶驱本体提升至钻台面。方案二：将顶驱置于井架大门的滑道上，方向朝向井口；下放游车，将钢丝绳挂于运移架上部的吊装位置；将钢丝绳固定在提环大钩销或是两侧耳上，用吊车吊住运移架下部起辅助作用；将运移托架沿滑道送至钻台面并立起托架，正对游车下方；将大钩挂在顶驱本体的提环上；拆掉运移架上对顶驱的支撑；去掉顶驱导轨与运移架的连接销，将顶驱本体从运移架中吊起，与运移架分离；将运移架移下钻台；上提游车至顶驱本体上最后一节导轨与第六节导轨相接，按前述装导轨的步骤安装导轨。安装最后一节导轨时，应用气钩挂住最后一节导轨背面的运输孔，找正顶驱本体和导轨，上提穿销。拆掉滑车与导轨连接的销轴。安装导轨反扭矩梁。将游动电缆和液压管线的法兰安装在减速箱右侧的管线托架上，安装时保证管线与在井架上的一端并列平行，不要交叉，并把管线接头正确连接（电缆插接时要按黑、白、红三色对应连接）。

实施步骤八：安装平衡系统。在液压系统未通压的情况下安装平衡系统。北石顶驱的平衡系统分为两种：一种是无平衡油缸悬挂梁，此时平衡油缸带有卸扣，安装时只需将卸扣连接在大钩两侧的吊耳上即可实现平衡系统功能；另一种是有平衡油缸悬挂梁，此时平衡油缸不带卸扣，而是通过销子直接安装在平衡油缸悬挂梁上，安装时只要将提环和平衡油缸悬挂梁直接装入游车即可实现平衡系统功能。

实施步骤九：安装倾斜油缸。待液压系统调试完成后，安装倾斜油缸。建议倾斜油缸的安装以满足前倾最大时，吊卡至鼠洞处（1 450 mm左右），以方便抓取钻杆为宜，在此前提下，后倾越大越好，以便在钻进时使顶驱更靠近钻台面，增加钻进距离。

【评价反馈】

1. 学生自我评价

学生扫码完成自我评价。

学生自我评价表

2. 互相评价

学生扫码完成互相评价。

学生互评表

3. 教师评价

教师根据学生表现，填写表2-3-4进行评价。

表2-3-4 教师评价表

项目名称	评价内容		分值	得分
职业素养考核项目	劳保用品穿戴规范、整洁		6分	
	安全意识、责任意识、绿色发展观念		6分	
	积极参加教学活动，按时完成工作任务		10分	
	团队合作、与人交流能力		6分	
	劳动纪律		6分	
	生产现场管理8S标准		8分	
专业能力考核项目	顶驱安装的基本要求等专业知识查找及时、准确		6分	
	安装电控房		8分	
	安装司钻操作台		6分	
	安装液压源		6分	
	安装辅助操作台		6分	
	安装导轨和导轨吊耳		8分	
	安装顶驱主体		6分	
	安装平衡系统		6分	
	安装倾斜油缸		6分	
总分				
总评	自评（20%）+互评（20%）+师评（60%）	综合等级		教师签名

子任务2.3.3 顶驱常见故障分析与排除

【任务描述】

在顶驱出现故障时，必须及时发现，准确判断，迅速查找原因，做出果断处理。本任务需要在熟悉顶驱系统处理故障原则的基础上，处理顶驱机械故障、顶驱液压故障和顶驱电控故障。

【任务分组】

学生填写表2-3-5，进行分组。

表 2-3-5　学生分组表

<table>
<tr><td>班级</td><td colspan="2"></td><td>组号</td><td></td><td>指导教师</td><td></td></tr>
<tr><td>组长</td><td colspan="2"></td><td>学号</td><td></td><td></td><td></td></tr>
<tr><td rowspan="3">组员</td><td>姓名</td><td colspan="2">学号</td><td colspan="2">姓名</td><td>学号</td></tr>
<tr><td></td><td colspan="2"></td><td colspan="2"></td><td></td></tr>
<tr><td></td><td colspan="2"></td><td colspan="2"></td><td></td></tr>
<tr><td colspan="7">任务分工</td></tr>
<tr><td colspan="7"></td></tr>
</table>

【知识准备】

顶驱故障处理原则：

（1）当顶驱发生故障时，首先对整个系统进行分析，然后分段逐步缩小范围，即要先分析清楚是机、电、液哪一部分或是哪几部分的故障，然后再细细查找。

（2）在处理故障时，必须将局部问题和顶驱整体联系起来考虑，不能在排除一个故障的同时引发另一个新的故障。

（3）电控系统的 VFD 一般设有故障显示和报警的面板，可按照所提供的故障诊断点去查找和处理。

（4）在处理故障和采取应急措施时，应当充分考虑系统的安全保护，不能以牺牲系统安全性为代价。

【任务实施】

1. 顶驱机械故障的处理

实施步骤一：回转头不转动。

首先排除液压及电气故障。检测液压马达的液压是否建立；判断电磁阀阀芯是否发卡，测量电路通断，排除电路问题。上述都没有问题则初步判断为机械卡死。拆卸马达进出油管线，以免液压油形成阻力，用气动绞车等工具拉回转头，观察是否转动。

实施步骤二：主轴不转动。

首先排除主电动机启动条件是否满足、通信连接是否正常等方面的问题。其次，判断是否为主电动机或者减速箱损坏。主电动机是否正常通过测量三相绝缘电阻等来判断。减速箱的损坏一般有前兆，如噪声突然增大等；也可以通过给减速箱放油，通过油中的铁屑加以判断。

实施步骤三：前倾炮筒操作程序。

无论是更换保护短节、拆卸 IBOP，还是更换钳头及钳牙都需要进行前倾炮筒程序。前倾炮筒程序如下：

（1）把背钳未接液压管线一侧的大销子卸下，背钳打开。

（2）用气动小车将打开的背钳绷紧，把炮筒的 4 个固定螺钉卸下。

（3）松开气动小车，此时要注意活动 IBOP 开关，使油缸脱离滑套后再用气动小车将炮筒提到 60°左右。

（4）拆卸相应的防松法兰螺栓，进行后续工作。

实施步骤四：安装炮筒程序。

无论是更换保护短节、拆卸 IBOP，还是更换钳头及钳牙都需要进行安装炮筒程序。安装炮筒程序如下：

（1）安装相应的防松法兰。

（2）松开气动小车，活动“IBOP”开关，使 IBOP 的油缸滚轮进入滑套内。

（3）用气动小车将打开的背钳绷紧，把炮筒的 4 个固定螺钉紧好，做好防松。

（4）将背钳销子装好，做好防松。

实施步骤五：保护短节损坏，漏钻井液（或是正常磨损更换）。

（1）拆卸保护短节。在井口放一柱钻具，下放顶驱到钻具母扣；前倾炮筒；将保护短节与 IBOP 的防松法兰拆下；用 B 型大钳将保护短节卸松，用顶驱旋扣将保护短节卸下。

（2）上保护短节。把保护短节放入钻具母扣中，下放顶驱，进行旋扣，直到带着钻具一起旋转（注意抹好螺纹脂）；然后用 B 型大钳上紧（约 40 kN）；把防松法兰上好；将炮筒装好。

实施步骤六：钳头损坏。

前倾炮筒；将旧钳头的螺钉卸下，把钳头取下；换上新的钳头，把固定螺钉紧好；安装炮筒。注意钳头及钳牙的型号。

实施步骤七：钳牙损坏。

前倾炮筒；把钳牙挡板卸下，把损坏的钳牙取出，换上新的钳牙，再将钳牙挡板螺钉上好；安装炮筒。注意钳头及钳牙的型号。

实施步骤八：IBOP 漏钻井液。

（1）拆卸 IBOP。在井口放一柱钻具，下放顶驱到钻具母扣；前倾炮筒；将 BOP 法兰与保护短节的法兰拆下，拆下滑套；用 B 型大钳将保护短节及 IBOP 之间的扣卸松（此时保护短节下端插入钻具母扣中），用顶驱旋扣。

（2）安装 IBOP。将 IBOP 与主轴的防松法兰和滑套正确安装好；将 IBOP 与主轴短节头进行手动上扣，用 B 型大钳紧扣，用顶驱进行上扣（约 60 kN，并应将 IBOP 的两端抹好螺纹脂）；把 IBOP 下端放入钻具母扣中，下放顶驱，进行旋扣，直到带着钻具一起旋转；将炮筒装好。

实施步骤九：IBOP 滑套打开发卡，无法正常关闭或打开。

可以对 IBOP 外表面的凸起处进行打磨，或者更换曲柄和六方。将顶驱下放到钻台面；炮筒前倾；将滑套的外面压板拆掉，看曲柄及六方是否损坏，若损坏则进行更换，此时一定要记好曲柄开关的方向，如果是活动接触面不平导致的，则用角磨机进行小范围轻微打磨，使其通过遇卡点。换好曲柄及六方或是打磨完毕，按照原来方向进行安装。

实施步骤十：冲管漏钻井液。

换冲管总成。注意：冲管上、下活接头都是反扣；上扣时必须上紧；先砸紧下活接头，再砸紧上活接头；上、下 O 形圈放好位置，不要挤坏。

实施步骤十一：吊环及吊环卡子。

调试完毕，在卡箍座的上面部位用工具在吊环上做标记。如发现窜动，将顶驱打后倾下放到钻台面，然后打浮动，将松动的卡箍螺钉卸松即可（不要卸掉）。利用后倾将卡箍座移动到做标记的部位，再将螺钉上紧，做好防松。

实施步骤十二：在导轨顶丝损坏的情况下拆卸导轨。

将方瓦吊出，下放顶驱，使导轨连接销子处到钻台面；用气动小车吊最底下的导轨，使其绷紧；把锁丝卸下，用大锤将导轨销子砸下；将最底下的导轨向前移动（根据现场情况处理，可以用大锤向前砸，也可以用铁棍顶到锁舌处，用锤子砸）。导轨脱开后，将脱开的导轨放到井架下放好，继续处理下一节导轨。

实施步骤十三：IBOP 油缸附件的调节。

首先保证打开或者关闭不能让滚轮与滑套过度摩擦，刚好开关到位为好，在调节时，要把固定附件的锁紧螺帽拧开，然后适当调节，可反复调节几次，确定合适，再将锁紧螺帽拧紧。

2. 顶驱液压故障的处理

实施步骤一：液压泵故障。

液压泵不转，检查液压泵电动机是否得电或液压泵本身是否损坏；检查液压泵是否反转；检查液压泵压力是否正常。

实施步骤二：背钳漏油，密封圈损坏。

更换背钳密封圈。将背钳管线卸下后用丝堵堵上，在井队人员的配合下将背钳拆下，将背钳外端的螺钉一一松开，用螺丝刀慢慢敲开外端法兰，将背钳活塞卸下。根据情况更换密封件，更换密封件时，要将密封件用开水煮沸 3 min，然后迅速更换。

实施步骤三：背钳无动作。

首先检查指令是否到达 CPU，看电磁阀是否发卡，到电控房检查电磁阀是否供电、电控房到顶驱段的电缆是否断路，若前面的检查都没有问题，再检查背钳的减压溢流阀是否损坏，可通过 MA5 和 MB5 测压检查。

实施步骤四：倾斜油缸向前动作正常，无向后动作。

可能故障原因：电磁阀发卡或损坏；没有 24 V 点输出，继电器损坏；电控房到电磁阀线路问题，跳线处理；回程油路溢流阀发卡或损坏；油缸内泄；浮动电磁阀发卡，油缸缸体变形。

实施步骤五：回转头动作缓慢。

可能故障原因：液压油不干净，阻尼孔堵塞；液压马达溢流阀压力设定值不够或损坏；液压马达内泄或损坏；液压油内有气穴；电路出现虚接，电压达不到 24 V。

实施步骤六：液压管线漏油。

先把准备更换的管线用柴油处理干净，再用丝堵将接头处堵死；将液压系统关闭、系统油压泄掉；把损坏的管线卸掉，用丝堵将顶驱本体接头堵死；用处理好的管线更换上紧；恢复系统压力，打开液压泵检查是否漏油。

实施步骤七：在卸扣过程中上跳不能实现动作。

可能故障原因：PVDA 和 RBAC 调设压力不够；电磁阀发卡或损坏；PVDA 或 RBAC 阀损坏；缸体内泄；缸体变形或内部生锈卡死；缸体溢流阀压力设定值小或损坏；NFC. NC 打开；NFC. NO 关闭；系统压力不够。

3. 顶驱电气故障处理

实施步骤一：系统不能启动。

可能故障原因：内控/外控开关位置不正确；变频器未启动；加热器未运行；变频器故障未复位（此处要注意整流部分是否有故障未复位）；急停故障；手轮零位漂移。

实施步骤二：主电动机及电缆故障。

在电控房处连同电缆一起测量主电动机对地绝缘情况（用 1 000 V 摇表），若有异常，在顶驱主电动机进线处测量主电动机的对地绝缘情况，以进一步确定是主电动机故障还是电缆损坏造成的绝缘问题；使用电桥，在电控房处连同电缆一起测量主电动机相间电阻，若有异常，在顶驱主电动机进线处测量主电机的相间电阻情况，以进一步确定是主电动机故障还是电缆损坏造成的断路或短路问题。

实施步骤三：变频器硬件故障。

变频器报故障 F023（变频器超温，不能复位），检查变频器是否确实超温、温度传感器是否损坏、CUVC 上的传感器输入点是否损坏；检查整流侧，用二极管挡分别测量三相进线与直流母线正负极之间的情况，应为二极管特性（具体阻值讨论）；检查逆变侧，脱开电动机，用二极管挡分别测量三相出线与直流母线正负极之间的情况，应为二极管特性（具体阻值讨论）；用 V/℉控制方式，启动系统，测量输出侧三相之间的电压是否平衡。

实施步骤四：电控房绝缘故障

有接地检测的要把接地检测的熔断器断开；将 600 V 及 380 V 断路器断开，将电控房内各低压元器件开关全部断开；测量 600 V/380 V 变压器一次侧、二次侧的对地绝缘情况；电控房进线对地绝缘不能直接用摇表测量，因为此处有变压器的进线；测量 380 V 断路器下端对地绝缘情况，测量 380 V/220 V 变压器一次侧、二次侧对地绝缘情况；测量低压元器件对地绝缘情况。

【评价反馈】

1. 学生自我评价

学生扫码完成自我评价。

学生自我评价表

2. 互相评价

学生扫码完成互相评价。

学生互评表

3. 教师评价

教师根据学生表现，填写表 2 -3 -6 进行评价。

表 2 -3 -6　教师评价表

<table>
<tr><th>项目名称</th><th>评价内容</th><th>分值</th><th>得分</th></tr>
<tr><td rowspan="6">职业素养
考核项目</td><td>劳保用品穿戴规范、整洁</td><td>6 分</td><td></td></tr>
<tr><td>安全意识、责任意识、节能环保意识</td><td>6 分</td><td></td></tr>
<tr><td>积极参加教学活动，按时完成工作任务</td><td>10 分</td><td></td></tr>
<tr><td>团队合作、与人交流能力</td><td>6 分</td><td></td></tr>
<tr><td>劳动纪律</td><td>6 分</td><td></td></tr>
<tr><td>生产现场管理 8S 标准</td><td>8 分</td><td></td></tr>
<tr><td rowspan="5">专业能力
考核项目</td><td>顶驱故障的处理原则等专业知识查找及时、准确</td><td>8 分</td><td></td></tr>
<tr><td>顶驱机械故障的处理</td><td>14 分</td><td></td></tr>
<tr><td>顶驱液压故障的处理</td><td>14 份</td><td></td></tr>
<tr><td>顶驱电气故障处理</td><td>14 分</td><td></td></tr>
<tr><td>完成质量</td><td>8 分</td><td></td></tr>
<tr><td colspan="3">总分</td><td></td></tr>
<tr><td rowspan="2">总评</td><td rowspan="2">自评（20%）+互评（20%）+师评（60%）</td><td>综合等级</td><td rowspan="2">教师签名</td></tr>
<tr><td></td></tr>
</table>

模块3 钻机循环系统的使用与维护

【模块简介】

旋转钻井利用钻头在一定钻压下，在地层中旋转破碎岩石，形成井眼。为了将破碎的岩屑带出井外，钻机需要配备循环系统，利用钻井液循环来清洗井底，携带岩屑。循环系统主要包括钻井液池、钻井泵、钻井液净化设备、地面高压管汇、立管、水龙带、水龙头或顶驱、钻杆柱、钻头等。其中，水龙头或顶驱主要解决方钻杆旋转与水龙头不旋转的问题，在模块2中已介绍。本模块包括钻井泵的使用与维护、钻井液净化设备的使用与维护两个工作任务，通过学习，理解钻井泵、钻井液净化装置的工作原理、基本结构、工作特性应用与维护等内容，应掌握相关设备的正确使用和维护方法，能开展相应的工作，并能够客观完成工作评价。

任务3.1 钻井泵的使用与维护

【任务简介】

钻井泵是循环系统的心脏，为循环钻井液提供动力。本任务要求能够对钻井泵进行正确使用和维护，具体由5个子任务组成，分别为钻井泵启动操作，更换钻井泵缸套、活塞，更换钻井泵空气包气囊，安装钻井泵十字头，更换钻井泵安全阀。

小贴士

大国工匠要有高超的技艺和精湛的技能，还要有严谨、细致、专注、负责的工作态度。钻井泵的使用和维护看似简单，但要有大国工匠精神，经过长期的实践和积累，才能熟练掌握相应操作技能。

资源12 往复泵概述

资源13 常用钻井泵结构与保养

【任务目标】

1. 知识目标

(1) 掌握钻井泵缸套、活塞、空气包气囊等附件的基本结构、工作原理和技术规范。

(2) 掌握更换钻井泵缸套、活塞、空气包气囊和安全阀的步骤。

(3) 掌握钻井泵的启动程序及注意事项。

2. 技能目标

(1) 能拆卸、安装、保养钻井泵缸套、活塞等钻井附件。

(2) 会更换换钻井泵缸套、活塞、空气包气囊和安全阀。

(3) 能完成钻井泵的启动操作。

3. 素质目标

(1) 具有吃苦耐劳、埋头苦干的石油精神和延安精神。

(2) 具备严谨求实、诚实守信、认真负责、一丝不苟的敬业精神。

(3) 具备精益求精的大国工匠精神。

子任务 3.1.1 钻井泵启动操作

【任务描述】

钻井泵是石油钻机的重要设备，其作用是通过循环系统向井底输送钻井液，起到冷却钻头、清洁井底、破碎岩石、携带岩屑和平衡地层压力等作用。本任务需要在了解钻井泵结构、原理、型号及技术规范的基础上，进行钻井泵的正确使用。要求：正确穿戴劳动保护用品；工具、量具、用具准备齐全，正确使用；操作应符合安全文明操作规程；按规定完成操作项目，质量达到技术要求；任务实施过程中能够主动查阅相关资料、相互配合、团队协作。

【任务分组】

学生填写表 3－1－1，进行分组。

表 3－1－1 学生分组表

<table>
<tr><td>班级</td><td></td><td>组号</td><td></td><td>指导教师</td><td></td></tr>
<tr><td>组长</td><td></td><td>学号</td><td></td><td></td><td></td></tr>
<tr><td rowspan="3">组员</td><td>姓名</td><td>学号</td><td>姓名</td><td colspan="2">学号</td></tr>
<tr><td></td><td></td><td></td><td colspan="2"></td></tr>
<tr><td></td><td></td><td></td><td colspan="2"></td></tr>
<tr><td colspan="6">任务分工</td></tr>
<tr><td colspan="6"></td></tr>
</table>

【知识准备】

（一）钻井泵的型号及技术规范

1. 钻井泵的型号

我国用于石油和天然气钻井的国产泵已实现了标准化，目前所用的钻井泵都是三缸单作用卧式活塞泵。

3NB－□－□，型号中NB表示钻井泵，NB前面的数字表示泵的液缸数，无数字为双液缸，后面的数字表示泵的额定输入功率（hp，1 hp＝0.735 kW），如兰州石油化工机器厂钻井泵3NB1000，表示功率为1 000 hp的三缸单作用卧式活塞钻井泵。

国外的钻井泵一般具有不同的代号，多数按制造厂家编排的系列而定，但代号后面或前面的一组数字通常表示该泵的额定输入功率（HP）或其1/10数值。

2. 钻井泵的技术规范

常见钻井泵技术规范如表3－1－2所示。

（二）钻井泵的基本结构及工作原理

1. 钻井泵的基本结构

钻井泵主要由液力端和动力端两大部分组成。液力端包括缸体、缸套、活塞、吸入阀和排出阀等部件，动力端包括传动轴、齿轮、曲柄连杆机构、十字头总成等部件。

2. 钻井泵的工作原理

钻井泵是往复泵的一种，作用原理与一般往复泵完全相同，如图3－1－1所示。

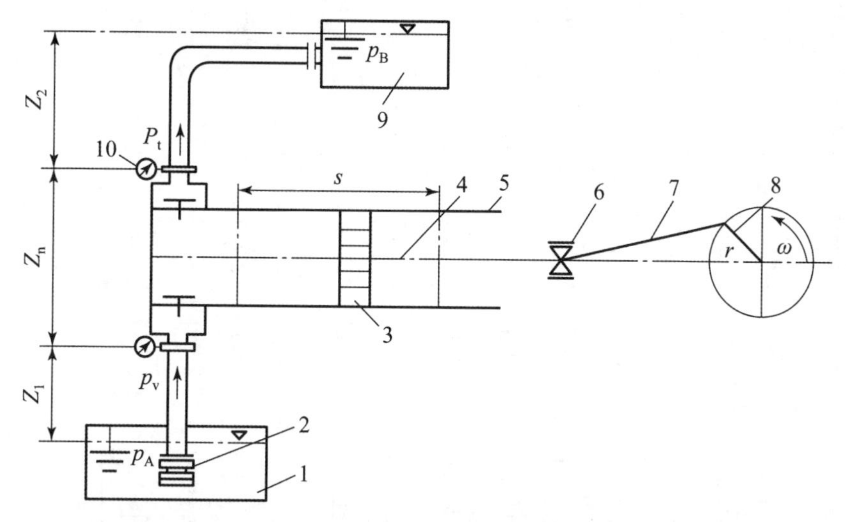

1—吸入罐；2—底阀；3—活塞；4—活塞杆；5—液压缸；6—十字头；7—连杆；8—曲柄；9—排出罐；10—压力表。

图3－1－1　往复泵工作示意图

表 3-1-2　钻井泵技术规范表

名称	青州泵 SL3NB				宝石泵					兰石泵		
设备型号	500	1000A	1300A	1600A	F-500	F-800	F-1000	F-1300	F1600	3NB-800	3NB-1000	3NB-1300
输入功率/kW	368	735	956	1 176	368	588	735	956	1 176	588	735	956
冲程长度/mm	180	305	305	305	191	229	254	305	305	216	235	254
额定冲次/(次·min^{-1})	110	120	120	120	165	150	140	120	120	160	150	140
最大缸套直径/mm	170	180	180	190	170	170	170	180	180	160	170	170
最大工作压力/MPa	35	35	35	35	26.77	27.26	32.85	30.60	37.65	33	35	35
最大排量/(L·s^{-1})	24.5	46.54	46.54	51.85	36.72	41.51	43.22	50.41	50.41	34.5	40	40.4
吸入管直径/mm	203	250	300	3D0	203	254	305	305	305	250	250	305
排出管直径/mm	83	123	123	123	101.6	127	127	127	127	101.3	127	127
齿轮传动比	4.696	3.657	3.957	3.657	4.286	4.185	4.207	4.206	4.206	2.51	2.658	2.868
外形尺寸(长×宽×高)/(mm×mm×mm)	3 385×2 280×2 080	4 600×2 720×2 470	4 300×2 750×2 525	4 720×2 822×2 600	3 658×2 709×2 227	3 963×3 024×2 351	4 269×3 162×2 591	4 426×3 262×2 688	4 426×3 262×2 688	3 995×2 360×1 541	4 575×2 600×1 700	4 900×2 690×1 800
重量/kN	92.94	189.1	203.8	265.5	95.74	142.1	184.142	240.806	242.952	132.692	166.6	201.439

工作时，动力机通过皮带、传动轴、齿轮等传动部件带动主轴及固定其上的曲柄旋转。当曲柄从水平位置自左向右逆时针旋转时，活塞向动力端（图 3-1-1 中右侧）移动，液压缸内形成真空，吸入池中的液体，液体在液面压力的作用下顶开吸入阀，进入液压缸，直到活塞移动到右止点（即曲柄自 0°旋转到 180°），这个工作过程称作泵的吸入过程。曲柄继续旋转，活塞开始向液力端（图中左方）运动，液压缸内液体受挤压，压力升高，吸入阀关闭，排出阀被顶开，液体进入排出管，直至活塞移动到左止点（即曲柄自 180°旋转到 360°），这个工作过程称作泵的排出过程。当动力机不断运转时，钻井泵不断重复吸入和排出过程，将吸入池中液体源源不断地经排出管送向井底。活塞在液压缸中移动的距离称作活塞的冲程长度，活塞每分钟往返的次数称为泵的冲次。

（三）钻井泵启动操作

1. F-1300/1600 钻井泵启动前的准备

（1）动力端油池内的润滑油清洁、充足，润滑油道无堵塞现象。打开泵的上视孔盖，向小齿轮轴承槽和十字头油槽内加上足够的润滑油，使泵的所有摩擦面在启动前都得到润滑。

（2）检查喷淋泵、水箱、喷淋管道是否干净，使用循环水要经过沉淀、过滤和自然冷却。

（3）拧紧动力端曲柄轴主轴承压盖螺栓及阀箱上所有的紧固件。拉杆密封圈与泵中间隔板处不能有渗漏现象，以防冷却水进入动力端。

（4）检查钻井液管线上所有阀门是否处于启动前的正确状态。

（5）检查吸入缓冲器和排出预压空气包的充气压力是否达到（4±0.5）MPa 的规定。

（6）检查泵压表和安全阀是否处于正常有效状态，安全销插孔压力是否在相应缸套额定压力及钻井工艺要求的压力以内。

（7）三角皮带的长度应当一致，其误差不超过 10 mm（安装时皮带需选配）。钻井泵用万向轴传动时，万向轴两端固定的法兰不平行度不大于 1.5 mm，径向偏差不大于 2.1 mm。

（8）为保证钻井泵有效地工作，在现场使用时钻井液池或循环罐应尽量接近钻井泵。

（9）吸入管线密封良好，向吸入管路腔内灌满水或钻井液，排净空气，否则将影响泵的上水。

2. F-1300/1600 钻井泵的启动要求

（1）钻井泵启动时应规定清晰明确的联络信号或标志，按“一挂二动三负荷”使钻井泵启动运转。工作时，安全阀、管汇、立管附近及水龙带下不允许任何人逗留。

（2）尽可能低速启动，缓慢增速，以提高容积效率。

（3）检查动力端润滑油压力表读数是否正常。

（4）注意检查各部温度，不得有局部过热现象。

（5）开钻井泵时，操作人员必须注视钻井泵压力表读数，钻井液返回地面前不允许离开气开关。

（6）挂泵离合器时，采用二次启动法，这样可使钻井泵得到活动的机会，也可以观察钻井泵在启动中有无障碍。如一切正常，即可挂上离合器。

3. F－1300/1600 钻井泵运转中的检查

钻井泵运转中，通过“看、听、摸”进行初步检查，探明钻井泵发生故障的部位及现象。

（1）看。在钻井泵运转时要对钻井泵以下部位进行仔细观察。观察十字头运动是否均匀，连杆在运动中是否有停顿现象，缸套是否有窜动，活塞运行时尾部是否刺漏钻井液，喷淋泵的供水情况是否正常，各高压密封处是否有钻井液泄漏，钻井泵压力表及动力端润滑油压力表读数是否正常等，若发现异常，应妥善处理。注意：观察时要仔细。

（2）听。在钻井泵运转时要注意听钻井泵动力端和液力端的声音。听动力端是否有金属敲击声，液力端是否有金属敲击声和钻井液敲击声，活塞杆和中间拉杆卡箍是否有不正常响声，泵阀和缸套处是否有刺漏声等。如发现有异常响声，应及时处理。注意：听声音时，要用单耳，另一个耳朵要堵死。

（3）摸。在钻井泵运转时通过抚摸检查主动轴轴承、曲轴轴承和机架有无局部过热现象，各轴承部位、十字头导板及其他有相对运动部位的温度是否过高或有异常现象。注意：手摸设备时，不能戴手套，且严禁把手放在运转部位。

【任务实施】

启动钻井泵

实施步骤一：倒闸门。双泵均向井内输送钻井液前，先全开两泵的高压闸门（向井内输送钻井液方向的闸门为高压闸门），再关闭两泵的低压闸门（向泥浆罐输送钻井液方向的闸门为低压闸门）；或全开两泵的高、低压闸门后，再关闭总回水闸门。使用单泵向井内输送钻井液前，先打开高压闸门，再关闭低压闸门；另一台泵先打开低压闸门，再关闭高压闸门。

倒闸门时应在停泵状态下进行，必须先开后关，防止倒成死闸门；开关闸门时，做到一次全开或一次全关，到位后回旋1/4～1/2圈。

实施步骤二：发信号。司钻收到开泵信号后鸣喇叭，副司钻听到喇叭声后交换信号（使用鸣笛、对讲机或手势等信号），确认泵房高压区无人后，方可启动钻井泵。

实施步骤三：启动钻井泵。司钻挂合钻井泵控制手柄，平稳启动钻井泵；副钻眼看立管压力表观察压力变化。坐岗人员观察井口钻井液返出情况，发现异常立即报告司钻。开泵排量由小到大，小排量顶通正常后，再逐渐增大到设计排量。使用双泵时，先启动小排量泵，待泵压正常后，再启动另一台泵。钻井泵运转正常后，人员方可进入泵房区。

【评价反馈】

学生自我评价表

1. 学生自我评价

学生扫码完成自我评价。

2. 互相评价

学生扫码完成互相评价。

学生互评表

3. 教师评价

教师根据学生表现，填写表3-1-3进行评价。

表3-1-3 教师评价表

<table>
<tr><td>项目名称</td><td colspan="2">评价内容</td><td>分值</td><td>得分</td></tr>
<tr><td rowspan="6">职业素养
考核项目</td><td colspan="2">穿戴规范、整洁</td><td>6分</td><td></td></tr>
<tr><td colspan="2">安全意识、责任意识、服从意识</td><td>6分</td><td></td></tr>
<tr><td colspan="2">积极参加教学活动，按时完成学生工作手册</td><td>10分</td><td></td></tr>
<tr><td colspan="2">团队合作、与人交流能力</td><td>6分</td><td></td></tr>
<tr><td colspan="2">劳动纪律</td><td>6分</td><td></td></tr>
<tr><td colspan="2">生产现场管理8S标准</td><td>6分</td><td></td></tr>
<tr><td rowspan="4">专业能力
考核项目</td><td colspan="2">钻井泵的原理、技术规范等专业知识查找及时、准确</td><td>12分</td><td></td></tr>
<tr><td colspan="2">钻井泵的启动、准备和泵运转中的检查操作符合规范</td><td>18分</td><td></td></tr>
<tr><td colspan="2">钻井泵的启动操作熟练、配合默契、工作效率高</td><td>12分</td><td></td></tr>
<tr><td colspan="2">完成质量</td><td>18分</td><td></td></tr>
<tr><td colspan="4">总分</td><td></td></tr>
<tr><td rowspan="2">总评</td><td rowspan="2">自评（20%）+互评（20%）+师评（60%）</td><td colspan="2">综合等级</td><td rowspan="2">教师签名</td></tr>
<tr><td colspan="2"></td></tr>
</table>

子任务3.1.2 更换钻井泵缸套、活塞

【任务描述】

钻井泵在连续长时间运转中，缸套、活塞很容易磨损，导致漏失，压力、排量下降。更换钻井泵缸套、活塞是钻井泵使用与维护中的常见操作。本任务需要熟练掌握钻井泵缸套、活塞、连杆、耐磨盘等的正确拆装和更换操作。要求：正确穿戴劳动保护用品；工具、量具、用具准备齐全，正确使用；操作应符合安全文明操作规程；按规定完成操作项目，质量达到技术要求；任务实施过程中能够主动查阅相关资料、相互配合、团队协作。

【任务分组】

学生填写表 3－1－4，进行分组。

表 3－1－4　学生分组表

<table>
<tr><td>班级</td><td colspan="2"></td><td>组号</td><td colspan="2"></td><td>指导教师</td><td></td></tr>
<tr><td>组长</td><td colspan="2"></td><td>学号</td><td colspan="2"></td><td></td><td></td></tr>
<tr><td rowspan="3">组员</td><td colspan="2">姓名</td><td colspan="2">学号</td><td colspan="2">姓名</td><td>学号</td></tr>
<tr><td colspan="2"></td><td colspan="2"></td><td colspan="2"></td><td></td></tr>
<tr><td colspan="2"></td><td colspan="2"></td><td colspan="2"></td><td></td></tr>
<tr><td colspan="8">任务分工</td></tr>
<tr><td colspan="8"></td></tr>
</table>

【知识准备】

（一）活塞与缸套结构

活塞与缸套的结构如图 3－1－2 所示。缸套用缸套压盖与耐磨盘连接，活塞用螺母与活塞杆连接，活塞杆用卡箍与中间拉杆连接，以传递直线运动。

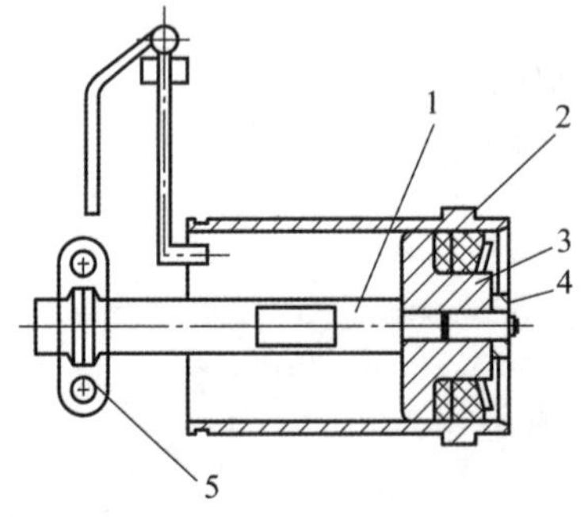

1—活塞杆；2—缸套；3—活塞；4—螺母；5—活塞杆卡箍。

图 3－1－2　活塞与缸套的结构

（二）拆卸

1. 拆卸之前要先拆卸掉喷淋罩

（1）单拆活塞杆而不动缸套。轻轻把泵盘动至介杆处于后死点位置，拆除活塞杆卡箍，把活塞杆和活塞拉出缸套。

（2）活塞和缸套一起拆除。先拆除活塞杆卡箍和缸套压盖，把泵盘动至介杆处于后死

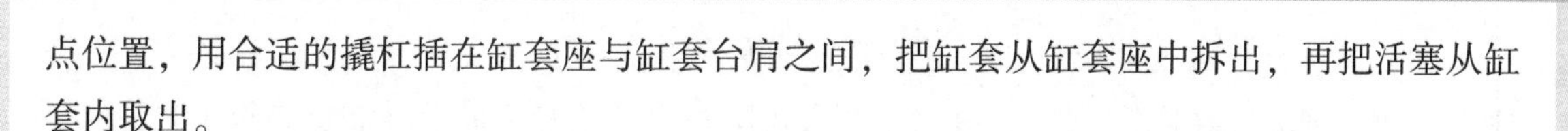

点位置，用合适的撬杠插在缸套座与缸套台肩之间，把缸套从缸套座中拆出，再把活塞从缸套内取出。

（3）仅更换活塞皮碗时可以不必从活塞杆上拆下活塞芯，拆除活塞芯前端的弹性钻井泵液力端挡圈和压板即可拆卸活塞皮碗。

（4）要更换整个活塞总成时，只要拆除活塞锁紧螺母，把活塞芯从活塞杆上取下，注意不要损伤活塞芯的密封。

2. 拆卸后应进行下列检查

（1）泵运转时，在缸套后端有少许钻井液泄漏出来是正常现象，这不是表示活塞或缸套已经损坏。如果漏出来的钻井液过多，应停泵后进行检查。如果缸套孔壁出现深沟或磨损严重，应及时更换缸套。当内径的磨耗量超出允许值时，可认为缸套已磨坏，如继续使用，将缩短活塞的工作寿命。

（2）活塞芯上有两圈磨损槽，其深度分别为0.25 mm和0.75 mm。当泵压小于或等于21 MPa，活塞芯的外圈浅槽被磨平时，则可认为活塞芯已损坏。此允许磨损量的大小与泵压的高低有关，泵压越高，允许磨损量越小。

（3）不要在新缸套中使用旧活塞，或将新活塞用到磨坏的缸套中。

（4）每天把前端的活塞杆卡箍松开一次，将活塞转动1/4，然后再上紧卡箍，这样做可使活塞的磨耗均匀，延长活塞和缸套的使用寿命。

（5）每周检查一次缸套和活塞，如磨耗过大或已被刺坏必须更换。同时，检查活塞杆端的自锁螺母，如发现已被损坏、腐蚀，或者螺母内尼龙防松圈已失去作用，应更换。

（三）F－1300/1600钻井泵液力端活塞、缸套的安装

先将活塞芯和活塞杆上的钻井液和污物除掉；再在活塞芯背部依次装上活塞皮碗、压板和卡簧（卡簧不应卡入活塞芯的槽内）；然后，将此活塞总成套在活塞杆上。在活塞杆的螺纹表面上涂铅基螺纹脂后，拧上自锁螺母。最后，用1 m长的钢管套在随泵提供的活塞杆螺母专用扳手的手柄上，一个人将其拧紧。拧紧自锁螺母时，不得使用管钳。

如果是首次安装，或活塞和缸套是同时更换，则宜先将装了活塞的活塞杆装入缸套，作为一个组合件一并装入泵内。

安装时，先在缸套内表面和活塞外表面涂敷润滑脂，再使装上活塞的活塞杆螺母一端从缸套有锥面坡口的端口处，朝向缸套有扩孔平台密封槽的一端压入，再将密封圈装入缸套的扩孔平台。接着，在缸套座内表面和缸套前部起导向作用的外圆表面上涂敷润滑脂。盘车使介杆退到缸套室的后部，然后将活塞与缸套的组合件推入缸套座内，使其有密封圈的一端靠上耐磨垫。最后，将润滑脂涂敷在缸套卡箍的卡紧面上，再用随泵提供的长短不一的两个T形提手提起缸套卡箍，将缸套夹住，拧紧卡箍上的螺栓。

缸套与活塞分开安装步骤如下：

（1）检查泵体上安装缸套的孔是否干净，然后用轻质油或轻质油脂涂于泵体上的缸套孔内（不能用重油），把缸套推入泵体缸套孔内，直至与泵体的凸缘相接触。

(2) 将组装活塞装在活塞杆上（注意：活塞和活塞杆之间的一只密封圈务必装上，否则钻井液将刺坏活塞和活塞杆），并由一个人用随泵提供的专用扳手（需接长至1.5 m）上紧活塞杆螺母。

(3) 预先在缸套内孔表面和活塞外表面涂上钙基润滑油。将组装好的活塞杆和活塞从缸套后部插入缸套（即从泵体内腔装入），然后用硬木和大锤打击活塞进入缸套内，当活塞杆接近介杆时，必须注意不能碰坏活塞杆端部的定位凸缘。在安装时必须支撑住活塞杆，并把定位凸缘插入介杆的定位孔内。

(4) 把卡簧安装于活塞杆和介杆的法兰上，应使喷管螺孔置于顶部，并把卡箍上的螺栓上紧。

(5) 把方形密封推入缸套的凸缘处，再推入顶缸压圈进入泵体内，顶缸压圈上的两个方形孔应对准进液阀腔孔，将导向架从顶缸压圈中放入进液阀腔，使其翼形部分垂直于泵身轴线，压下阀导架套以压缩弹簧，直至阀导架套能旋转1/4转，压入到顶缸压圈下为止，把下阀定向杆插入阀导架套上面的孔眼内，将阀导架套牢固锁在顶缸压圈上，把方形密封装进顶缸压圈的端面，再利用装缸球盖工具把缸球盖装入泵体内腔，并把缸盖装在法兰的螺纹内（在连接螺纹上必须涂上油脂）使其配合紧密，然后用扳手及大锤等把缸盖旋紧。

【任务实施】

更换钻井泵缸套、活塞

实施步骤一：操作准备。检查工具、材料；清洗缸套、活塞，涂润滑脂；倒阀门，关闭泵的上水阀门。

实施步骤二：拆卸操作。卸掉缸盖螺纹圈，取出缸盖及垫圈放置于恰当的位置；钻井液用器皿回收，取出吸入阀总成；卸卡箍，盘泵至下止点；卸喷淋装置，取出活塞总成；卸缸套活接头圈，取出旧缸套；清洗阀箱，检查阀座，活接头圈涂润滑脂。

实施步骤三：安装操作。检查缸套密封圈，装新缸套，旋紧活接头圈；装新活塞、卡箍螺栓；装吸入阀总成、缸盖、垫圈，缸盖螺纹圈涂润滑脂上紧；装喷淋装置，打开上水阀门。

实施步骤四：检查并试运转。检查回水阀门，试运转；倒好阀门，清扫工作台并将所用工具归位。

【评价反馈】

1. 学生自我评价

学生扫码完成自我评价。

学生自我评价表

2. 互相评价

学生扫码完成互相评价。

学生互评表

3. 教师评价

教师根据学生表现，填写表3-1-5进行评价。

表 3-1-5 教师评价表

项目名称	评价内容		分值	得分
职业素养考核项目	穿戴规范、整洁		6 分	
	安全意识、责任意识、服从意识		6 分	
	积极参加教学活动，按时完成学生工作手册		10 分	
	团队合作、与人交流能力		6 分	
	劳动纪律		6 分	
	生产现场管理 8S 标准		6 分	
专业能力考核项目	钻井泵活塞、缸套结构原理、拆卸步骤等专业知识查找及时、准确		12 分	
	拆卸钻井泵活塞、缸套操作符合规范		18 分	
	安装钻井泵活塞、缸套熟练，工作效率高		12 分	
	完成质量		18 分	
总分				
总评	自评（20%）+互评（20%）+师评（60%）	综合等级		教师签名

子任务 3.1.3 更换钻井泵空气包气囊

【任务描述】

钻井泵排出阀附近都安装空气包（排出空气包），有时也在吸入阀附近安装空气包（吸入空气包）。它是一个内充空气或氮气的密闭容器，工作时，随排出钻井液压力的变化，气囊底部上下运动，以储存或挤出液体。本任务需要在掌握空气包结构、原理的基础上，正确使用和更换钻井泵空气包气囊。要求：正确穿戴劳动保护用品；工具、量具、用具准备齐全，正确使用；操作应符合安全文明操作规程；按规定完成操作项目，质量达到技术要求；任务实施过程中能够主动查阅相关资料、相互配合、团队协作。

【任务分组】

学生填写表 3-1-6，进行分组。

表 3-1-6　学生分组表

<table>
<tr><td>班级</td><td colspan="2"></td><td>组号</td><td colspan="2"></td><td>指导教师</td><td></td></tr>
<tr><td>组长</td><td colspan="2"></td><td>学号</td><td colspan="2"></td><td></td><td></td></tr>
<tr><td rowspan="3">组员</td><td>姓名</td><td colspan="2">学号</td><td colspan="2">姓名</td><td colspan="2">学号</td></tr>
<tr><td></td><td colspan="2"></td><td colspan="2"></td><td colspan="2"></td></tr>
<tr><td></td><td colspan="2"></td><td colspan="2"></td><td colspan="2"></td></tr>
<tr><td colspan="8">任务分工</td></tr>
<tr><td colspan="8"></td></tr>
</table>

【知识准备】

（一）空气包结构及工作原理

1. 空气包结构

目前使用最广泛的空气包是球形隔膜式预压（KB75）空气包，它主要由壳体和气囊组成，气囊上口被固定在壳体上，如图 3-1-3 所示。

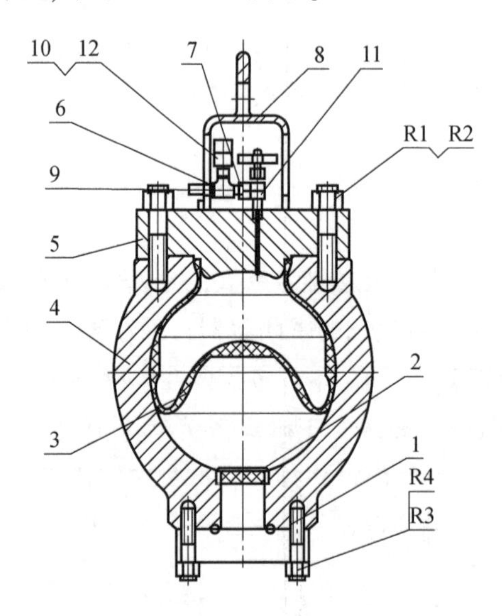

1—垫环（$R39$）；2—底塞；3—气囊；4—外壳总成；5—盖；6—三通；7—接头；8—压力表罩；9—排气阀；10—双刻度压力表（0~25 MPa）；11—角式截止阀；12—垫圈；R1，R3—双头螺栓；R2，R4—螺母。

图 3-1-3　KB75 空气包

2. 工作原理

空气包的工作原理：钻井泵活塞处于排出过程时，排出管内流体流速加快，压力也随之升高，当压力大于空气包气室内的压力时，气囊被压缩，部分液体进入空气包；当活塞处于吸入过程，排出管内液体压力小于空气包气室的压力时，气囊开始膨胀，挤出空气包内的液体，随着排出和吸入过程的不断重复进行，空气包不断交替地储存和排出液体，自动调节排出管中的流体。空气包的作用是减小因钻井泵瞬时排量变化而产生的压力波动，稳定泵压，保护速度和压力，使设备不致因剧烈振动而损坏。

空气包囊内要求充氮气或情性气体，在没有氮气或情性气体的情况下可用空气代替，严禁充入氧气或可燃气体。充气压力为最高工作压力的20%~30%。

（二）空气包安装及充气程序

1. 空气包安装

装在压力表罩上的吊耳是用于起吊空气包总成的。KB75空气包底部的法兰配有R39密封垫环。在安装空气包以前，要彻底清洗垫环及垫环槽并涂一层油脂。将空气包吊装到钻井泵排出管的相应部位，旋紧螺母R4，其旋紧扭矩为1 085 N·m，在旋紧时应保持接合部平直对正，因此要采用十字交叉方式均匀上紧安装。

2. 充气程序

正确安装及使用空气包，可以有效地减少排出系统的压力波动，从而获得更加均匀的液流。为了使气囊获得高的寿命，应经常使泵的压力与气囊预充压力保持建议的比例，一般不得超过泵的排出压力的2/3，最大不得超过4.5 MPa。泵出厂时附带一套充气装置（空气包充气软管总成，如图3-1-4所示），请按以下步骤操作：

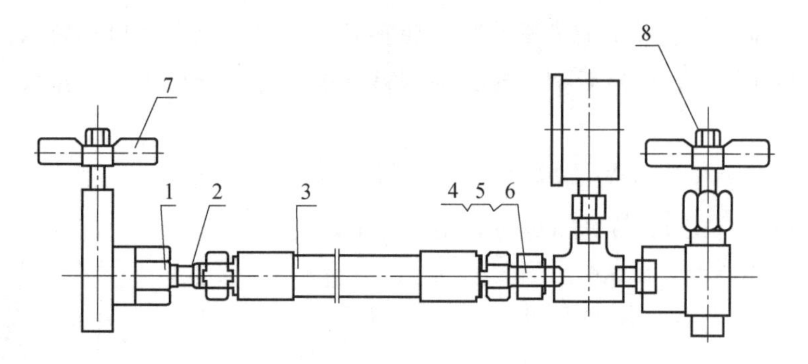

1—螺母C5/8 in；2—密封接头；3—C形接头软管（M14×1.5）；
4—接头；5—密合垫；6—丝堵；7—氮气瓶开关；8—空气包充气阀。

图3-1-4 空气包充气装置

（1）取下空气包压力表罩，旋转排气阀阀盖1/4~1/2圈，以排放存在压力表区内的气压，取下排气阀的阀盖。

（2）把软管连到氮气瓶开关和空气包充气阀上。

（3）打开空气包充气阀。

（4）缓慢打开氮气瓶阀，用此阀调节流入空气包的气体。

（5）当空气包压力表指示到所需压力时，关闭氮气瓶阀。

（6）关闭空气包阀。

（7）取下软管，盖上压力表罩，再安装上排气阀。

警告：充气时仅能使用压缩氮气或压缩空气，不能用氧气或氢气等易燃易爆气体；在保养空气包时必须停泵，并保证空气包排空气体。不能依靠压力表来判断，因残余压力较小，压力表无法显示，但此低压也会导致事故发生。

【任务实施】

更换 F－1300/1600 钻井泵空气包气囊

实施步骤一：拆卸旧气囊。

（1）确认系统中已经完全泄压。

（2）拆卸掉盖，可以利用两个拆卸螺孔顶出，如果在拆卸时双头螺栓从壳体上旋出，则首先卸下螺母（R2），然后对螺栓及螺孔进行清洗，再将双头螺栓旋入（用专门的钻井泵空气包双头螺栓扳手或普通扳手将两个螺母并紧），其旋紧扭矩为 800 N · m。

（3）取下气囊。将一根棒从气囊和壳体中间插入，把气囊压扁即可从顶部取出。

（4）检查气囊是否损坏，如果气囊由于刺破而损坏，则要检查壳体内部与损伤相关处是否有隆起或异物，必须消除引起损坏的因素。

（5）检查底塞的情况，各边缘必须光滑。当更换刺坏或磨损的底塞时要使它垂直装入，而且应有 0.076～0.152 mm（0.003～0.006 in）的过盈。

实施步骤二：装入新气囊。

（1）压扁气囊并把它卷实成为螺旋状，使它能从空气包上方开口处装入；然后张开并调整气囊使之与壳体贴合；最后把气囊颈部密封圈推至壳体开口上，并在颈部内侧涂抹润滑脂。

（2）装上盖，勿使气囊变形或受挤压。

（3）上紧螺母（R2），旋紧扭矩为 1 100 N · m。

（4）按照程序给空气包充气。

【评价反馈】

1. 学生自我评价

学生扫码完成自我评价。

学生自我评价表

2. 互相评价

学生扫码完成互相评价。

学生互评表

3. 教师评价

教师根据学生表现，填写表 3－1－7 进行评价。

表 3－1－7 教师评价表

项目名称	评价内容	分值	得分
职业素养考核项目	穿戴规范、整洁	6 分	
	安全意识、责任意识、服从意识	6 分	
	积极参加教学活动，按时完成学生工作手册	10 分	
	团队合作、与人交流能力	6 分	
	劳动纪律	6 分	
	生产现场管理 8S 标准	6 分	
专业能力考核项目	钻井泵空气包囊结构原理等专业知识查找及时、准确	12 分	
	钻井泵空气包囊安装、充气操作符合规范	18 分	
	更换钻井泵空气包囊操作熟练，工作效率高	12 分	
	完成质量	18 分	
总分			
总评	自评（20%）＋互评（20%）＋师评（60%）	综合等级	教师签名

子任务 3.1.4 安装钻井泵十字头

【任务描述】

十字头是传递活塞力的重要部件，同时又引导活塞在缸套内做往复直线运动，使介杆、活塞等不受曲柄切向力的影响，减少介杆和活塞磨损。本任务需要熟悉十字头的安装和保养，进行钻井泵十字头对中检查及间隙调整。要求：正确穿戴劳动保护用品；工具、量具、用具准备齐全，正确使用；操作应符合安全文明操作规程；按规定完成操作项目，质量达到技术要求；任务实施过程中能够主动查阅相关资料、相互配合、团队协作。

【任务分组】

学生填写表 3－1－8，进行分组。

表 3－1－8 学生分组表

班级		组号		指导教师	
组长		学号			

续表

<table>
<tr><td rowspan="3">组员</td><td>姓名</td><td>学号</td><td>姓名</td><td>学号</td></tr>
<tr><td></td><td></td><td></td><td></td></tr>
<tr><td></td><td></td><td></td><td></td></tr>
<tr><td colspan="5">任务分工</td></tr>
<tr><td colspan="5"></td></tr>
</table>

【知识准备】

（一）十字头总成的结构

十字头总成的结构如图 3－1－5 所示。

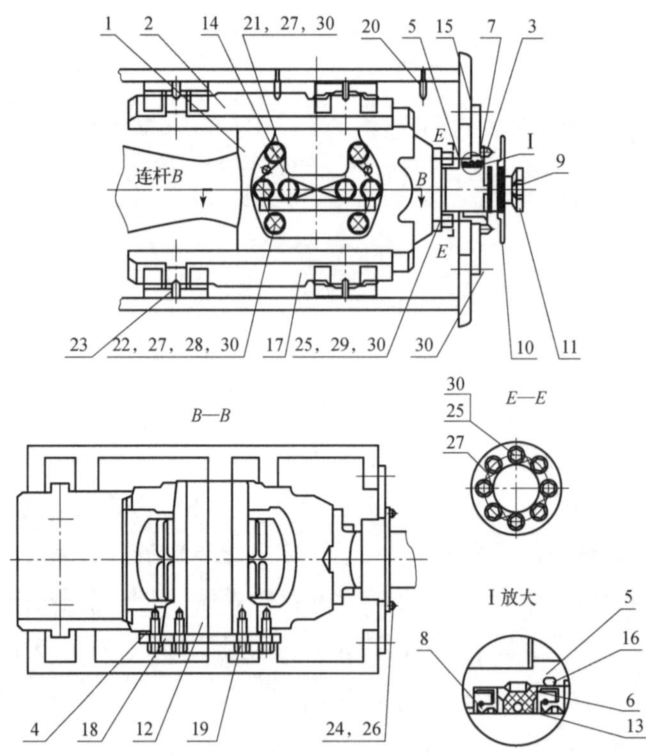

1—十字头；2—上导板；3，28，29—螺栓；4—调整垫片；5—填料盒；6—油封环；7—O 形密封圈（190×3.55）；8—双唇油封；9—锁紧弹簧；10—挡泥板；11—中间拉杆；12—十字头销；13—O 形密封圈（125×7）；14—螺栓（M20×65）；15—密封垫；16—O 形密封圈（160×7）；17—下导板；18—十字头销挡板；19—十字头轴承；20—管接头；21—螺栓（M20×60）；22—螺栓（M24×70）；23—固紧板；24—螺栓（M10×25）；25—螺栓（M24×65）；26—弹簧垫圈；27—防松钢丝（1.6）；30—螺纹厌氧锁固胶木块。

图 3－1－5　十字头总成结构

(二)十字头的安装

十字头可以从前面(液力端)或导板后面装入,如图3-1-6所示。

安装十字头时的注意事项:

(1)彻底清除所有的污物,并将十字头外圆、十字头销孔、导板内孔等表面的毛刺和尖角除去,擦干净十字头销锥孔,使二者形成金属对金属的接触。

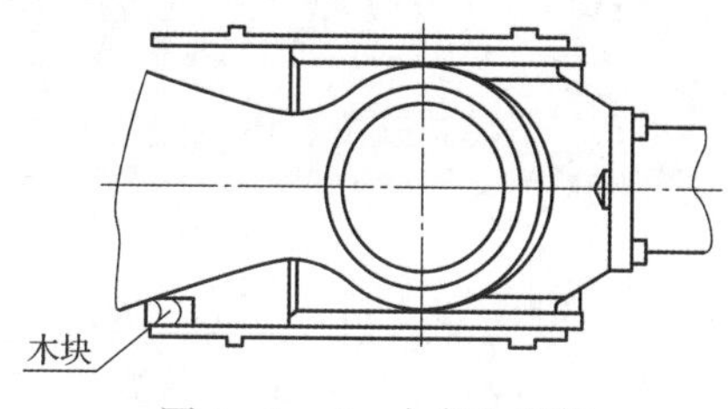

图3-1-6 十字头安装示意图

(2)使连杆小头孔处于十字头导板的侧孔部位。用木块垫住连杆,使十字头在滑入十字头销孔对正的所在位置时能穿过连杆小头孔。

(3)先安装左侧十字头,之后旋转曲轴总成,使中间连杆的孔进入中间十字头内,此时右侧连杆孔退回,取下挡泥盘,将右十字头推向中间拉杆腔,从而留有足够的空隙来安装中间十字头,之后再安装右十字头。十字头各部(零)件示意图如图3-1-7所示。

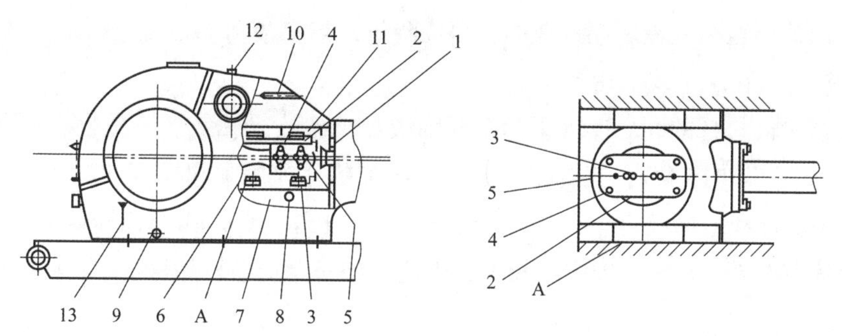

1—挡泥盘;2—十字头销挡板;3,4—螺栓;5—顶丝孔;6—下导板;7—机架;
8—泄污孔;9—管堵;10—集油盒;11—上导板;12—通风罩;13—油位计;A—外壳。

图3-1-7 十字头各部(零)件示意图

> **注意**
>
> 如果再次使用旧十字头,则要检查十字头表面是否有磨损或划伤。如果有必要,则可将十字头装在泵的相对侧,即左右十字头可对调装入孔内,但是在十字头销挡板未安装之前不要把十字头销装入锥孔内。

(4)安装十字头销挡板和螺钉,此时旋转十字头销使4个螺栓孔全能对正,将4个螺栓装上并用手旋紧(参考图3-1-7),十字头销挡板的接油槽应朝上。轻击十字头销大端,使它装入锥孔,在十字头销和挡板之间加调整垫片(每个特定的十字头和十字头销之间的垫片厚度是一定的,绝对不允许调换十字头、十字头销、调整垫片,否则容易出现故障),上紧挡板螺栓,穿扎安全铁丝。上紧螺栓的扭矩为25~240 N·m。

拔出十字头销的步骤:取下4个挡板螺栓,将其中的两个旋入顶丝孔内,上紧这两个“千斤”螺栓,直到销拨松位置;彻底取下十字头销板,然后从孔中把十字头销取出。

(5)用长塞尺塞入十字头上表面与导板之间,检查其运动间隙,此间隙值不应小于0.508 mm(0.020 in),用长塞尺检查十字头的整个表面。

> 注意
>
> 若过分上紧十字头销挡板螺栓，会引起十字头外圆接触圆弧变形，增大偏磨机会，此时要松开十字头销，用扭矩扳手重新上紧。

【任务实施】

F－1300/1600 钻井泵十字头对中检查及间隙调整

实施步骤一：钻井泵十字头对中检查。为了使活塞正确地在缸套内运动，十字头必须沿机架孔水平轴线做直线运动。

（1）把填料盒从挡泥盘上取下，但不要把挡泥盘取下。

（2）把十字头置于其行程最前端，用内卡尺或伸缩式内径规在上部及下部仔细测查及间隙测量中间拉杆与挡泥盘孔之间的距离。比较这两个测量尺寸，以确定中间拉杆相对于孔要求中心线的位置。

（3）将泵旋转至行程最后端，在同一部位测量，与在最前端位置测得的数值进行比较，以确定十字头是否在水平线上运行。

（4）如果中间拉杆的同心度（即活塞杆轴线与机架孔纵轴线的一致性）在挡泥盘孔下部超过0.38 mm（0.015 in），就要在下导板下面加垫片，使中间拉杆向对正中心的方向移动。若十字头上部和上导板之间有足够的间隙，可做上述调整。由于连杆角度关系，下导板负荷很重，其后部受力较大，磨损也较大，因此，如果能把导板垫得坚实，则允许将导板垫斜一点。

在加垫进程中，不要使十字头上面与导板间的间隙小于0.5 mm（0.020 in）。允许十字头有更大一些的间隙存在，这是由三缸泵的运行特性所决定的，在正向旋转时十字头的压力永远作用于下导板上。

> 注意
>
> 由于动力的原因，泵必须反转时，十字头的压力将作用于上导板上，因此导板间隙必须控制在0.25～0.40 mm（0.010～0.016 in）。

（5）将钢垫片剪得足够长，使其能完全穿过导板。在其边部剪成凸出部，且超出机架支撑处。

实施步骤二：钻井泵十字头间隙调整。

（1）准备重型套筒扳手、撬杠、手钳、棉纱、钢丝绳套、吊车、塞尺、内径千分尺、外径千分尺、记号笔、铁丝和铜皮垫若干。

（2）擦净上、下导板及泵体与导板的贴合面，若有毛刺要修整。

（3）吊车配合，连接上、下导板与泵体。

（4）用内径千分尺测量导板直径，记录数据。

（5）用外径千分尺测量十字头直径，记录数据。

（6）吊车配合，将十字头滑入导板内。

（7）用塞尺测量上导板与十字头间隙。先将十字头滑入导板的一端，选择适当厚度的塞尺，分别从十字头两侧垂直插入上导板与十字头之间，测量十字头前、中、后3个点的间隙；然后，将十字头滑到导板的另一端，用同样的方法测量十字头与上导板的间隙。

（8）确定所垫铜皮的厚度和位置。

（9）将铜皮垫插入导板与泵体贴合面，调整十字头间隙，直到符合要求为止。

（10）固定导板连接螺栓，穿好防松铁丝。

注意

安装要达到标准。间隙要合适，位置要正。十字头与导板间隙为0.25~0.5 mm，十字头介杆与缸套的同轴度在0.5 mm以内。导板与泵体贴合面间严禁有杂物。铜皮垫要与贴合面的长、宽一致。

【评价反馈】

1. 学生自我评价

学生扫码完成自我评价。

2. 互相评价

学生扫码完成互相评价。

学生自我评价表

学生互评表

3. 教师评价

教师根据学生表现，填写表3-1-9进行评价。

表3-1-9 教师评价表

项目名称	评价内容	分值	得分
职业素养考核项目	穿戴规范、整洁	6分	
	安全意识、责任意识、服从意识	6分	
	积极参加教学活动，按时完成学生工作手册	10分	
	团队合作、与人交流能力	6分	
	劳动纪律	6分	
	生产现场管理8S标准	6分	

续表

项目名称	评价内容		分值	得分
专业能力考核项目	钻井泵十字头的技术规范等专业知识查找及时、准确		12 分	
	钻井泵十字头对中检查及间隙调整操作符合规范		18 分	
	安装钻井泵十字头操作熟练、工作效率高		12 分	
	完成质量		18 分	
总分				
总评	自评（20%）+互评（20%）+师评（60%）	综合等级		教师签名

子任务 3.1.5　更换钻井泵剪销安全阀

【任务描述】

钻井泵一般在高压下工作，为了保证安全，在排出口处装有安全阀，以便将泵的极限压力控制在允许范围内。本任务需要在了解钻井泵剪销安全阀结构、特性、作用等基础上，进行剪销安全阀的安装、保养和故障排除。要求：正确穿戴劳动保护用品；工具、量具、用具准备齐全，正确使用；操作应符合安全文明操作规程；按规定完成操作项目，质量达到技术要求；任务实施过程中能够主动查阅相关资料、相互配合、团队协作。

【任务分组】

学生填写表 3-1-10，进行分组。

表 3-1-10　学生分组表

班级		组号		指导教师	
组长		学号			
组员	姓名	学号	姓名	学号	
任务分工					

【知识准备】

（一）钻井泵剪销安全阀的结构特性

JA3剪销安全阀主要由接头、阀体、安全罩、剪销板、剪切销和活塞总成等部件组成。当钻井泵的压力超过额定值时，活塞上的作用力顶起剪销板，迫使剪切销折断，液流泵迅速放空。

（二）钻井泵剪销安全阀的作用及优点

1. 剪销安全阀的作用

当钻井泵的压力超过规定值时迅速放空，以保证钻井泵的安全。剪销安全阀靠改变剪切销的位置来泄放压力，操作简单，工作可靠。

2. 剪销安全阀的优点

开关灵活，承压活塞面积小，复位简单，通用性好，可与多种泵连接。

（三）剪销安全阀安装、检查与使用

1. 剪销安全阀安装方法

剪销安全阀必须正确安装并直接与钻井液接触，排出管路与剪销安全阀之间不许安装任何形式的阀门。将剪销安全阀排出口用无缝钢管直接引到钻井液池，这条无缝钢管应尽可能少一些剪销安全阀的转折。若转弯应使弯头大于120°，不许把剪销安全阀的排出端用管子引到钻井泵的吸入管上，因为剪销安全阀打开时会使系统内压力突然升高，当高于系统额定压力值时，会导致管汇吸入空气包以及离心泵损坏。安装剪销安全阀的注意事项如下：

（1）剪销安全阀应垂直安装。

（2）剪销安全阀出口处应无阻力，避免产生受压现象。

（3）剪销安全阀在安装前应专门测试，并检查其密封性。

2. 检查与使用要求

（1）检查要求。正确设定剪销安全阀压力，保证在超过调整的额定压力时剪销安全阀能打开，此调整压力与剪销安全阀缸套尺寸有关。剪销安全阀定压时不要超过钻井泵当时所用缸套的额定工作压力。严禁使用铁丝、电焊条或其他材料，若这样做将会影响剪销安全阀的压力值，可能导致事故的发生。

（2）使用要求。剪销安全阀的剪销板处刻有每级工作压力的标记，调节压力时，只需按所给压力把安全阀剪切销钉插入相应的孔内。注意：剪切板只能插一个销钉。缸套尺寸变更，则须相应地调定安全阀的压力。

（四）维护保养

维护保养的内容如下。

（1）每天检查剪销安全阀是否可靠。

（2）定期检查运行中的剪销安全阀是否有泄漏、卡阻及锈蚀等不正常现象，若发现问题应及时采取适当措施。

（3）定期检查安全罩是否完好，以防止雨、雾、尘埃、锈污等脏物侵入剪销安全阀及排放管道，当环境低于0 ℃时，还应采取必要的防冻措施，以保证剪销安全阀动作的可靠性。

（4）应定期将剪销安全阀拆下进行全面清洗检查，重新调整压力后方可继续使用。

（5）在解体、研修和回装的过程中，均要防止杂物进入阀体。

（6）剪销安全阀尽量少开启，更不能作为警告信号使用。

常见故障及排查方法

（1）排放后活塞总成不回座。这主要是活塞杆安装位置不正或被卡住造成的，应重新装配。

（2）在钻井泵正常工作压力下，活塞总成密封件与阀体密封面之间发生渗漏。其中一个原因可能是密封件与阀体密封面之间有脏物，可重新清洗后再安装。如果仍然渗漏，看密封件与阀体密封面之间是否有损伤，若密封件损伤，则更换密封件。另一个原因可能是活塞杆弯曲、倾斜或者活塞杆与剪切销有偏斜，使活塞总成与座孔错位，应重新装配或者更换。

（3）到规定的压力时却不开启。定压不准是造成这种情况的原因，可查看剪切销的直径、材料及其剪销孔的位置是否正确。

（4）不到规定的压力而开启。其主要原因是定压不准，可查看剪切销的疲劳、材料及其剪销孔的位置是否正确，并及时调整。

【任务实施】

维护钻井泵剪销安全阀

实施步骤一：打开剪销安全阀外罩，拔出损坏的销钉。

实施步骤二：打开剪销安全阀阀罩，检查活塞。

实施步骤三：将活塞推入套筒内，活塞销钉孔与阀盖销钉孔对正。

实施步骤四：选择新销钉，规格与原销钉相符；将新销钉涂润滑脂后插入。

实施步骤五：安装剪销安全阀阀罩和外罩。

实施步骤六：清理场地，收工具。

【评价反馈】

1. 学生自我评价

学生扫码完成自我评价。

学生自我评价表

2. 互相评价

学生扫码完成互相评价。

学生互评表

3. 教师评价

教师根据学生表现，填写表3－1－11进行评价。

表3－1－11 教师评价表

项目名称	评价内容	分值	得分
职业素养考核项目	穿戴规范、整洁	6分	
	安全意识、责任意识、服从意识	6分	
	积极参加教学活动，按时完成学生工作手册	10分	
	团队合作、与人交流能力	6分	
	劳动纪律	6分	
	生产现场管理8S标准	6分	
专业能力考核项目	钻井泵剪销安全阀的专业知识查找及时、准确	12分	
	钻井泵剪销安全阀保养维护操作符合规范	18分	
	排除钻井泵剪销安全阀故障操作熟练、工作效率高	12分	
	完成质量	18分	
总分			
总评	自评（20%）＋互评（20%）＋师评（60%）	综合等级	教师签名

任务3.2 钻井液净化设备的使用与维护

【任务简介】

钻井液净化设备用于清除钻井液中的固体颗粒，达到控制固相含量的目的。实践证明，若钻井液中固相含量过多，将降低钻井液携带岩屑的能力和钻头的工作效率，使钻井液密度和黏度上升，过多的固相颗粒会加速整个循环系统机械设备的磨损，影响设备寿命。本任务要求能够对钻井液净化设备进行正确使用和维护，具体由3个子任务组成，分别为启动振动筛、更换除砂器旋流器、排除离心机故障。

小贴士

“铁人”王进喜在突发井喷时，用身体搅拌泥浆的故事一直感动激励着我们，他经常说“井无压力不出油，人无压力轻飘飘”“宁可少活20年，拼命也要拿下大油田!”“有条件要上，没有条件创造条件也要上”，他身上所体现的“铁人精神”，成为石油人宝贵的精神财富。

【任务目标】

资源14　钻井液净化设备

1. 知识目标

(1) 掌握振动筛、水力旋流器、离心机的分类、原理和特点。

(2) 掌握振动筛的启动操作步骤，掌握排除离心机故障的方法。

2. 技能目标

(1) 会进行振动筛的启动，会正确使用振动筛、水力旋流器和离心机。

(2) 会更换除砂器旋流器，会进行离心机的故障排除。

3. 素质目标

(1) 具有吃苦耐劳、刻苦钻研、埋头苦干的石油精神。

(2) 树立质量强国、制造强国理念，具有卓越工程师素养。

子任务 3.2.1　启动振动筛

【任务描述】

振动筛作为钻井液的第一级净化设备，其作用是将钻井液中直径大于 70 μm 的颗粒除去，并且不产生破碎。振动筛性能的优劣直接影响着第一级处理的质量，对下级净化处理设备性能的发挥也有很大的影响。本任务需要熟悉振动筛的结构、类型，并进行振动筛的启动、使用和保养。要求：正确穿戴劳动保护用品；工具、量具、用具准备齐全，正确使用；操作应符合安全文明操作规程；按规定完成操作项目，质量达到技术要求；任务实施过程中能够主动查阅相关资料、相互配合、团队协作。

【任务分组】

学生填写表 3－2－1，进行分组。

表 3－2－1　学生分组表

<table>
<tr><td>班级</td><td colspan="2"></td><td>组号</td><td></td><td>指导教师</td><td></td></tr>
<tr><td>组长</td><td colspan="2"></td><td>学号</td><td></td><td></td><td></td></tr>
<tr><td rowspan="3">组员</td><td>姓名</td><td>学号</td><td colspan="2">姓名</td><td colspan="2">学号</td></tr>
<tr><td></td><td></td><td colspan="2"></td><td colspan="2"></td></tr>
<tr><td></td><td></td><td colspan="2"></td><td colspan="2"></td></tr>
</table>

续表

任务分工

【知识准备】

（一）振动筛的结构

石油矿场中使用的振动筛多为单轴惯性振动筛，主要由筛箱、筛网、隔振弹簧及激振器等组成，如图3-2-1所示。由主轴、轴承和偏心块等构成的激振器，旋转时会产生周期性的惯性力，迫使筛箱、筛网、弹簧等部件在底座上做简谐振动或准简谐振动，促使由钻井液盒均匀流到筛网表面的钻井液固相分离，即液体和较小颗粒通过筛网孔流向除砂器，而较大颗粒沿筛网表面移向砂槽。

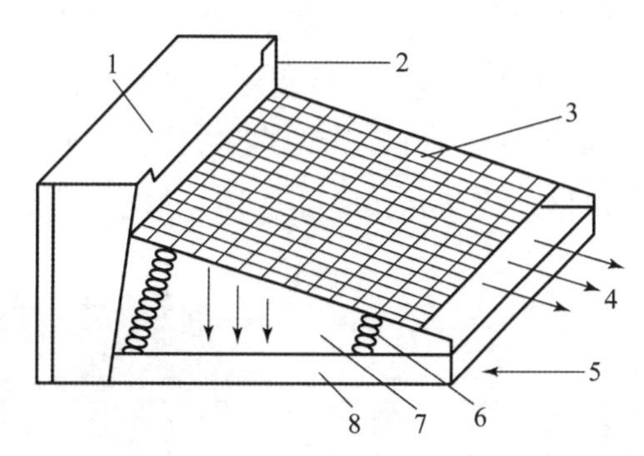

1—钻井液进口；2—钻井液盒；3—筛网；4—筛除粗固相颗粒；
5—底座；6—隔振元件；7—筛箱；8—液体和细固相颗粒。

图3-2-1 钻井液振动筛的结构

钻井液振动筛中最易损坏的零件是筛网，一般有钢丝筛网、塑料筛网和带孔筛板等，常用的是不锈钢丝的筛网。筛网通常以目表示其规格，目表示以任何一根钢丝的中心为起点，沿直线方向25.4 mm（1 in）上的筛网数目。例如，某方形孔筛网每英寸有12孔，称作12目筛网，用API标准表示为12×12。对于矩形孔筛网，一般也以单位长度（in）上的孔数表示，如80×40表示1 in长度的筛网上，一边有80孔，另一边为40孔。

（二）振动筛的类型

振动筛主要有普通椭圆筛、圆形振动筛、直线振动筛和均衡椭圆筛。

1. 普通椭圆筛

普通椭圆筛又称非均衡椭圆筛，在筛箱质心的正上方固定有激振装置，如图3-2-2所

示。这种类型的振动筛，横向振幅大于法向振幅，横向振幅与法向振幅的比值大于圆形振动的比值，所以，它的平均输送速度大于圆形振动的振动筛，影响了钻井液的处理效果。

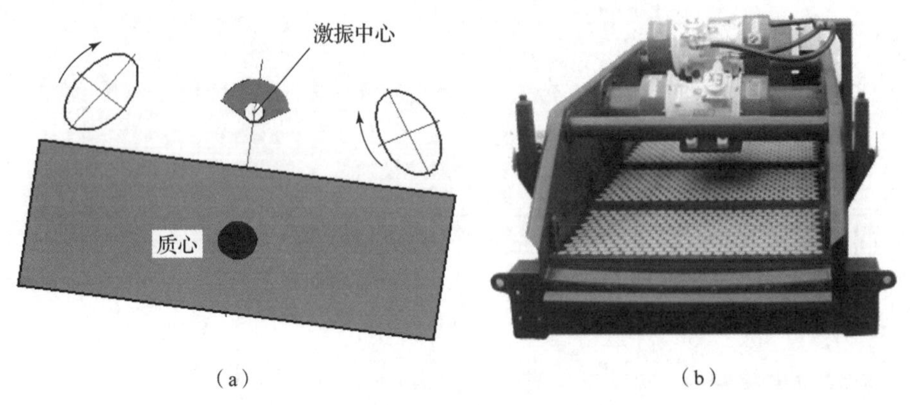

图 3-2-2　普通椭圆筛原理图与实物图

(a) 原理图；(b) 实物图

2. 圆形振动筛

圆形振动筛亦称自定中心振动筛，激振器位于筛箱质心，如图 3-2-3 所示。筛箱做圆形振动时，其法向和横向加速度相等，筛网上没有堆积现象，相应地可以加大处理量。但这类振动筛上的固相颗粒抛射角是筛子加速度的函数，当法向加速度为 3~6 倍重力加速度时，固相颗粒抛射角达 70°~80°。这样陡的抛射角使得钻屑在下落时惯性大，易粉碎，相应地增大了砂粒的透筛率，对钻井液的净化不利。现场实践表明，圆形振动筛输砂速度小、透砂率高，当这种振动筛配用细目筛网时，又有处理量太小、筛网寿命太低等缺点。

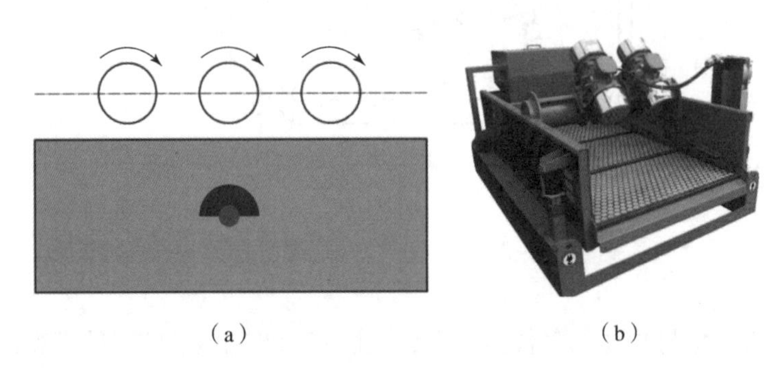

图 3-2-3　圆形振动筛原理图与实物图

(a) 原理图；(b) 实物图

3. 直线振动筛

直线振动筛是由两根带偏心块的主轴做同步反向旋转产生直线振动，直线振动的加速度平衡作用于筛箱，筛网受力均匀，其寿命明显优于圆形或椭圆振动筛的筛网，如图 3-2-4 所示。另外，由于钻井液受到的过筛阻力较小，故处理钻井液的量和均步度均比圆形或椭圆振动筛大得多、好得多。

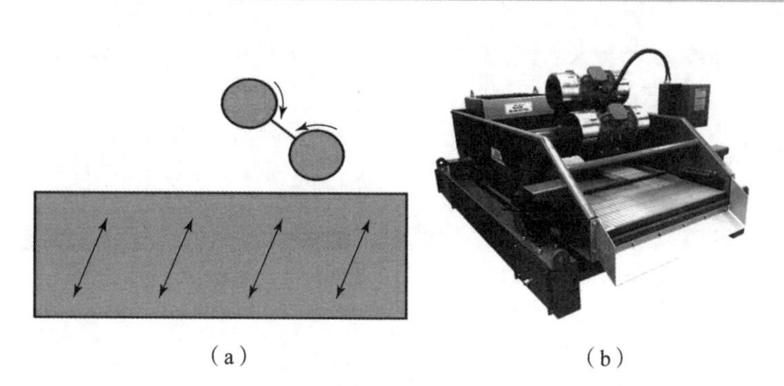

（a）　　　　（b）

图 3－2－4　直线振动筛原理图与实物图

（a）原理图；（b）实物图

4. 均衡椭圆筛

均衡椭圆筛是近几年发展起来的一种新筛型，筛箱上各点的运动轨迹如图 3－2－5 所示，所有椭圆的运动轨迹的长轴和短轴相同，抛掷角的大小和方向完全一致。在筛箱的进口、中点和出口处的输砂速度是一致的。均衡椭圆筛结合了圆形振动筛和直线振动筛的基本优点，即椭圆“长轴”是强化岩屑输送的分量，而“短轴”可促使岩屑在筛面上粘成一团的现象减少，消除部分岩屑堵塞筛孔的可能性。

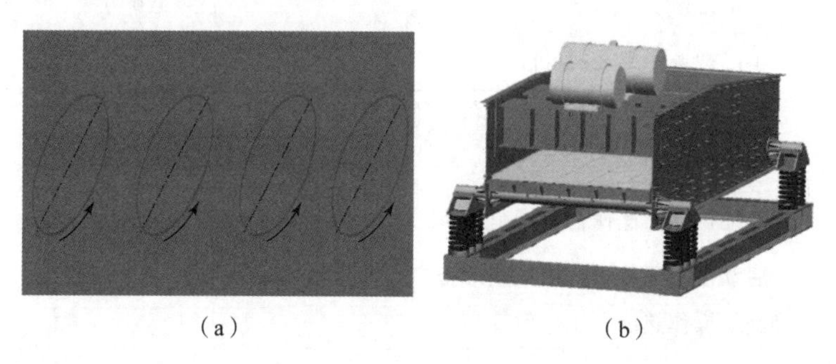

（a）　　　　（b）

图 3－2－5　均衡椭圆筛原理图与实物图

（a）原理图；（b）实物图

【任务实施】

启动振动筛

实施步骤一：启动前的检查。检查、准备手工具；检查振动筛固定情况和弹簧；检查筛布，确保无松动和损坏；检查激振器和护罩固定情况；检查电动机固定情况；检查电源线接地情况，确保接地良好。

实施步骤二：启动振动筛。启动前盘动振动筛，启动时，用安全棒或绝缘手套合开关；第一次启动挂合不超过 3 s，启动后检查振动筛的运转情况，若有反转、振动力弱、响声过大等情况，应立即停机，判断、排除故障后再重新启动。

实施步骤三：启动后观察，确保筛布上无工具，运转平稳后，启动振动筛操作完成。

【评价反馈】

学生自我评价表

学生互评表

1. 学生自我评价

学生扫码完成自我评价。

2. 互相评价

学生扫码完成互相评价。

3. 教师评价

教师根据学生表现，填写表 3－2－2 进行评价。

表 3－2－2　教师评价表

项目名称	评价内容	分值	得分
职业素养考核项目	穿戴规范、整洁	6 分	
	安全意识、责任意识、服从意识	6 分	
	积极参加教学活动，按时完成学生工作手册	10 分	
	团队合作、与人交流能力	6 分	
	劳动纪律	6 分	
	生产现场管理 8S 标准	6 分	
专业能力考核项目	振动筛类型、结构、规范等专业知识查找及时、准确	12 分	
	启动振动筛操作符合规范	18 分	
	启动振动筛的过程中检查准备、安全防范、故障判断等操作熟练、工作效率高	12 分	
	完成质量	18 分	
总分			
总评	自评（20%）＋互评（20%）＋师评（60%）	综合等级	教师签名

子任务 3.2.2　更换除砂器旋流器

【任务描述】

实践证明，振动筛只能清除 25% 左右的固相含量，直径在 70 μm 以下的细微颗粒仍然留在钻井液中。为了进一步改善钻井液性能，一般在钻井液振动筛之后装有水力旋流器，用以清除较小颗粒的固相。本任务需要在理解水力旋流器结构、分类、原理的基础上，使用水力旋流器进行除砂操作。要求：正确穿戴劳动保护用品；工具、量具、用具准备齐全，正确使用；操作应符合安全文明操作规程；按规定完成操作项目，质量达到技术要求；任务实施过程中能够主动查阅相关资料、相互配合、团队协作。

【任务分组】

学生填写表3－2－3，进行分组。

表3－2－3 学生分组表

<table>
<tr><td>班级</td><td colspan="2"></td><td>组号</td><td></td><td>指导教师</td><td></td></tr>
<tr><td>组长</td><td colspan="2"></td><td>学号</td><td></td><td></td><td></td></tr>
<tr><td rowspan="3">组员</td><td>姓名</td><td colspan="2">学号</td><td colspan="2">姓名</td><td>学号</td></tr>
<tr><td></td><td colspan="2"></td><td colspan="2"></td><td></td></tr>
<tr><td></td><td colspan="2"></td><td colspan="2"></td><td></td></tr>
<tr><td colspan="7">任务分工</td></tr>
<tr><td colspan="7"></td></tr>
</table>

【知识准备】

（一）水力旋流器分类

旋流器上部壳体圆筒部分的直径是决定旋流器钻井液处理量及分离钻井液中泥砂颗粒大小的重要因素，圆筒部分的直径称为旋流器的名义尺寸。下部壳体的圆锥角一般为15°～20°，底流口直径为10～30 mm。一般情况下由一组名义尺寸为150～300 mm的旋流器组成的净化设备称为除砂器，由一组名义尺寸为50～125 mm的旋流器组成的净化设备称为除泥器。

1. 除砂器

根据对钻井液处理量的大小，除砂器由一般1～3个名义尺寸在150～300 mm之间的旋流器组成。每个旋流器的处理能力，在进液压力为0.2 MPa时不低于20～120 m^3/h。正常工作的除砂器能清除约95%直径大于74 μm的岩屑和约50%直径大于40 μm的岩屑。为了提高使用效率，在选用除砂器时其许可处理量必须为钻井时最大排量的125%。

2. 除泥器

根据对钻井液处理量的大小，除泥器一般由4个以上名义尺寸为50～125 mm的旋流器组成。每个旋流器的处理能力，在进液压力为0.2 MPa时不低于5～15 μm/h。正常工作的除泥器能清除约95%大于直径40 μm的岩屑和约50%直径大于15 μm的岩屑。除泥器能除去直径为12～13 μm的重晶石，因此不能用它来处理加重钻井液。在选用除泥器时，其许可处理量必须为钻井时最大排量的125%～150%。

（二）水力旋流器的结构与工作原理

水力旋流器的结构如图3－2－6所示，其上部呈圆筒形，形成进口腔，侧部有一切向进口管，由砂泵输送来的钻井液沿切线方向进入腔内。顶部中心有涡流导管，处理后的钻井液由此溢出。壳体下部呈圆锥形，锥角一般为150°～200°，底部为排砂口，排出固相。其工作原理如图3－2－7所示。

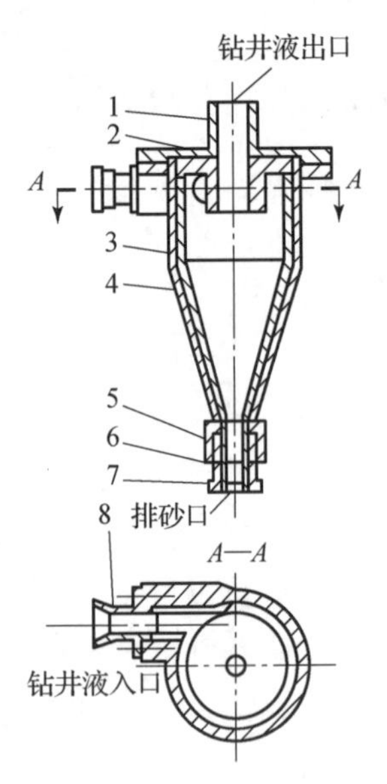

1—盖；2—衬盖；3—壳体；4—衬套；
5—橡胶囊；6—压圈；7—腰形法兰。

图3－2－6　水力旋流器的结构

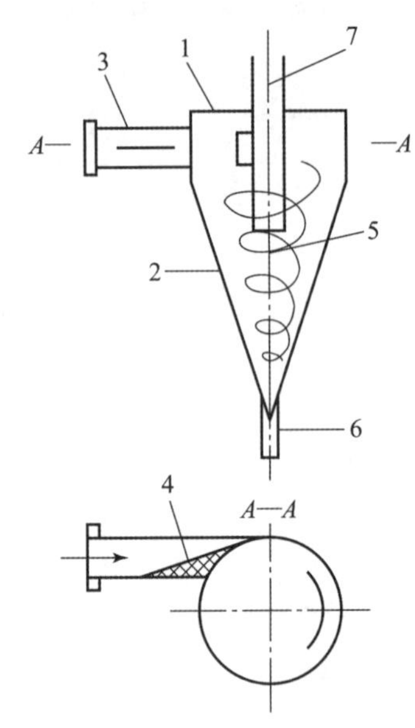

1—旋流器；2—锥形壳体；3—进液管；4—导向块；
5—液流螺旋上升；6—排砂口；7—排液管。

图3－2－7　水力旋流器的工作原理

水力旋流器与一般分离机械不同，它没有运动部件，利用钻井液中固、液相各颗粒所受的离心力大小不同进行分离。切向进入的具有一定压力的钻井液，在旋流器内腔旋转时产生离心力，质量较大的固相颗粒受到较大的离心力，其足以克服钻井液的摩擦阻力，被甩到旋流器的内壁上，并靠重力作用向下旋流，由排砂口排出；而质量小的固相颗粒及轻质钻井液则螺旋上升，经溢流管输出。

【任务实施】

更换除砂器旋流器

实施步骤一：工具用具准备。

实施步骤二：拆旧旋流器。停除砂泵，等除砂器停稳后卸掉螺栓，关进口阀门，用活动扳手卸掉卡箍，拆卸掉旧旋流器。

实施步骤三：装新旋流器。装密封圈，接箍涂润滑脂，确保密封圈对正，装到位。卡上

卡箍并紧固，确保卡箍卡紧，

实施步骤四：安装完成后，按规定清理工具和现场。

学生自我评价表

学生互评表

【评价反馈】

1. 学生自我评价

学生扫码完成自我评价。

2. 互相评价

学生扫码完成互相评价。

3. 教师评价

教师根据学生表现，填写表3-2-4进行评价。

表3-2-4 教师评价表

项目名称	评价内容	分值	得分
职业素养考核项目	穿戴规范、整洁	6分	
	安全意识、责任意识、服从意识	6分	
	积极参加教学活动，按时完成学生工作手册	10分	
	团队合作、与人交流能力	6分	
	劳动纪律	6分	
	生产现场管理8S标准	6分	
专业能力考核项目	水力旋流器的原理、技术规范等专业知识查找及时、准确	12分	
	更换水力旋流器操作符合规范	18分	
	水力旋流器安装、拆卸操作熟练、快速精准，无遗漏、无隐患，工作效率高	12分	
	完成质量	18分	
总分			
总评	自评（20%）+互评（20%）+师评（60%）	综合等级	教师签名

子任务3.2.3 排除离心机故障

【任务描述】

20世纪80年代以来，离心机已在石油行业普遍应用，成为钻井中不可缺少的固控设备。离心机主要用于回收加重钻井液中的重晶石，以及非加重钻井液中的化学药剂，能清除0～8 μm的细粉砂。本任务需要在熟悉离心机原理和使用的基础上，学会离心机常见故障的排除。要求：正确穿戴劳动保护用品；工具、量具、用具准备齐全，且能正确使用；操作应符合安全文明操作规程；按规定完成操作项目，质量达到技术要求；任务实施过程中能够主动查阅相关资料、相互配合、团队协作。

【任务分组】

学生填写表3-2-5，进行分组。

表3-2-5 学生分组表

<table>
<tr><td>班级</td><td colspan="2"></td><td>组号</td><td></td><td>指导教师</td><td></td></tr>
<tr><td>组长</td><td colspan="2"></td><td>学号</td><td></td><td></td><td></td></tr>
<tr><td rowspan="3">组员</td><td>姓名</td><td colspan="2">学号</td><td>姓名</td><td colspan="2">学号</td></tr>
<tr><td></td><td colspan="2"></td><td></td><td colspan="2"></td></tr>
<tr><td></td><td colspan="2"></td><td></td><td colspan="2"></td></tr>
<tr><td colspan="7">任务分工</td></tr>
<tr><td colspan="7"></td></tr>
</table>

【知识准备】

（一）离心机的类型及工作原理

1. 转筒式离心机

转筒式离心机是一个带许多筛孔的内筒体在固定的圆筒形外壳内转动，外壳两端装有液力密封，内筒体轴通过密封向外伸出。待处理的钻井液和稀释水（钻井液：水=1：0.7）从外壳左上方由计量泵输入后，由于内筒旋转的作用，钻井液在内、外筒之间的环形空间转动，在离心力作用下，重晶石和其他大颗粒的固相物质飞向外筒内壁，从一种专门的可调节阻流嘴排出，或由以一定速度运转的底流泵将飞向外筒内壁的重质钻井液从底流管中抽吸出来，予以回收。调节阻流嘴开度或者流泵转速可以调节底流的流量，而轻质钻井液则慢速下沉，经过内筒的筛孔进入内筒体，由空心轴排出。转筒式离心机处理的钻井液量较大，一般可回收 82%~96% 的重晶石，其工作原理如图 3－2－8 所示。

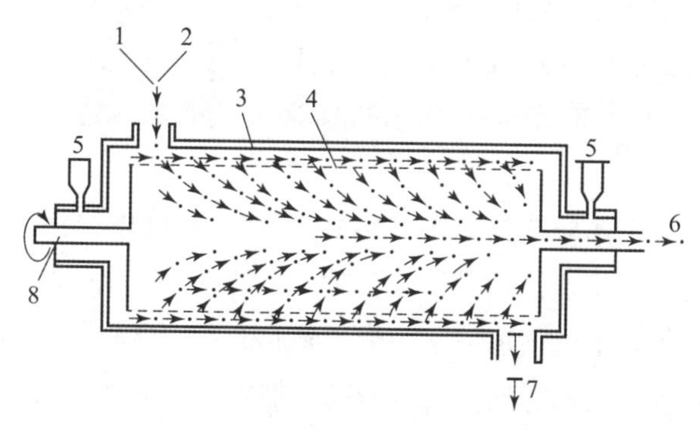

1—钻井液；2—稀释水；3—固定外壳；4—筛筒转子；
5—润滑器；6—轻质钻井液；7—重晶石回收；8—驱动轴。

图 3－2－8　转筒式离心机的工作原理

2. 沉淀式离心机

沉淀式离心机的核心部件是由锥形滚筒、输送器和变速器所组成的旋转总成。输送器通过变速器与锥形滚筒相连，二者转速不同。多数变速器的变速比为80：1，即滚筒每转 80 圈，输送器转一圈，因此，若滚筒转速为 1 800 r/min，则输送器的转速是 22.5 r/min。沉淀式离心机的工作原理如图 3－2－9 所示。

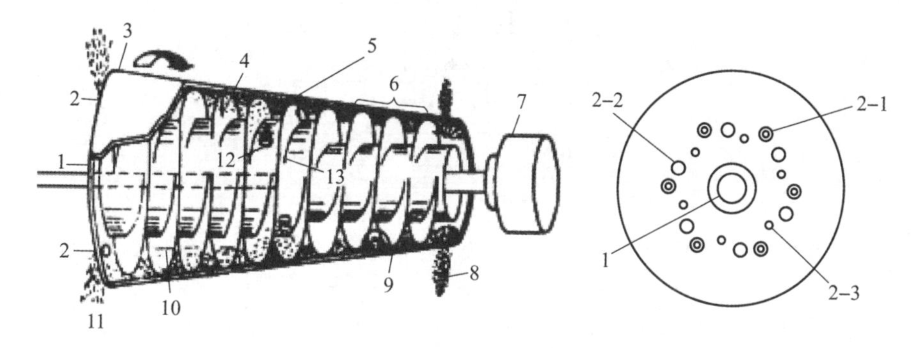

1—钻井液进口；2—溢流孔；3—锥形滚筒；4—叶片；5—螺旋输送器；6—干湿区过渡带；7—变速器；
8—固相排出口；9—滤饼；10—调节溢流孔可控制液面；11—胶体－液体排出；12—进浆孔；13—进浆室；
2－1—浅液层孔；2－2—中等液层孔；2－3—深层液孔。

图 3－2－9　沉淀式离心机的工作原理

待处理的加重钻井液用水稀释后，通过空心轴中间的一根固定输入管、输送器上的进浆孔，进入到由锥形滚筒和输送器涡形叶片所形成的分离室，并被加速到与输送器或滚筒大致相同的转速，在滚筒内形成一个液层。调节溢流口的开度可以改变液层厚度。在离心力的作用下，重晶石和大颗粒的固相被甩向滚筒内壁，形成固相层，由螺旋输送器铲掉，并输送到锥形滚筒处的干湿区过渡带，其中大部分液体被挤出，基本上以固相通过滚筒小头的底流口排出，而自由液体和悬浮的细固相则流向滚筒的大头，通过溢流孔排出。

沉淀式离心机滚筒有圆锥形和圆锥－圆柱形两种，其输送器有双头螺旋和单头螺旋，如图3－15所示。在结构和尺寸一定时，沉淀式离心机的分离效果与沉降时间、离心力以及进口钻井液量等因素有关，而沉降时间又取决于滚筒的大小、形状及液层厚度。钻井液在离心机中的时间通常是30～50 s，时间越长，进口量越小，分离效果越好。

3. 水力涡轮式离心机

水力涡轮式离心机的工作原理如图3－2－10所示。待处理的钻井液和稀释水经漏斗流入装有若干个筛孔涡轮的涡轮室，当涡轮旋转时，大颗粒的固相携同一部分液体被甩向涡轮室的周壁，并穿过其上的孔眼进入清砂室，聚积到底部；在离心压头的作用下，这一部分浓稠的钻井液再经短管进入旋流器，通过旋流分离，加重剂等从回收出口排出，而轻质钻井液则通过管线返入涡轮室；与此同时，涡轮室内的轻质钻井液则通过涡轮上的筛孔、上底孔板孔及短管排出。

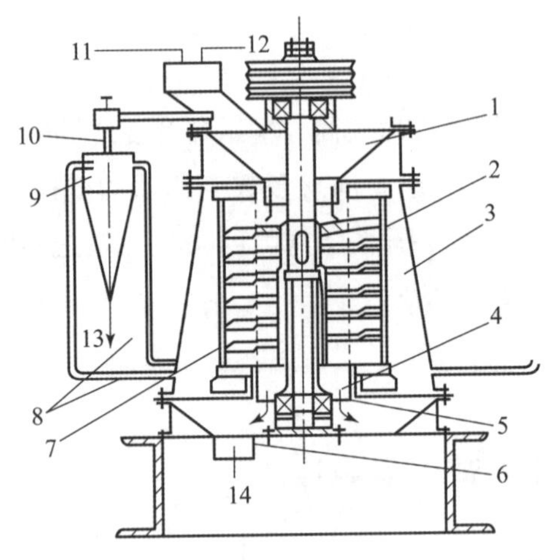

1—漏斗；2—涡轮室；3—清砂室；4—稀浆腔室；5—上底孔板；6—短管；7—涡轮室周壁孔眼；8—旋流器短管；9—旋流器；10—管线；11—钻井液；12—稀释水；13—回收加重剂；14—稀浆。

图3－2－10　水力涡轮式分离机的工作原理

【任务实施】

排除离心机故障

实施步骤一：通电后，电动机不转。

（1）检查电源线、插头、插座，如有损坏则应更换。

（2）如无问题则检查开关或变阻箱是否损坏或连接脱开，如损坏或脱开则更换坏元件，重焊连接。

（3）如无问题则检查电动机磁场线圈是否有脱落或断路，如连接线圈脱落则重焊，如线圈内部断路则只能重新绕线圈。

实施步骤二：电动机转速达不到额定转速。

（1）检查轴承，如轴承损坏则更换轴承，如轴承内部缺油或污物太多则应清洗轴承并加注黄油。

（2）检查整流子表面是否有异常或电刷与整流子表面的配合是否吻合，如整流子有氧化物，则应用细砂纸打磨；如配合不好，则应调整到接触良好的状态。

（3）无以上问题，则检查转子线圈中是否断路现象，若有，则应重新绕线圈。

实施步骤三：振动剧烈、噪声大。

（1）检查是否有不平衡的问题存在，固定机器的螺帽是否松动，如有松动则紧固。

（2）检查轴承是否损坏或弯曲，如有应更换。

（3）如果机器外罩变形或位置不当发生摩擦，则应调整。

实施步骤四：天冷时低速挡不能启动，润滑油凝固或变质变干粘住，开始时可用手转动或清洗后重新注油。

实施步骤五：整流子与电刷之间间隙大。

（1）检查整流子表面是否平整，如不平则可用细砂纸打磨，如接触不良则可在接触面打磨，重新调整电刷与整流子的间隙。

（2）如电刷质量不好，则只能更换电刷。

（3）若无以上问题，则检查磁场线圈和转子线圈是否有局部短路或通地，如果是其中之一，就必须重新绕线圈。

【评价反馈】

1. 学生自我评价

学生扫码完成自我评价。

学生自我评价表

2. 互相评价

学生扫码完成互相评价。

学生互评表

3. 教师评价

教师根据学生表现，填写表3－2－6进行评价。

表 3-2-6　教师评价表

项目名称	评价内容	分值		得分
职业素养考核项目	穿戴规范、整洁	6分		
	安全意识、责任意识、服从意识	6分		
	积极参加教学活动，按时完成学生工作手册	10分		
	团队合作、与人交流能力	6分		
	劳动纪律	6分		
	生产现场管理8S标准	6分		
专业能力考核项目	钻井离心机的类型、原理等专业知识查找及时、准确	12分		
	通过仔细检查、分析、判断，及时发现钻井离心机的故障类型	18分		
	排除离心机故障操作熟练、工作效率高	18分		
	完成质量	12分		
总分				
总评	自评（20%）+互评（20%）+师评（60%）	综合等级		教师签名

模块4　钻机驱动与传动系统的使用与维护

【模块简介】

钻机的动力与传动系统关系到钻机的总体布置和主要性能。好的动力传动系统，要求工作机组要有足够大的功率、较高的效率，能够变速和变转矩，而且具有可靠性高、维修简单、操作灵敏、质量轻、移运方便和经济性好等特点。

现代石油钻机具有绞车、转盘、钻井泵三大工作机，为适应石油钻井工艺过程的要求，各工作机具有不同的负载特点和运动特性。驱动设备和传动系统是为三大工作机服务的，驱动设备为工作机提供所需要的动力和运动，传动系统将动力和运动传递并分配给各工作机。

本模块包括柴油机驱动钻机的使用与维护、电动机驱动钻机的使用与维护两个工作任务，通过学习理解柴油机驱动钻机、电动机驱动钻机的工作原理和性能特点等，应掌握相关设备的正确使用和维护方法，能开展相应的工作，并能够客观完成工作评价。

任务4.1　柴油机驱动钻机的使用与维护

【任务描述】

柴油机广泛用作钻井设备动力，它不受地区限制，具有自持能力，产品系列化后，不同级别钻机可以通过增加相同类型机组数目的办法，增加总装机功率，这些对勘探和开发新油田都非常重要。本任务需要在了解柴油机及传动装置性能特点的基础上，掌握柴油机的使用和日常保养方法。要求：正确穿戴劳动保护用品；工具、量具、用具准备齐全，正确使用；操作应符合安全文明操作规程；按规定完成操作项目，质量达到技术要求；任务实施过程中能够主动查阅相关资料、相互配合、团队协作。

小贴士

确保柴油机的安全平稳运转是钻井作业的基础，也是柴油机工履行岗位职责的体现。身为新时代的中国石油人，我们应当时刻牢记为国奉献的初心，时刻肩负为国奋斗的使命，为国家能源安全和人民幸福生活贡献出自己的力量。

资源15　钻机驱动与传动系统概述

资源16　柴油机驱动钻机

【任务目标】

1. 知识目标

(1) 了解柴油机驱动的特性。

(2) 熟悉机械传动钻机的类型与特点。

(3) 熟悉液力传动钻机的特点。

2. 技能目标

(1) 能进行柴油机的正确启动和停车。

(2) 会进行柴油机驱动钻机的正确使用。

(3) 会进行钻井柴油机的日常保养。

3. 素质目标

(1) 具有严谨求实、认真负责、一丝不苟的敬业精神。

(2) 具有团队精神和精益求精的大国工匠精神。

(3) 能够认识工作任务内容，具有及时发现问题、分析问题和解决问题的能力。

【任务分组】

学生填写表4－1－1，进行分组。

表4－1－1　学生分组表

<table>
<tr><td>班级</td><td></td><td colspan="2">组号</td><td></td><td>指导教师</td><td></td></tr>
<tr><td>组长</td><td></td><td colspan="2">学号</td><td></td><td></td><td></td></tr>
<tr><td rowspan="3">组员</td><td>姓名</td><td colspan="2">学号</td><td colspan="2">姓名</td><td>学号</td></tr>
<tr><td></td><td colspan="2"></td><td colspan="2"></td><td></td></tr>
<tr><td></td><td colspan="2"></td><td colspan="2"></td><td></td></tr>
<tr><td colspan="7">任务分工</td></tr>
<tr><td colspan="7"></td></tr>
</table>

【知识准备】

（一）柴油机驱动钻机的优缺点

1. 柴油机驱动钻机的优点

不受地区限制，具有自持能力，无论是寒带、热带还是高原、山地、平原、沙漠、沼泽、海洋都可进行工作；产品系列化后，不同级别钻机，可以采用“积木式”拼接，也就是增加相同类型机组数目的办法，以增加总装机功率，从而减少柴油机品种；在性能上，转速平稳，能防止工作机过载，避免发生设备事故；装上全制式调速器，油门手柄处于不同位置时，即可得到不同的稳定工作转速；结构紧凑，体积小，质量轻，便于搬迁移运，适合野外流动作业等。

2. 柴油机驱动钻机的缺点

扭矩曲线较平坦，适应性系数小（1.05～1.15），过载能力有限，转速调节范围窄（1.3～1.8）；噪声大，影响工人健康；与电驱动比较，驱动与传动效率低、燃料成本高等。

（二）柴油机驱动的特性

柴油机驱动的特性就是柴油机自身的特性，包括外特性、负荷特性和调速特性。下面以Z12V190B柴油机为例进行介绍。

（1）外特性。外特性是正确选择及合理使用发动机的基础，如图4－1－1所示。

（2）负荷特性。负荷特性可以确定动力机在一定转速下工作时的经济负荷，即耗油率最小时柴油机的功率范围，如图4－1－2所示。

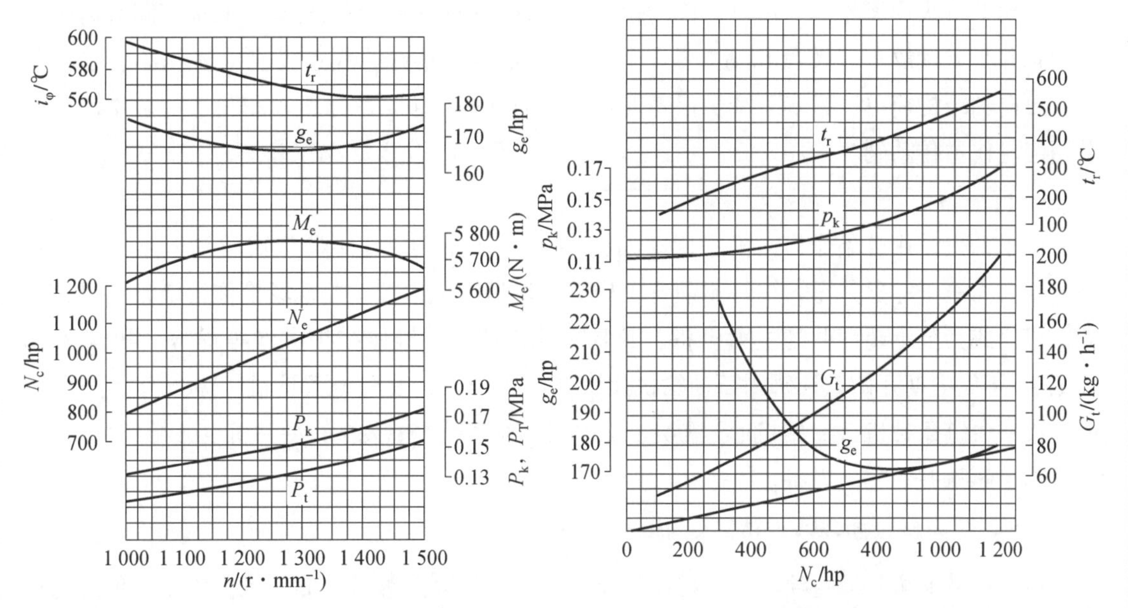

图4－1－1 Z12V190B柴油机外特性曲线　　图4－1－2 Z12V190B柴油机负荷特性曲线

（3）调速特性。调节油门手柄位置，可得到一系列调速范围，如图4－1－3所示。

（4）通用特性。图4－1－4所示为Z12V190B柴油机的通用特性曲线，最内层的等油耗率曲线表明发动机最经济的工作范围。

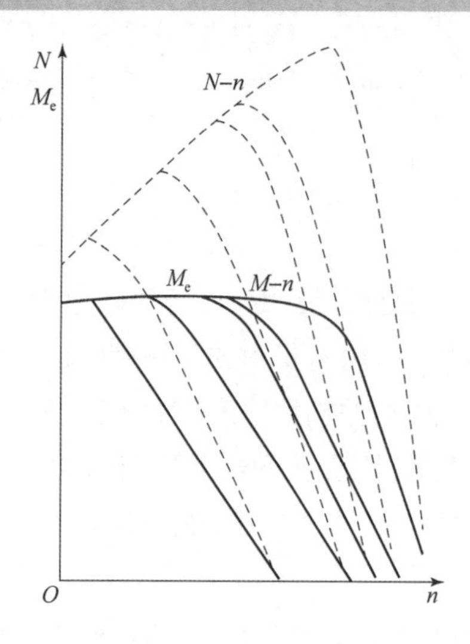

图 4－1－3　Z12V190B 柴油机调速特性曲线

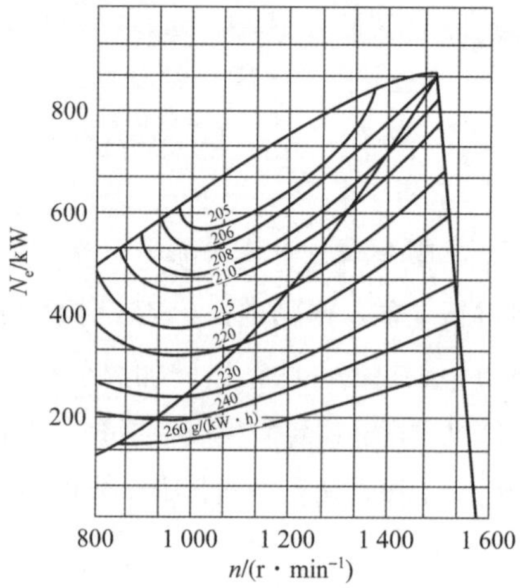

图 4－1－4　Z12V190B 柴油机通用特性曲线

（三）柴油机驱动的机械传动钻机

1. V 带钻机

V 带钻机采用 V 带作为钻机主传动副，采用 V 带将多台柴油机并车，统一驱动各工作机组及辅助设备，且用 V 带传动驱动钻井泵。V 带并车具有传动柔和、并车容易、制造简单、维护保养方便的优点。

2. 齿轮钻机

齿轮钻机采用齿轮作为钻机主传动副，配合万向轴驱动绞车和转盘，或采用圆锥齿轮－万向轴并车驱动绞车、转盘和钻井泵。特点：齿轮传动允许的线速度高，体积小，结构紧凑；万向轴结构简单、紧凑，维护保养方便，互换性好；不适用于大功率机，一般中深井不采用齿轮作主传动副。

3. 链条钻机

链条钻机采用链条作为钻机主传动副，2～4 台柴油机加变矩器组成驱动机组，用多排小节距套筒滚子链条并车，统一驱动各工作机的机械钻机，在钻井现场统称为链条钻机，这类钻机已成为陆上超深井的主力设备。其具有价格便宜、维修维护方便等优势。我国从 20 世纪 70 年代中期开始重视研制石油钻机用套筒滚子链条，发展链条钻机；1985 年，我国制造的第一台链条钻机 Z45 钻机通过鉴定；20 世纪 90 年代初，ZJ60L 型钻机也开始成批生产，成为陆上超深井的主力设备。

（四）柴油机驱动的液力传动钻机

液力传动钻机是通过油压驱动控制绞车、转盘、泥浆泵等运转的钻机，属于一种柔性传动形式，相比于直接用万向轴、齿轮或链条等刚性机械传动有许多优点，在石油钻机应用较多的有液力变矩器、普通型液力偶合器和调速型偶合器等，共同特点包括：

（1）传动副间无机械接触，无打滑零件的磨损。

（2）启动平稳。柴油机在带有液力传动工作时，开始启动的负载扭矩是由零逐渐增加

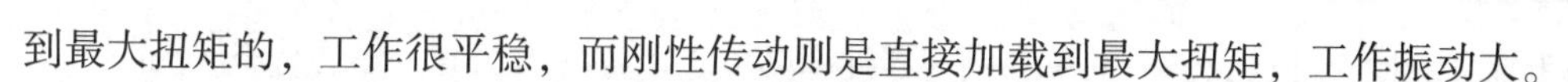

到最大扭矩的，工作很平稳，而刚性传动则是直接加载到最大扭矩，工作振动大。

（3）消除和减缓整个机组中有关设备的振动与冲击，以及对柴油机和传动零部件的不良影响，从而可以延长柴油机和传动系统各零部件的工作寿命。

（4）过载保护作用。

【任务实施】

1. 启动和停止钻井柴油机

实施步骤一：启动前的检查。检查柴油箱及柴油管线接头处有无漏油；检查机油箱内机油量是否正常；检查冷却水箱的储水量、管线接头的密封情况及风扇皮带松紧是否适宜；检查水泵黄油杯，并加足钙基黄油；检查启动线路，看接线螺母是否松动；检查柴油机喷油泵和调速器的机油油面；检查柴油机底座固定和主要连接件的固定情况。

实施步骤二：柴油机的启动。打开柴油箱阀门和排放空气螺塞，排除燃料供给系统内的空气（排放空气螺塞一般设在滤清器和高压油泵上），直到流出的柴油不带气泡为止，然后旋紧排放空气螺塞。柴油机启动前应转动曲轴 2 ~ 3 圈，注意在曲轴转动时有无卡滞现象和异常响声。用预供机油泵压送机油到各润滑表面，具体压力数值根据说明书而定。开始启动柴油机，若为电动机启动，应合上搭铁开关，将手油门放在中速位置，按下启动按钮（注意每次按下时间不应超过 5 s），同时要注意柴油机的声音，防止柴油机启动后再按启动按钮，使马达齿轮打坏。柴油机启动后，调整在 600 ~ 800 r/min 下运转，并在机油压力正常情况下进行预热，同时应注意响声、烟色、有无泄漏等。当冷却水温度达到 320 ~ 328 K 时，逐步升高转速，然后再加上负荷。

实施步骤三：柴油机的运转。柴油机带上负荷后，即投入了正常运转，此时应注意仪表盘上各仪表的读数，机油压力、冷却水出口温度、机油温度等都应符合该机说明书上的要求。如在运行中发现冷却水不够，且机油温度很高，切不能突然加入大量温度较低的冷却水，因为高温零件（气缸盖和气缸套）若冷却速度过快就会造成破裂，所以应该少量逐渐地补足冷却水或足够量的冷却水，细听柴油机的声音，如有不正常的敲击声，应立即停车检查处理。

实施步骤四：柴油机的停车。卸去负荷，降低转速，怠速动转约 5 min 使各部件慢慢冷却后，再将停车机构扳到停车位置，柴油机慢慢停止转动后，操作人员应再将曲轴盘车数圈。柴油机遇到下列情况应紧急停车：柴油机机油压力突然下降，柴油机出现不正常的响声，飞轮松动出现摇摆现象，柴油机出现飞车，柴油机温度急剧上升，柴油机管路断裂，柴油机使用现场出现易燃、易爆情况（如出现井喷或出现天然气时）。柴油机紧急停车后应立即打开气缸盖上的放气螺塞（或减压机构），用人力转动曲轴 2 ~ 3 圈。

2. 维护保养钻井柴油机

根据柴油机结构及使用环境不同，维护保养的要求与方法也不相同，具体的保养周期可视柴油机的使用状况、环境条件及有关要求，适当进行调整。

实施步骤一：检查燃油箱油位。

实施步骤二：检查油底壳、喷油泵及调速器油面高度。检查油质状况，必要时添加机油。

实施步骤三：检查散热水箱内水位，必要时添加冷却水和防锈液。

实施步骤四：检查气源压力应为 588 ~ 882 kPa。用电动机启动时，应检查电源状况。

实施步骤五：检查各处连接及固定部位紧固情况，擦拭柴油机表面。

实施步骤六：密切监视仪表指示的柴油机运行参数，特别应注意机油压力和油、水的温度变化。

实施步骤七：观察柴油机排烟情况，监听柴油机声响，如有异常现象应及时查找原因并加以排除。

实施步骤八：检查并排除柴油机漏油、漏水和漏气现象，保持柴油机及环境整齐、清洁。

【评价反馈】

1. 学生自我评价

学生扫码完成自我评价。

学生自我评价表

2. 互相评价

学生扫码完成互相评价。

学生互评表

3. 教师评价

教师根据学生表现，填写表 4－1－2 进行评价。

表 4－1－2　教师评价表

项目名称	评价内容	分值	得分
职业素养考核项目	穿戴规范、整洁	6 分	
	安全意识、责任意识、服从意识	6 分	
	积极参加教学活动，按时完成学生工作手册	10 分	
	团队合作、与人交流能力	6 分	
	劳动纪律	6 分	
	生产现场管理 8S 标准	6 分	

续表

<table>
<tr><td>项目名称</td><td colspan="2">评价内容</td><td>分值</td><td>得分</td></tr>
<tr><td rowspan="4">专业能力
考核项目</td><td colspan="2">柴油机驱动钻机的原理、特性等专业知识查找及时、准确</td><td>12 分</td><td></td></tr>
<tr><td colspan="2">柴油机的启动、停车操作符合规范</td><td>18 分</td><td></td></tr>
<tr><td colspan="2">柴油机的日常保养操作熟练、工作效率高</td><td>12 分</td><td></td></tr>
<tr><td colspan="2">完成质量</td><td>18 分</td><td></td></tr>
<tr><td colspan="4">总分</td><td></td></tr>
<tr><td rowspan="2">总评</td><td rowspan="2">自评（20%）+互评（20%）+师评（60%）</td><td colspan="2">综合等级</td><td rowspan="2">教师签名</td></tr>
<tr><td colspan="2"></td></tr>
</table>

任务 4.2 电动机驱动钻机的使用与维护

【任务描述】

电动机驱动钻机与传统机械驱动钻机相比，具有传动效率高，对负载的适应能力强，安装移运性好，处理事故的能力强，易于实现对转矩、速度及位置的控制，易于实现钻井的自动化和智能化等优势。因此，近年来，电动机驱动钻机获得了迅速的发展。本任务需要在掌握电动机驱动钻机的发展、电动机驱动钻机性能特点的基础上，进行井场发电机和交流电控系统的使用和维护。要求：正确穿戴劳动保护用品；工具、量具、用具准备齐全，正确使用；操作应符合安全文明操作规程；按规定完成操作项目，质量达到技术要求；任务实施过程中能够主动查阅相关资料、相互配合、团队协作。

小贴士

井场发电机及交流电控系统需要专人操作，非专业人员绝不能随意触碰。我们要时刻树立安全发展理念，弘扬生命至上、安全第一的思想，完善安全生产责任制，坚决遏制重特大安全事故，建设平安中国。

【任务目标】

资源17 电动机驱动钻机

1. 知识目标

（1）理解直流、交流电动机的机械特性。

（2）了解电动机驱动钻机的性能特点。

2. 技能目标

（1）会进行井场发电机的维护保养。

（2）能进行井场交流电控系统的使用和维护。

3. 素质目标

(1) 具有严谨求实、认真负责、一丝不苟的敬业精神。

(2) 能够认识工作任务内容，具有及时发现问题、分析问题和解决问题的能力。

【任务分组】

学生填写表 4-2-1，进行分组。

表 4-2-1 学生分组表

<table>
<tr><td>班级</td><td></td><td>组号</td><td></td><td>指导教师</td><td></td></tr>
<tr><td>组长</td><td></td><td>学号</td><td></td><td></td><td></td></tr>
<tr><td rowspan="3">组员</td><td>姓名</td><td>学号</td><td>姓名</td><td colspan="2">学号</td></tr>
<tr><td></td><td></td><td></td><td colspan="2"></td></tr>
<tr><td></td><td></td><td></td><td colspan="2"></td></tr>
<tr><td colspan="6">任务分工</td></tr>
<tr><td colspan="6"></td></tr>
</table>

【知识准备】

（一）电动机驱动钻机的发展

电动机驱动钻机的发展历程如下：

(1) AC-AC 驱动：柴油机带动交流发电机发出交流电，经电力并车后，向交流电动机供电，经机械传动驱动绞车、转盘和钻井泵。

(2) DC-DC 驱动：柴油机带动直流发电机发出直流电，向直流电动机供电，用直流电动机驱动绞车、转盘和钻井泵。

(3) 交直流驱动（AC-SCR-DC）：柴油机带动交流发电机发出交流电，经电力并车后，再经可控硅整流向直流电动机供电，驱动绞车、转盘与钻井泵。

(4) 交流变频驱动（AC-VF-AC）：柴油机带动交流发电机发出交流电，经电力并车后，再经变频器成为频率可调的交流电，向交流电动机供电，驱动绞车、转盘和钻井泵。

（二）电动机的机械特性

1. 机械特性与特性硬度

电动机的转速 n 和电磁转矩 M 的关系为 $n=f(M)$ 称为电动机的机械特性。电动机的转速随转矩改变而变化的程度称为机械特性硬度，用硬度系数 α 表示。机械特性曲线上任意一点的

硬度系数 α 为该点转矩变化百分数与转速变化百分数之比，分为 3 种类型，如图 4-2-1 所示。

（1）当 $\alpha=\infty$时，为特硬特性，在机械特性曲线上表现为一条水平线，如图 4-2-1 中直线 1。

（2）当 $\alpha=4\sim10$ 时，为硬特性，在机械特性曲线上表现为一条略向下倾斜的直线，如图 4-2-1 中斜线 2。

（3）当 $\alpha<10$，为柔特性，在机械特性曲线上表现为一条近似的双曲线，如图 4-2-1 中曲线 3。

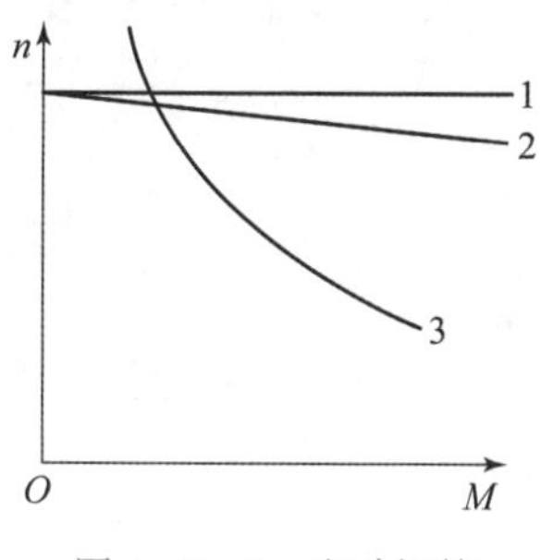

图 4-2-1 电动机的机械特性曲线

2. 固有特性与人为特性

固有特性是指电动机端电压、频率和励磁电流都为额定值，且电极电力回路中无附加电阻时所具有的机械特性。人为特性（或称为调节特性）是指通过改变上述条件，进行调节得到的机械特性。

（三）直流电动机的机械特性

1. 直流电动机的固有机械特性

按照励磁方式，直流电动机可以分为并励、他励、串励、复励 4 种类型，石油现场最常用的是他励直流电动机。

直流电动机的固有机械特性与励磁方式有关。

（1）并、他励直流电动机的固有机械特性均为硬特性，其电路原理与固有机械特性曲线如图 4-2-2 所示。

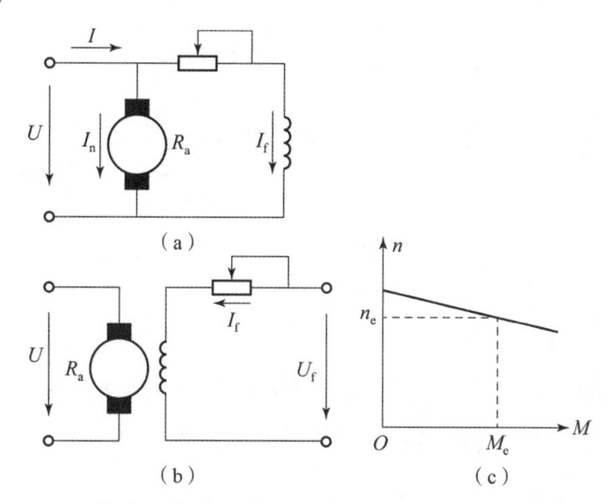

图 4-2-2 并励（他励）直流电动机电路图与固有机械特性曲线

（a）并励直流电动机电路图；（b）他励直流电动机电路图；（c）固态机械特性曲线

（2）串励直流电动机的固有机械特性为柔特性，该特性可满足钻机的绞车和转盘的要求，其电路原理与固有机械特性曲线如图 4-2-3 所示。

2. 直流电动机人为机械特性

人为机械特性是指人为地改变直流电动机某些参数而获得的机械特性，通常也称为调速特性。现代石油钻机广泛使用他励直流电动机，故下面以他励直流电动机为例进行介绍。

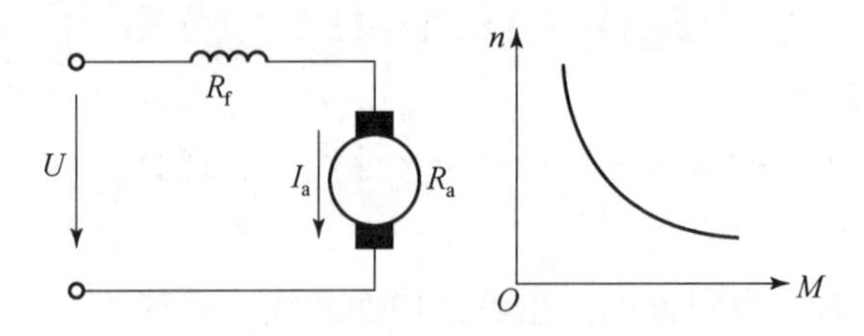

图 4-2-3　串励直流电动机电路图与固有机械特性曲线

基本调速方式如下：

(1) 在电枢电路中串电阻调速（图 4-2-4、图 4-2-5）。该方式的特点：空载转速不变，转速只能下调；转速越低，特性越软；调速方便；调节电阻长期大量耗电，不经济。该方式适用于中小功率电动机，石油钻机不适用。

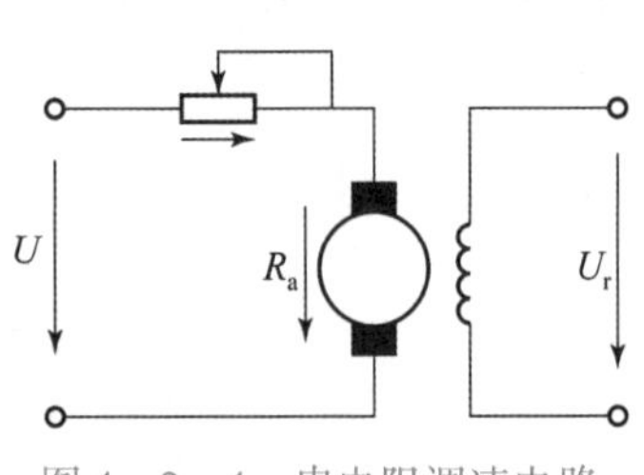

图 4-2-4　串电阻调速电路

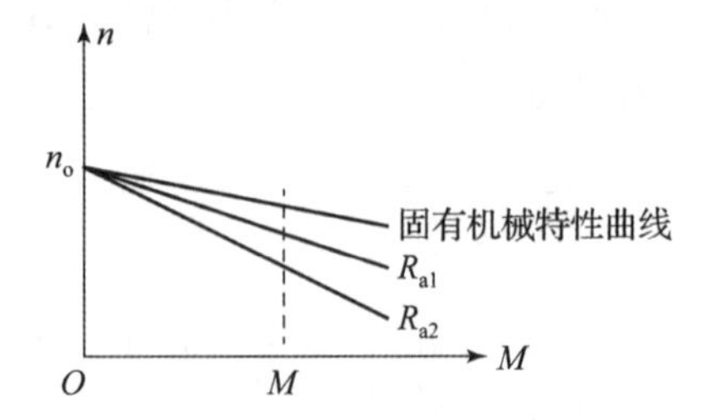

图 4-2-5　串电阻调速人为机械特性曲线

(2) 降低电枢电压调速（图 4-2-6、图 4-2-7）。该方式的特点：转速只能下调，硬特性不变（固有特性出线平移）；调速方便；调速范围大，经济性好。

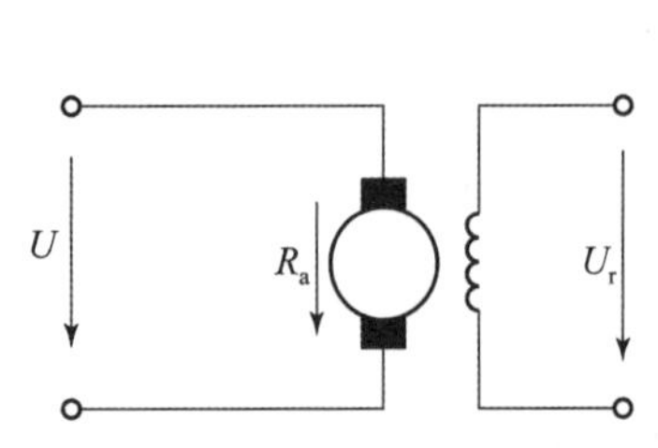

图 4-2-6　降低电枢电压调速电路

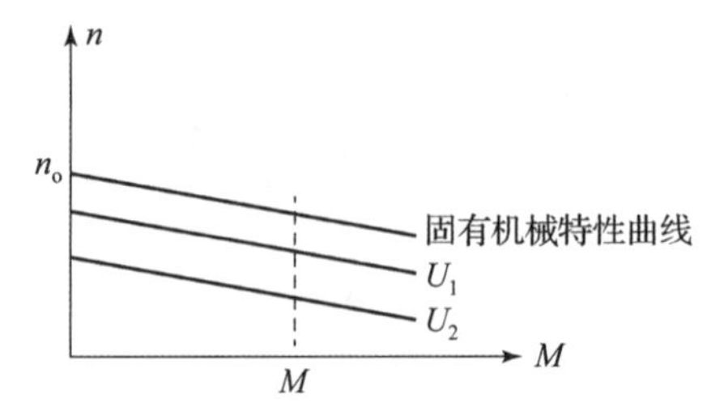

图 4-2-7　降低电枢电压调速人为机械特性曲线

(3) 励磁线圈串电阻调速（图 4-2-8、图 4-2-9）。该方式的特点：转速只能上调，特性变软；调速方便；经济性较好；转速不得超过额定值的 20%。

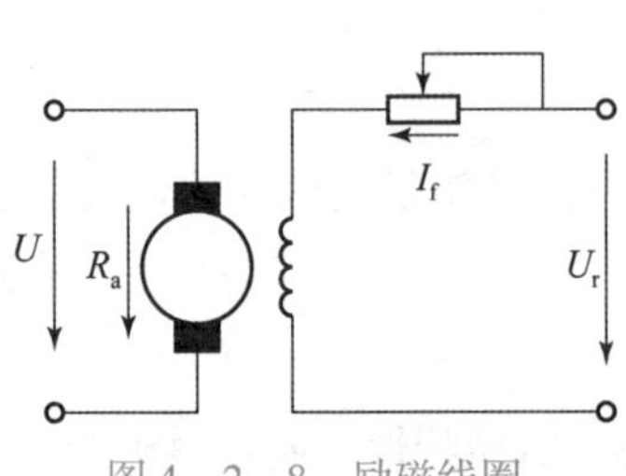

图 4-2-8　励磁线圈串电阻调速电路

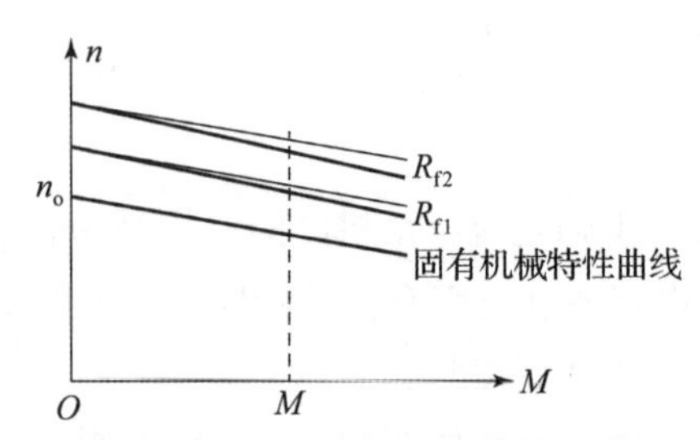

图 4-2-9　励磁线圈串电阻调速人为机械特性曲线

（四）交流电动机的机械特性

1. 交流电动机的固有机械特性

1）同步交流电动机

同步交流电动机固有机械特性为特硬特性。其特点：具有较高的功率因数，效率高；启动性能很差；结构复杂、寿命相对较短，价格较高。其适用于不经常启动、转速恒定的中、大功率场合，应用较少。

2）异步交流电动机

异步交流电动机固有机械特性为硬特性。其特点：过载能力较大；结构简单、寿命长、维护方便、价格便宜。其适用于不需要调速的各种场合。交流电动机固有机特性曲线如图 4－2－10 所示。

2. 交流电机变频调速机械特性

由于交流电动机机械特性是硬特性，不能满足钻机工作机对调速的要求，因此应用 AC 变频技术，通过变频器向交流电动机提供频率可调的交流电源，改变电源频率 f，可得到如图 4－2－11 所示变频调速机械特性曲线，可以精确控制和调节交流电动机的转速，能满足钻井装备工作机对调速性能的要求。

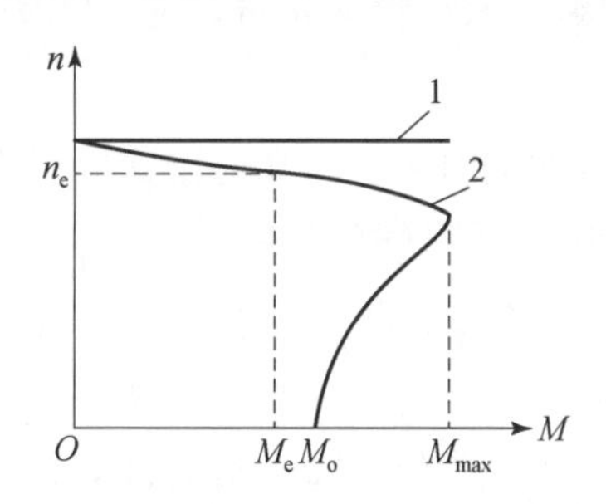

1—同步交流电动机机械特性曲线；

2—异步交流电动机机械特性曲线。

图 4－2－10　交流电动机固有机械特性曲线

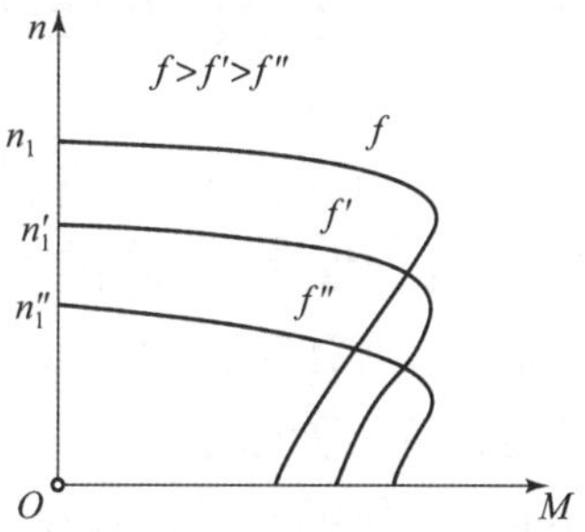

图 4－2－11　变频调速机械特性曲线

（五）可控硅直流电动机（即 AC－SCR－DC）

由柴油机带动交流发电机，发出交流电，通过电网实现动力并车，集中供电；再经可控硅整流装置将交流电变为直流电，驱动直流电动机，从而带动工作机工作，如图 4－2－12 所示。

（六）交流变频驱动（AC－VF－AC）

交流变频电动钻机比直流电驱动具有更优良的性能，是目前最先进的驱动方式。其特点如下：

（1）能精确控制转速。

（2）具有超载荷、恒扭矩调节、恒功率调节、调节使用范围广的输出特性。

（3）无须倒挡，简化钻机结构。

（4）启动电流小，工作效率高。

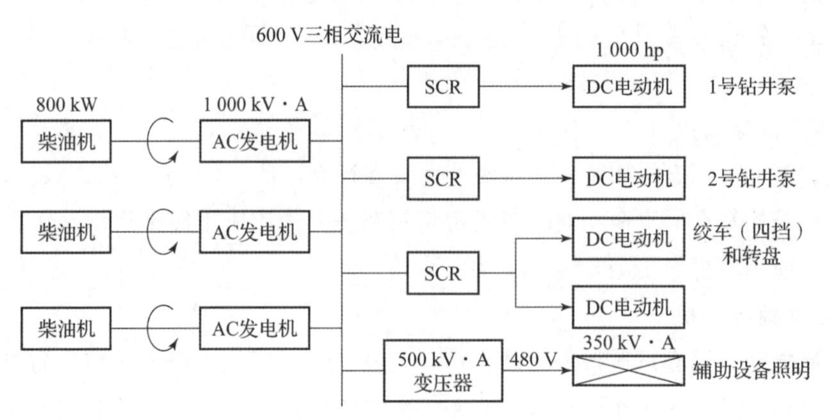

图 4-2-12 SCR 电驱动动力分配图

（5）可实现反制动。

【任务实施】

1. 使用和维护井场交流电控系统

实施步骤一：必须按照使用说明书的要求和规定使用。

实施步骤二：MCC 柜必须按规定在柜外插接板上用插接件正确接线，不允许直接从内部接线。

实施步骤三：VFD 房内墙壁上的配电板，仅供照明时用，不允许带其他负荷。

实施步骤四：MCC 柜内必须保持干净卫生，并且实行专人管理。

实施步骤五：所有设备使用的电缆必须按照规定全部接线；所有设备使用的电缆必须按规定进行固定，不允许随意摆放；所使用的设备负荷不允许超过抽屉柜规定的负荷。

实施步骤六：使用备用的电源时，必须根据设备的负荷，选择相应的插接口。使用插接件连接，杜绝其他连接方式。

实施步骤七：每班必须检查所有的插接件是否有松动现象，电缆固定是否牢靠、是否漏电，如不符应及时处理。

实施步骤八：电器的触头表面必须保持清洁，不允许涂油，如有毛刺、金属颗粒，必须清理干净。

实施步骤九：井场所有照明采用防爆荧光灯，如果损坏，必须配相同型号的灯具。

实施步骤十：严禁油水等杂质进入电器设备内部，定期用压缩空气或毛刷将异物清理干净。

实施步骤十一：搬家时，要求将电缆一根一根按照使用顺序放整齐，防止电缆硬折弯损坏。

实施步骤十二：所配的电缆、插接件（航空）为专用材料，不允许用其他材料替代。

实施步骤十三：定期检查电气设备线圈温度升高是否符合规定，一般不超过 65 ℃。

实施步骤十四：电气设备或电缆等进行检修时，必须截断电源，方可检修。

2. 维护保养发电机

实施步骤一：日常保养。检查固定发电机螺栓的紧固情况，保持设备卫生清洁。发电机运转时，应注意通风及发热情况，电压及电流不应超过额定值。

实施步骤二：周期性保养。定期卸开侧面盖板，在运转时注意观察集电环上不应看见电火花。轴承工作 3 000 h 后，需补充锂基润滑脂，油脂量应占储油室的一半，不应过多，温度不能超过 95 ℃。

实施步骤三：发电机的检修（3 000 ± 100）h。

（1）清除进出风罩内各防风室的砂粒积尘。

（2）去掉两侧面盖板，清理机内积尘。

（3）用干净布蘸煤油或酒精擦净集电环表面。

（4）检查电刷磨损情况，调整炭刷压力，磨损过大时应换新电刷。

（5）检查润滑脂的使用情况。

【评价反馈】

1. 学生自我评价

学生扫码完成自我评价。

学生自我评价表

2. 互相评价

学生扫码完成互相评价。

学生互评表

3. 教师评价

教师根据学生表现，填写表 4－2－2 进行评价。

表 4－2－2　教师评价表

项目名称	评价内容	分值	得分
职业素养考核项目	穿戴规范、整洁	6 分	
	安全意识、责任意识、服从意识	6 分	
	积极参加教学活动，按时完成学生工作手册	10 分	
	团队合作、与人交流能力	6 分	
	劳动纪律	6 分	
	生产现场管理 8S 标准	6 分	

续表

项目名称	评价内容		分值	得分
专业能力考核项目	电驱动钻机、直流交流电动机的专业知识查找及时、准确		12 分	
	井场交流电控系统的使用和保养操作符合规范		18 分	
	井场发电机的维护保养操作熟练、工作效率高		12 分	
	完成质量		18 分	
总分				
总评	自评（20%）+互评（20%）+师评（60%）	综合等级		教师签名

模块5　钻机液压传动系统的使用与维护

【模块简介】

以液体作为工作介质来进行动力和能量传递的传动方式称为液体传动。液体传动按其工作原理的不同，可分为容积式液体传动和动力式液体传动两大类。两者的根本区别在于，前者是依靠液体的压力能来进行工作的，后者是依靠液体的动力能来进行工作的。通常人们把前者称为液压传动，后者称为液力传动。本模块包括液压泵和液压马达的使用与维护、液压缸的使用与维护、液压控制阀的使用与维护、液压猫头的使用与维护4个工作任务。通过学习理解液压设备的结构特性、类型原理，应掌握各部分的维护保养、安装调整和故障处理方法，能开展相应的工作并能够客观完成工作评价。

任务5.1　液压泵和液压马达的使用与维护

【任务描述】

在液压传动系统中，液压泵和液压马达都是能量转换元件，液压泵由原动机驱动，把输入的机械能转换成为油液的压力能，再以压力、流量的形式输出，是液压传动系统的动力源；液压马达则将输入的压力能转换成机械能，以扭矩和转速的形式输送到执行机构做功，是液压传动系统的执行元件。本任务需要在掌握液压泵和液压马达原理、性能特点的基础上，正确处理液压泵、液压马达常见故障。要求：正确穿戴劳动保护用品；工具、量具、用具准备齐全，正确使用；操作应符合安全文明操作规程；按规定完成操作项目，质量达到技术要求；任务实施过程中能够主动查阅相关资料、相互配合、团队协作。

小贴士

在大国重器中，液压传动系统扮演着十分重要的角色，无论是液压千斤顶，还是“基建狂魔”盾构机，以及中国独有的世界最大模锻液压机、世界最大抢险救援机器人等，都能发现液压传动系统的踪迹，当然在石油钻井中也不例外，液压技术铸就大国重器。

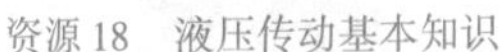
资源18　液压传动基本知识

资源19　液压泵和液压马达

【任务目标】

1. 知识目标

(1) 了解液压泵、液压马达的工作原理。

(2) 熟悉液压泵、液压马达的性能参数和特点。

(3) 掌握液压泵、液压马达常见故障与处理步骤。

2. 技能目标

(1) 能正确使用液压泵、液压马达。

(2) 会进行液压泵、液压马达的日常维护。

(3) 会正确处理液压泵、液压马达常见故障。

3. 素质目标

(1) 具有耐心、专注的意志品质和一丝不苟的敬业精神。

(2) 具有顽强拼搏、奋斗有我的责任感和使命感。

(3) 能够认识工作任务内容，具有及时发现问题、分析问题和解决问题的能力。

【任务分组】

学生填写表5-1-1，进行分组。

表5-1-1　学生分组表

<table>
<tr><td>班级</td><td></td><td>组号</td><td></td><td>指导教师</td><td></td></tr>
<tr><td>组长</td><td></td><td>学号</td><td></td><td></td><td></td></tr>
<tr><td rowspan="3">组员</td><td>姓名</td><td>学号</td><td>姓名</td><td colspan="2">学号</td></tr>
<tr><td></td><td></td><td></td><td colspan="2"></td></tr>
<tr><td></td><td></td><td></td><td colspan="2"></td></tr>
<tr><td colspan="6">任务分工</td></tr>
<tr><td colspan="6"></td></tr>
</table>

【知识准备】

（一）液压泵的基本工作原理

液压泵是依靠密封容积变化来进行工作的，故一般称为容积式液压泵。其工作原理如图 5－1－1 所示，柱塞 5 装在缸体 4 中形成一个密封容积，并在弹簧 2 的作用下始终压紧在偏心轮 6 上。原动机驱动偏心轮旋转，柱塞在缸体中做往复运动，使密封容积的大小发生周期性的交替变化。当柱塞向下移动时，密封容积由小变大形成真空度，油箱中的油液在大气压力的作用下经吸油管顶开单向阀 1 进入油腔 a 而实现吸油；反之，柱塞向上移动时，密封容积由大变小，油腔 a 中吸满的油液将顶开单向阀 3 流入系统而实现压油。这样，液压泵就将原动机输入的机械能转换为液体的压力能，原动机驱动偏心轮不断旋转，液压泵就不断地吸油和压油。

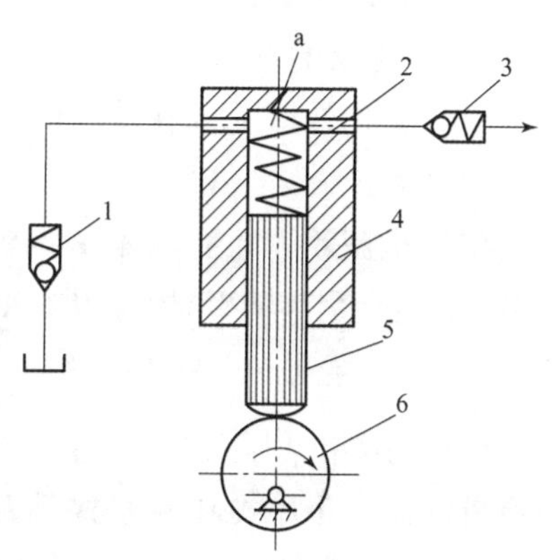

1—单向阀；2—弹簧；3—单向阀；
4—缸体；5—柱塞；6—偏心轮；a—油腔。
图 5－1－1 液压泵工作原理

显然，组成容积式液压泵必须具备三个条件：具有密封容积 V；V 能由小变大（吸油过程），由大变小（排油过程）；吸油口与排油口不能相通（靠配流机构分开）。

液压泵按其结构形式不同，可分为齿轮泵、叶片泵、柱塞泵；按输出流量能否变化，可分为定量泵和变量泵。在液压系统中，各种液压泵虽然组成密封容积的零件构造不尽相同，配流机构也有多种形式，但它们都满足上述三个条件，故都属于容积式液压泵。

（二）液压泵的主要性能参数

1. 压力

（1）额定压力 p_r：是指液压泵在正常工作条件下，按试验标准规定连续运转的最高工作压力。

（2）工作压力 p：是指液压泵实际工作时的输出压力。工作压力的大小取决于外负载和排油管路上的压力损失，其值应小于或等于额定压力。

（3）最高允许压力 p_m：是指在超过额定压力的条件下，根据试验标准规定，允许液压泵短时运行的最高压力值，称为液压泵的最高允许压力。

2. 排量和流量

（1）排量 q：是指液压泵主轴旋转一周所排出液体的体积。设柱塞截面积为 A，行程为 L，则排量 $q = AL$。

（2）理论流量 Q_t：是指不考虑泄漏等因素的影响，液压泵在单位时间内所排出的液体体积。

（3）实际流量 Q：是指液压泵工作时实际输出的流量。

（4）额定流量 Q_r：是指液压泵正常工作条件下，按实验标准规定的必须保证的流量。

3. 功率和效率

1）液压泵的功率

液压泵的功率包括输入功率 P_i 和输出功率 P_o。

（1）输入功率 P_i：指作用在液压泵主轴上的机械功率。

（2）输出功率 P_o：指液压泵在工作过程中的实际吸、压油口间的压差 Δp 和输出流量 Q 的乘积，即 $P_o=\Delta pQ$。

2）液压泵的效率

（1）容积效率 η_v：在转速一定的条件下，液压泵的实际流量与理论流量之比定义为泵的容积效率。

（2）机械效率 η_m：液体在泵内流动时，液体黏性会引起转矩损失，泵内零件相对运动时，机械摩擦也会引起转矩损失。机械效率 η_m 是泵所需要的理论转矩 T_h 与实际转矩 T 之比。

（三）液压马达

液压马达和液压泵在结构上基本相同，也是靠密封容积的变化进行工作的。常见的液马达也有齿轮式、叶片式和柱塞式等几种主要形式，按转速分，有高速马达（额定转速高于 500 r/min）和低速马达（额定转速低于 500 r/min）。液压泵和液压马达在工作原理上是互逆的，将液压泵提供的液压能转换成机械能输出的能量转换装置就称为液压马达。

1. 液压马达的特点

液压马达具有以下特点：

（1）马达能正、反运转，因此在设计时具有结构上的对称性。

（2）当液压马达的惯性负载大、转速高，并要求急速制动或反转时，会产生较高的液压冲击，因此应在系统中设置必要的安全阀或缓冲阀。

（3）由于内部泄漏不可避免，因此将液压马达的排油口关闭而进行制动时，仍会有缓慢的滑转，当需要精确制动时，应另行设置防止滑转的制动器。

（4）某些型式的液压马达必须在回油口具有足够的背压时才能保证正常工作。

2. 液压马达的工作原理

液压马达的工作原理：当压力油输入液压马达时，处于压力腔的柱塞被顶出，压在斜盘上，斜盘对柱塞产生反力，该力可分解为轴向分力和垂直于轴向的分力。其中，垂直于轴向的分力使缸体产生转矩。

3. 液压马达的基本参数

液压马达的主要性能参数有压力、流量和排量、容积效率和转速、功率与总效率、启动性能、最低稳定转速、制动性能、工作平稳性及噪声。其基本参数为压力、流量和排量、容积效率和转速、功率和总效率。

1）压力

液压马达入口油液的实际压力称为液压马达的工作压力，液压马达入口压力和出口压力的差值称为液压马达的工作压差。

2）流量和排量

液压马达入口处的流量称为液压马达的实际流量。液压马达密封腔容积变化所需要的流

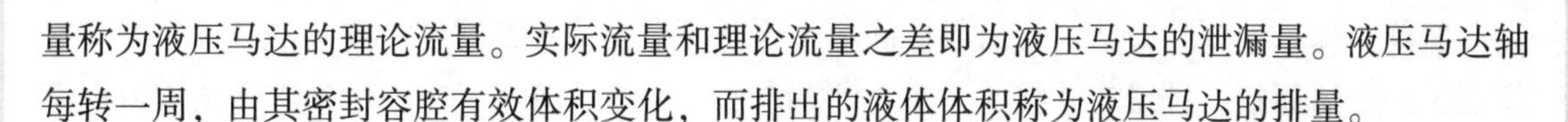

量称为液压马达的理论流量。实际流量和理论流量之差即为液压马达的泄漏量。液压马达轴每转一周，由其密封容腔有效体积变化，而排出的液体体积称为液压马达的排量。

3）容积效率和转速

因液压马达实际存在泄漏，由实际流量 q 计算转速 n 时，要考虑液压马达的容积效率 η_v。当液压马达的泄漏量为 q_1 时，实际流量为 $q = q_t + q_1$，则液压马达的容积效率为 $\eta_v = q_t/q = 1 - q_1/q$。液压马达的输出转速等于理论流量 q_t 与排量 V 的比值，即 $n = q_t/V = (q/V)\eta_v$

4）功率和总效率

（1）液压马达的输入功率为 $P_i = pq$。

（2）液压马达的输出功率为 $P_o = 2\pi nt$。

（3）液压马达的总效率为 $\eta = P_o/P_i = 2\pi nt/pq$。

【任务实施】

1. 液压泵的常见故障与处理

实施步骤一：故障判断。液压泵常见故障有泵不输油；泵噪声大；泵出油量不足；泵压力不足或压力升不高；泵压力、流量不稳定；异常发热；轴封漏油等。

实施步骤二：原因分析。泵不输油通常是由于电动机轴未转动、电动机发热跳闸、泵轴或电动机轴上无连接键、泵内部滑动副卡死、泵不吸油等；泵噪声大通常是由于泵有吸空现象、吸入气泡、运转不良、加工精度差、间隙过大、安装不良等；泵出油量不足主要是由于泵容积效率低、有吸气现象、泵内部机构工作不良、辅助泵供油量不足或有故障等；泵压力不足或压力升不高通常是由于驱动机构功率过小、泵排量选得过大或压力调得过高；泵压力、流量不稳定通常是由于有吸气现象、油液过脏、泵装配不良、供油量波动等；异常发热通常是由于装配不良、油液质量差、管路故障或受外界条件影响；轴封漏油通常是由于安装不良、轴和沟槽加工不良、油封本身有缺陷、泄油孔被堵、外接泄油管径过细或管道过长等。

实施步骤三：消除方法。针对具体问题，通过检查电气并排除故障；检修溢流阀、单向阀；检查油质、油量；修配或更换零件，合理选配间隙；拆洗和安装吸油过滤器；检查和紧固结合连接处螺钉；降低吸油高度；更换或调整变量机构；加长调整吸油管长度或位置；修理或更换辅助泵；在油液中加消泡剂；拆开检查，重新加工、修磨、装配、更换等，予以消除。

2. 液压马达的常见故障与处理

实施步骤一：故障判断。液压马达的常见故障有转速低、转矩小，内外部泄漏，噪声大等。

实施步骤二：原因分析。转速低、转矩小通常是由于液压泵供油量不足，液压泵输出油压不足，液压马达泄漏等；内、外部泄漏通常是转矩小磨损严重、间隙过大、弹簧疲劳、管接头密封不严、接合面有污物或螺栓未拧紧等；噪声大通常是转矩小密封不严、液压油被污染、联轴器不同心、液压油黏度过大、定子叶片已磨损等。

实施步骤三：消除方法。针对具体问题，通常可清洗或更换滤芯；加足油量并适当加大管径，使吸油通畅；拧紧有关接头，防止泄漏或空气侵入；选择黏度小的油液；检查液压泵故障，并加以排除；更换弹簧、密封圈，以及修磨、更换配件等，予以消除。

【评价反馈】

1. 学生自我评价

学生扫码完成自我评价。

2. 互相评价

学生扫码完成互相评价。

学生自我评价表

学生互评表

3. 教师评价

教师根据学生表现，填写表 5－1－2 进行评价。

表 5－1－2　教师评价表

项目名称	评价内容	分值	得分
职业素养考核项目	穿戴规范、整洁	6 分	
	安全意识、责任意识、服从意识	6 分	
	积极参加教学活动，按时完成学生工作手册	10 分	
	团队合作、与人交流能力	6 分	
	劳动纪律	6 分	
	生产现场管理 8S 标准	6 分	
专业能力考核项目	钻井液压泵、液压马达的专业知识查找及时、准确	12 分	
	处理液压泵、液压马达常见故障操作符合规范	18 分	
	液压泵、液压马达的故障判断、分析、处理、消除操作熟练，工作效率高	12 分	
	完成质量	18 分	
总分			
总评	自评（20%）＋互评（20%）＋师评（60%）	综合等级	教师签名

任务 5.2 液压缸的使用与维护

【任务描述】

液压缸是将液压能转变为机械能，做直线往复运动（摆动缸做摆动运动）的液压执行元件。其结构简单、工作可靠，用来实现往复运动时可免去减速装置，并且没有传动间隙，运动平稳，因此在各种机械液压系统中得到广泛应用。本任务需要在掌握液压缸原理、性能的基础上，学会液压缸常见故障与处理操作。要求：正确穿戴劳动保护用品；工具、量具、用具准备齐全，正确使用；操作应符合安全文明操作规程；按规定完成操作项目，质量达到技术要求；任务实施过程中能够主动查阅相关资料、相互配合、团队协作。

小贴士

一切从实际出发，理论联系实际，实事求是，是认识、分析和处理问题所遵循的最根本的指导原则和思想基础。在钻井现场，液压缸等机械设备的故障判断、原因分析、维修处理等，往往需要理论联系实际，综合分析判断，解决问题。

【任务目标】

资源20 液压缸

1. 知识目标

（1）了解液压缸的分类、结构和原理。

（2）熟悉液压缸常见故障与处理操作。

2. 技能目标

（1）能区分并正确使用液压缸。

（2）会进行液压缸的常见故障处理。

3. 素质目标

（1）具有耐心、专注的意志品质和一丝不苟的敬业精神。

（2）具有顽强拼搏、奋斗有我的责任感和使命感。

【任务分组】

学生填写表5-2-1，进行分组。

表5-2-1 学生分组表

班级		组号		指导教师	
组长		学号			
组员	姓名	学号	姓名	学号	

续表

任务分工

【知识准备】

(一) 液压缸的分类

按结构形式分：活塞式液压缸，又分为单出杆活塞式液压缸、双出杆活塞式液压缸；柱塞式液压缸，又分为径向柱塞式液压缸、轴向柱塞式液压缸；摆动式液压缸，又分为单叶片摆动式液压缸、双叶片摆动式液压缸。

按作用方式分：单作用液压缸，一个方向的运动依靠液压作用力实现，另一个方向依靠弹簧力和重力等实现；双作用液压缸，两个方向的运动都依靠液压作用力来实现；复合式液压缸，包括活塞式液压缸与活塞式液压缸的组合、活塞式液压缸与柱塞式液压缸的组合、活塞式液压缸与机械结构的组合等。

(二) 液压缸的结构与工作原理

1. 活塞式液压缸

1）单出杆活塞式液压缸

单出杆活塞式液压缸是仅在液压缸的一侧有活塞杆，图 5－2－1 所示为工程机械设备常用的一种单出杆活塞式液压缸，主要由缸底 1、活塞 2、O 形密封圈 3、Y 形密封阀 4、缸体 5、活塞杆 6、导向套 7 等组成。两端进、出油口都可以进油和排油，实现双向的往复运动，同双出杆液压缸一样又称为双作用式液压缸。活塞与缸体之间采用 Y 形密封圈密封，活塞的内孔与活塞杆之间采用 O 形密封圈密封。导向套起导向、定心作用，活塞上套有一个用聚四氟乙烯制成的支承环，缸盖上设有防尘圈 8，活塞杆左端设有缓冲柱塞 9。

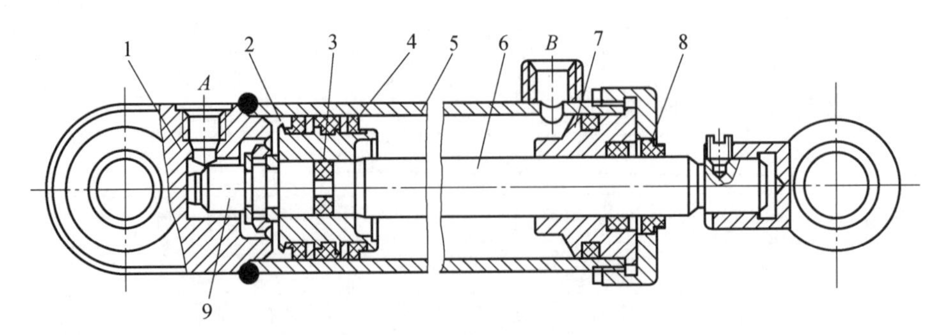

1—缸底；2—活塞；3—O 形密封圈；4—Y 形密封圈；5—缸体；
6—活塞杆；7—导向套；8—防尘圈；9—缓冲柱塞。

图 5－2－1 单出杆液压缸的结构

2）双出杆活塞式液压缸

双出杆活塞式液压缸的两端都有活塞杆伸出，如图5-2-2所示。它主要由活塞杆1、压盖2、缸盖3、缸体4、活塞5、密封圈6等组成。缸体固定在床身上，活塞杆和支架连在一起，这样活塞杆只受拉力，因而可做得较细。缸体与缸盖采用法兰连接，活塞与活塞杆采用锥销连接。活塞与缸体之间采用间隙密封，这种密封内泄量较大，但对压力较低、运动速度较快的设备还是适用的。活塞杆与缸体端处采用V形密封圈密封，这种密封圈密封性较好，但摩擦力较大，其压紧力可由压盖调整。

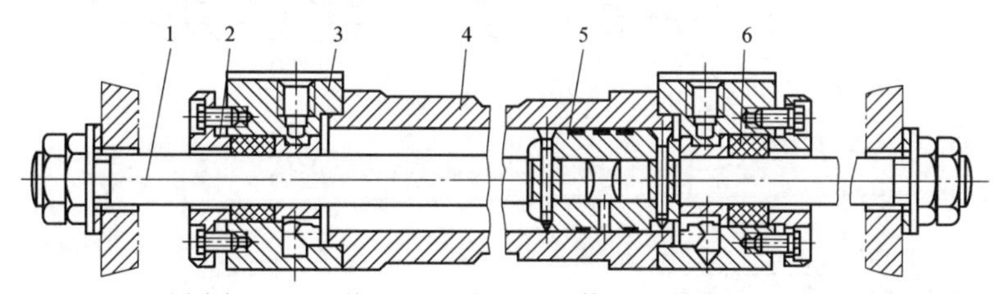

1—活塞杆；2—压盖；3—缸盖；4—缸体；5—活塞；6—密封圈。

图5-2-2 双出杆活塞式液压缸的结构

3. 柱塞式液压缸

由于活塞式液压缸内壁精度要求很高，当缸体较长，孔的精加工较困难，密封要求较高时，改用柱塞式液压缸。柱塞式液压缸内壁不与柱塞接触，缸体内壁可以粗加工或不加工，只要求柱塞精加工即可。如图5-2-3所示，柱塞缸由缸体1、柱塞2、导向套3、弹簧卡圈4等组成。

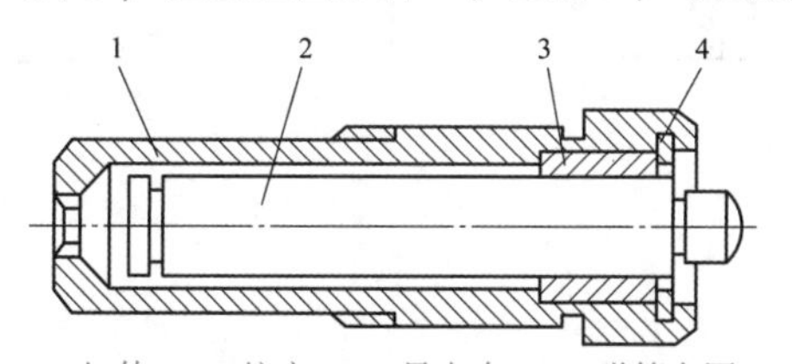

1—缸体；2—柱塞；3—导向套；4—弹簧卡圈。

图5-2-3 柱塞式液压缸的结构

其特点如下：柱塞和缸体内壁不接触，具有加工工艺性好、成本低的优点，适用于行程较长的场合。柱塞缸是单作用缸，即只能实现一个方向的运动，回程要靠外力如弹簧力、重力。柱塞工作时总是受压，因而要有足够的刚度。柱塞重力较大，水平安置时因自重会下垂，引起密封件和导向套单边磨损，故多垂直使用。

4. 摆动式液压缸

摆动式液压缸是输出转矩并实现往复摆动的执行元件，也称为摆动液压马达。如图5-2-4所示，单叶片摆动式液压缸主要由定子块1、缸体2、转子5、叶片6、左右支承盘7等主要部件组成。定子块固定在缸体上，叶片和转子连接为一体，当油口a、b交替通压力油时，叶片便带动转子做往复摆动。

图5-2-5所示为双叶片摆动式液压缸的结构。单叶片摆动式液压缸的摆动角度一般不超过280°；而双叶片摆动式液压缸的摆角度不超过150°，其输出转矩是单叶片缸的两倍，角速度是单叶片缸的一半。摆动式液压缸具有结构紧凑、输出转矩大的特点，但密封困难。

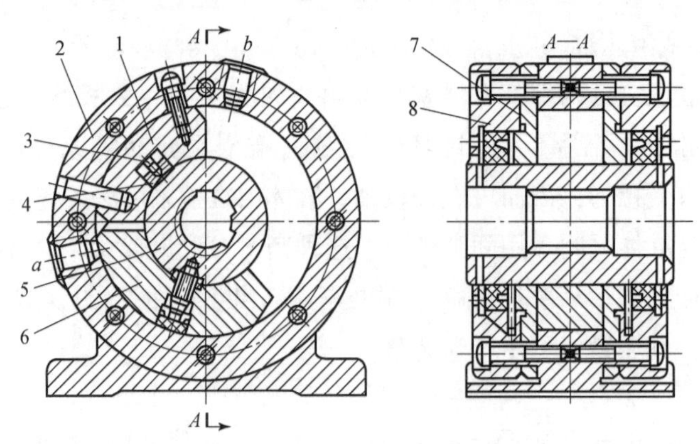

1—定子块；2—缸体；3—弹簧片；4—密封条；5—转子；6—叶片；7—支撑盘；8—盖板。

图 5-2-4　单叶片摆动式液压缸的结构

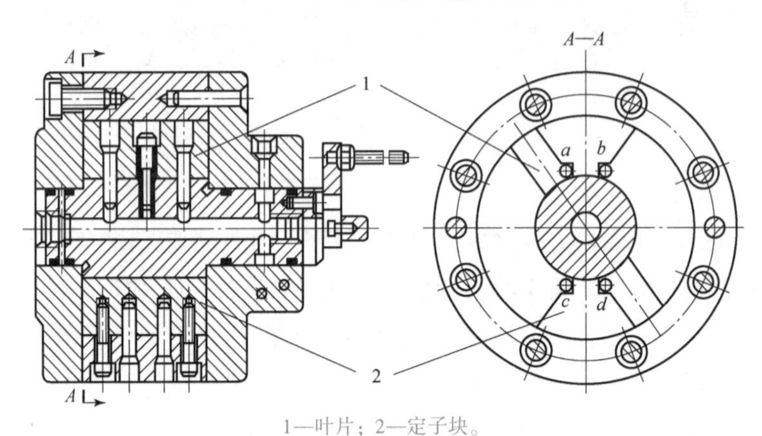

1—叶片；2—定子块。

图 5-2-5　双叶片摆动式液压缸的结构

5. 双作用多级伸缩式油缸

多级伸缩式油缸又称套筒伸缩油缸，它的特点是缩回时尺寸很小，而伸长时行程很大。在一般油缸无法满足长行程要求时，都可用伸缩式油缸，如起重机的吊臂等。如图 5-2-6 所示，双作用多级伸缩式油缸由套筒式活塞杆 1 和 2、缸体 3、缸盖 4、密封圈 5 和 6 等组成。当油缸的 A 腔通入压力油时，活塞杆 1、2 同时向外伸出，到极端位置时，活塞杆 1 才开始从活塞杆 2 中伸出。相反，当活塞杆上 B 孔与压力油路接通时，压力油由 a 经油 C_1 孔进入 b 腔，推动活塞杆 1 缩回，当活塞杆 1 缩回到底端后，压力油便可经孔 C_2 进入 e 腔，推动活塞杆 2 连同活塞杆 1 一起缩回。

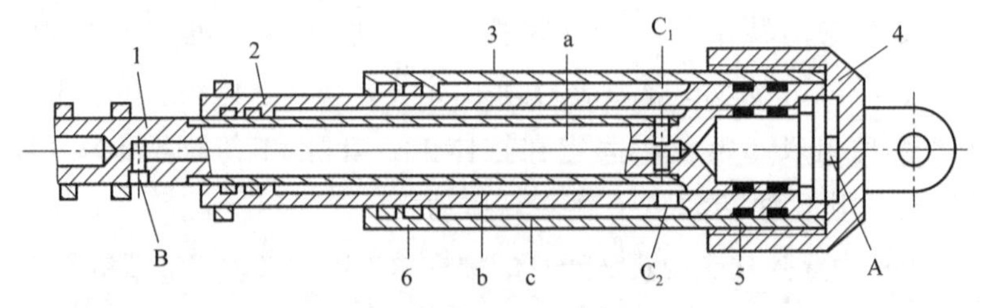

1，2—活塞杆；3—缸体；4—缸盖；5，6—密封圈。

图 5-2-6　多级伸缩式油缸的结构

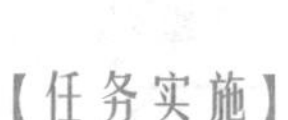

【任务实施】

液压缸的常见故障与处理操作

实施步骤一：故障判断。液压缸的常见故障有活塞杆不能动作、速度达不到规定值、液压缸产生爬行，有外泄漏等。

实施步骤二：原因分析。活塞杆不能动作通常是由于换向阀未换向、泄漏严重、系统调定压力过低导致油液未进入液压缸，或是端面紧贴、工作面积不足、配合间隙过小、液压缸装配不良；速度达不到规定值主要是由于内泄漏严重，外载荷过大，活塞移动时“别劲”，脏物进入滑动部位等；液压缸产生爬行主要是由于液压缸活塞杆运动“别劲”、缸内进入空气；有外泄漏主要是由于装配不良，密封件质量差，活塞杆和沟槽加工质量差，油的黏度过低、温度过高，高频振动及活塞杆拉伤等。

实施步骤三：消除方法。根据具体问题，检查液压泵和主要液压阀、溢流阀等并排除故障，紧固活塞与活塞杆并更换密封件，重新调整压力，检查配合间隙，更换适宜黏度的液压油，修复活塞杆表面拉伤处，重新装配并更换不合格零部件。

【评价反馈】

1. 学生自我评价

学生扫码完成自我评价。

2. 互相评价

学生扫码完成互相评价。

学生自我评价表

学生互评表

3. 教师评价

教师根据学生表现，填写表5－2－2进行评价。

表5－2－2　教师评价表

项目名称	评价内容	分值	得分
职业素养考核项目	穿戴规范、整洁	6分	
	安全意识、责任意识、服从意识	6分	
	积极参加教学活动，按时完成学生工作手册	10分	

续表

项目名称	评价内容	分值	得分
职业素养考核项目	团队合作、与人交流能力	6 分	
	劳动纪律	6 分	
	生产现场管理 8S 标准	6 分	
专业能力考核项目	液压缸的分类、结构、原理等专业知识查找及时、准确	12 分	
	液压缸常见故障与处理操作符合规范	18 分	
	液压缸使用维护操作熟练、工作效率	12 分	
	完成质量	18 分	
总分			
总评	自评（20%）+互评（20%）+师评（60%）	综合等级	教师签名

任务 5.3　液压控制阀的使用与维护

【任务描述】

在液压传动系统中，液压控制阀用来控制油液的压力、流量和流动方向，从而控制液压执行元件的启动、停止、运动方向、速度、作用力等，以满足液压设备对各工况的要求。本任务需要在熟悉液压控制阀分类、组成和工作原理的基础上，正确使用和维护液压控制阀。要求：正确穿戴劳动保护用品；工具、量具、用具准备齐全，正确使用；操作应符合安全文明操作规程；按规定完成操作项目，质量达到技术要求；任务实施过程中能够主动查阅相关资料、相互配合、团队协作。

小贴士

严谨细致是基本的专业素养，是把做好每件事情的着力点放在每一个环节、每一个步骤上，从最简单、最平凡、最普通的事情做起，特别注重把自己岗位上的事情做精做细，做得出彩，做出成绩，在液压控制阀的使用与维护中也是如此。

资源 21　液压控制阀

资源 22　方向控制阀

资源 23　流量控制阀

【任务目标】

1. 知识目标

(1) 熟悉压力控制阀的组成与工作原理。

(2) 熟悉方向控制阀的组成与工作原理。

(3) 熟悉流量控制阀的组成与工作原理。

2. 技能目标

(1) 会正确使用和维护压力控制阀。

(2) 会正确使用和维护方向控制阀。

(3) 会正确使用和维护流量控制阀。

3. 素质目标

(1) 具有认真负责、一丝不苟的敬业精神。

(2) 具有严谨的工作态度和良好的工作作风。

(3) 具有及时发现问题、分析问题和解决问题的能力。

【任务分组】

学生填写表5-3-1，进行分组。

表5-3-1 学生分组表

<table>
<tr><td>班级</td><td colspan="2"></td><td colspan="2">组号</td><td colspan="2"></td><td>指导教师</td><td></td></tr>
<tr><td>组长</td><td colspan="2"></td><td colspan="2">学号</td><td colspan="2"></td><td></td><td></td></tr>
<tr><td rowspan="3">组员</td><td colspan="2">姓名</td><td colspan="2">学号</td><td colspan="2">姓名</td><td colspan="2">学号</td></tr>
<tr><td colspan="2"></td><td colspan="2"></td><td colspan="2"></td><td colspan="2"></td></tr>
<tr><td colspan="2"></td><td colspan="2"></td><td colspan="2"></td><td colspan="2"></td></tr>
<tr><td colspan="9">任务分工</td></tr>
<tr><td colspan="9"></td></tr>
</table>

【知识准备】

(一) 压力控制阀的组成与工作原理

1. 溢流阀

溢流阀有多种用途，主要是在溢流的同时，使液压泵的供油压力得到调整，并保持基本恒定。溢流阀按其工作原理分为直动式溢流阀和先导式溢流阀两种。

（1）直动式溢流阀

直动式溢流阀如图5－3－1所示，当进油口压力较小时，阀芯处于最左端，阀口关闭；当进油口压力超过设定值时，阀芯向右移动，排油口打开，实现溢流稳压或限压保护功能。压力设定值称为调定压力或开启压力。

特点：入口压力直接与弹簧弹力相平衡，当油压较高时，弹簧弹力也较大，手动调节困难，而且流量略有变化，入口压力变化很大，多用于低压小流量场合。

工作原理（见图5－3－2）：当油从入口进入到主阀活塞下腔，对活塞产生一个向上的力；油通过阻尼孔进入到活塞上腔，对活塞产生一个向下的力。当先导阀芯没有被打开前时，活塞上下面积相同，压强也相等，因此对活塞产生的力平衡，加上主阀芯弹簧对活塞有向下的力，所以主阀关闭。

当溢流阀入口压力不断增大，油压力大于先导阀芯设定的压力时，先导阀芯打开，主阀上腔的压力油通过先导阀排走，上腔压力变为0。

由于上腔压力为0，故在下腔油压力的作用下，主阀向上移动，打开阀芯，入口的压力油通过主阀芯流入排油口，降低入口油的压力。

当入口油压力下降到低于先导阀设定的压力时，先导阀芯关闭，在主阀上腔重新建立了压力，推动主阀芯向下移动，关闭主阀。

特点：由于阻尼孔的存在，故弹簧较软，调压方便；压力随流量变化波动小，适用于高压大流量。

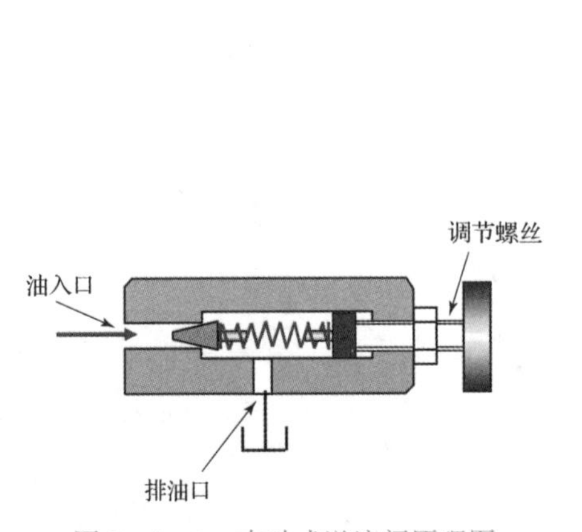

图5－3－1　直动式溢流阀原理图

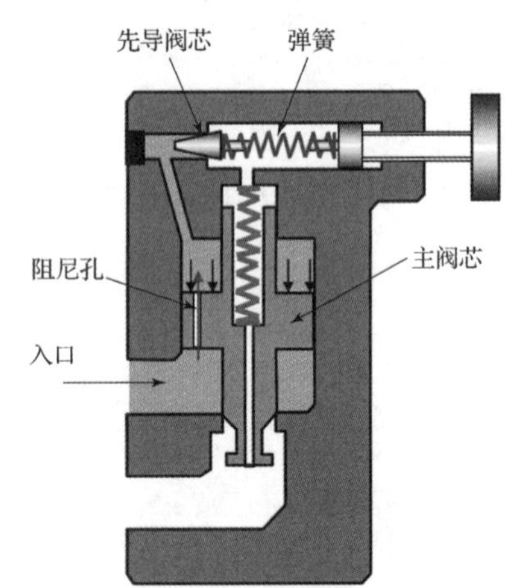

图5－3－2　先导式溢流阀原理图

3）溢流阀的作用

（1）使系统压力保持恒定。在采用定量泵节流的液压传动系统中，调节节流阀的开口大小可调节进入执行元件的流量，而定量泵多余的油液则从溢流阀返回油箱。在工作过程中，溢流阀是常开的，液压泵的工作压力取决于溢流阀的调整压力且基本保持恒定。

（2）防止系统过载。在变量泵供油的液压传动系统中，溢流阀用于限制系统压力不超过最大允许值，以防止系统过载。

（3）可作背压阀用。溢流阀串联在回油管路上，用来产生背压，使执行元件运动平稳，此时宜选用直动式低压溢流阀。

（4）可作卸荷阀用。溢流阀的远程控制口和油箱连接，可使油路卸掉荷载。

2. 减压阀

减压阀也称压力调节阀，是利用液流流过缝隙产生压力损失，使其出口压力低于进口压力的压力控制阀。减压阀分为直动式和先导式两种，其中先导式减压阀应用较广。减压阀又可分为定值减压阀和定差减压阀，其中定差减压阀应用较广。

减压阀与溢流阀相比，溢流阀进口油液能保持进口压力恒定，内部回油，阀口常闭，一般安装在泵的出口。减压阀进口油液能保持出口压力恒定，外部回油，阀口常开，一般串联于支路。

3. 顺序阀

作用：顺序阀是以压力作为控制信号、自动接通或切断某一油路的压力阀。由于它经常被用来控制执行元件动作的先后顺序，故称顺序阀。顺序阀有直动式顺序阀和先导式顺序阀两种。

工作原理：当进油口压力 p_1 高于调压弹簧的调定压力时，进出油口接通，阀芯上移，开启执行元件动作，顺序阀开启；当进油口压力 p_1 低于调压弹簧的调定压力时，阀芯不动，执行元件不动作，顺序阀关闭，如图 5－3－3 所示。

4. 压力继电器

作用：利用油液压力的变化，控制电路的通断。

工作原理：当进油口压力 p 高于调压弹簧的调定压力时，阀芯上移，微动开关闭合，发出电信号；当进油口压力 p 低于调压弹簧的调定压力时，阀芯处于最下端，微动开关断开，不发出电信号，如图 5－3－4 所示。

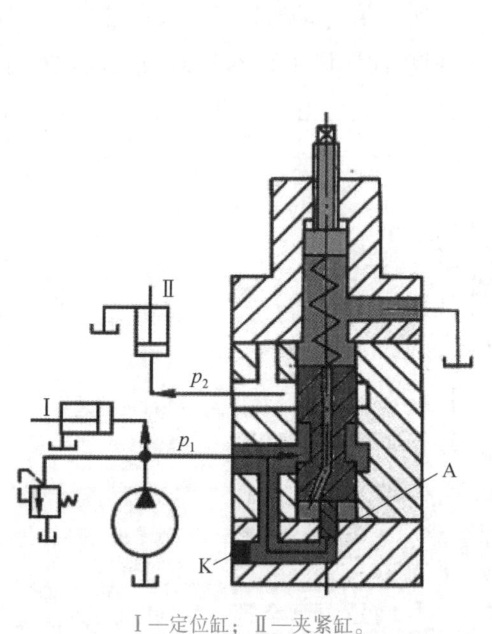

Ⅰ—定位缸；Ⅱ—夹紧缸。

图 5－3－3　顺序阀的工作原理

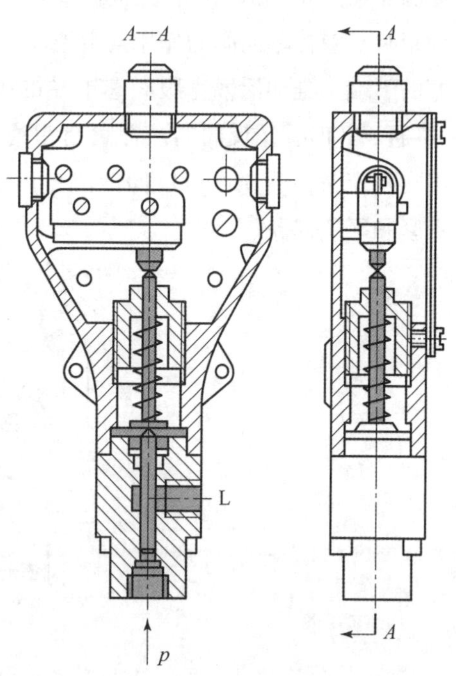

图 5－3－4　压力继电器的工作原理

（二）方向控制阀

方向控制阀主要用来通断油路或改变油液流动的方向，从而控制液压执行元件的启动或停止改变其运动方向。方向控制阀分为单向阀和换向阀两类。

1. 单向阀

单向阀只允许经过阀的液流单方向流动，而不许反向流动。单向阀有普通单向阀和液控单向阀两种。

1）普通单向阀

普通单向阀的作用是只允许液流沿一个方向通过，而反向流动截止。要求其正向液流通过时压力损失小，反向截止时密封性能好。直通式单向阀中的油流方向和阀的轴线方向相同。如图 5－3－5 所示的单向阀属于管式连接阀，此类阀的油口可通过管接头和油管相连，阀体的重力靠管路支承，因此阀的体积不能太大。

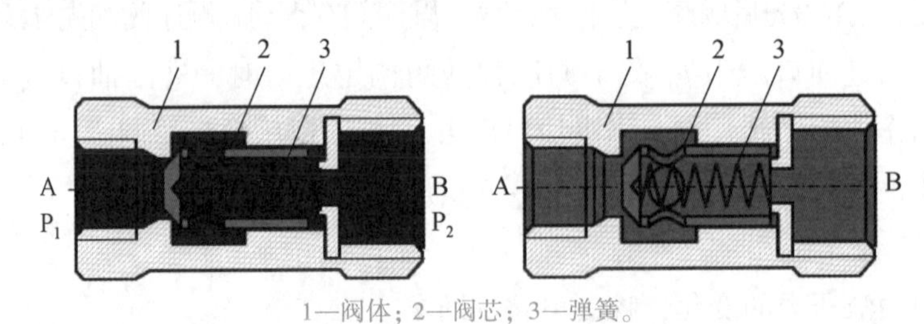

1—阀体；2—阀芯；3—弹簧。

图 5－3－5　管式连接阀的结构

2）液控单向阀

如图 5－3－6 所示，液控单向阀比普通单向阀多了一个控制口 K，当控制口不通压力油而通油箱时，液控单向阀的作用与普通单向阀一样。当控制口通压力油时，液压力作用在控制活塞的下端，推动活塞克服阀芯上端的弹簧力，顶开单向阀阀芯，使阀口开启，油口 P_1 和 P_2 接通，此时，正反向的液流可自由通过。液控单向阀既可以对反向液流起截止作用，又可以在一定条件下允许正反向液流自由通过，而且密封性好，因此常用于液压系统的保压、锁紧和平衡回路。

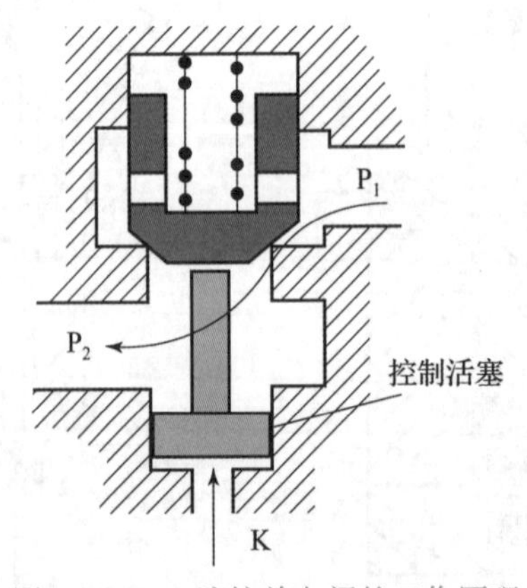

图 5－3－6　液控单向阀的工作原理

2. 换向阀

换向阀是利用阀芯对阀体的相对运动，使油路接通、关断或变换油流的方向，从而实现液压执行元件及其驱动机构的启动、停止或变换运动方向。液压系统对换向阀的性能要求：液流经换向阀时压力损失要小，互不相通的油口间的泄漏要小，换向平稳、迅速且可靠。

1）换向阀的类型

按阀的结构形式分为滑阀式、转阀式、球阀式、锥阀式。

按阀的操纵方式分为手动式、机动式、电磁式、液动式、电液动式、气动式。

按阀的工作位置数和控制的通道数分为：二位二通阀、二位三通阀、二位四通阀、三位四通阀、三位五通阀等。

2）换向阀的工作原理

如图5-3-7（a）所示，换向阀阀体上开有4个通油口P、A、B、T。换向阀的通油口用固定的字母表示，它所表示的意义如下：P，压力油口；A、B，工作油口；O（T），回油口。

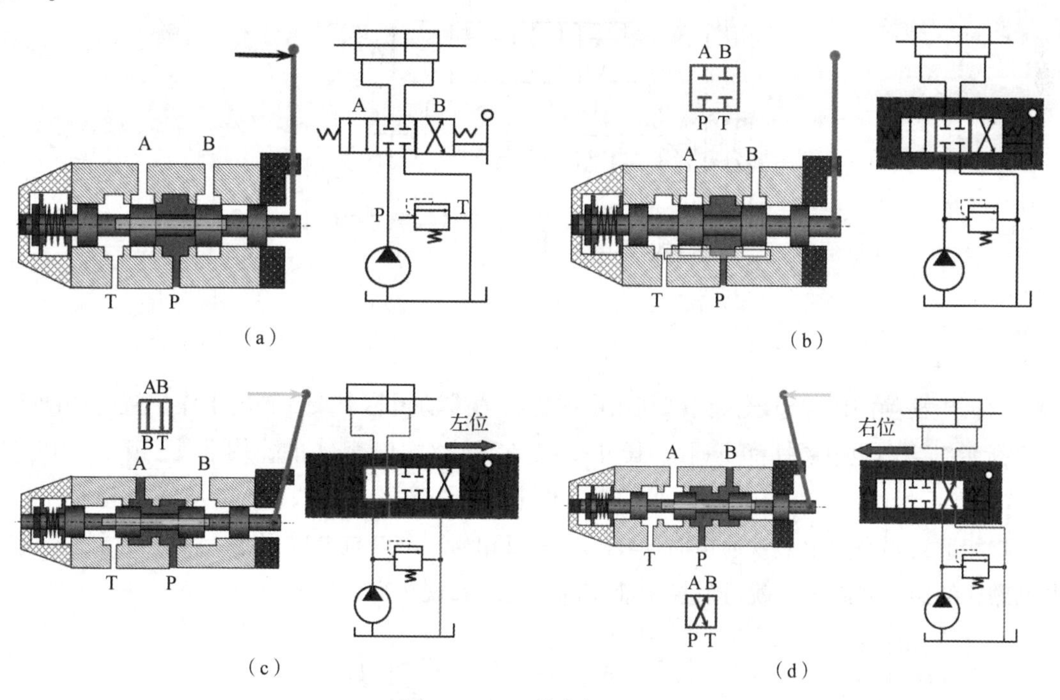

图5-3-7 换向阀原理

（a）换向阀原理图；（b）换向阀阀芯中位；（c）换向阀阀芯左移；（d）换向阀阀芯右移

如图5-3-7（b）所示，当阀芯处于中位时，从P口进来的压力油没有通路。A、B两个油口也不和T口相通。

如图5-3-7（c）所示，向一侧搬动控制手柄时，阀芯左移。P口和A口相通，压力油经P、A口到其他元件；从其他元件回来的油经B口、阀芯中心孔、T口回油箱。

如图5-3-7（d）所示，向另一侧搬动控制手柄，阀芯右移。从P口进来的压力油经P、B口到其他元件，从其他元件回来的油经A、T口回油箱。

3）换向机能

不同的“通”和“位”构成了不同类型的换向阀。“位”是指阀芯的位置，通常所说的“二位阀”“三位阀”是指换向阀的阀芯有两个或三个不同的工作位置，“位”在符号图中用方框表示。所谓“二通阀”“三通阀”“四通阀”是指换向阀的阀体上有两个、三个、四个各不相通，且可与系统中不同油管相连的油道接口，不同油道之间只能通过阀芯移位时阀口的开关来沟通。

4）常用换向阀的操纵方式

（1）手动换向阀。手动换向阀是由操作者直接控制的换向阀。如图 5－3－8（a）所示，松开手柄，在弹簧的作用下，阀芯处于中位，油口 P、A、B、T 全部密封（图示位置）；推动手柄向右，阀芯移至左位，P 口和 A 口相通，B 口与 T 口经阀芯内的轴向孔相通；推动手柄向左，阀芯移至右位，P 口与 B 口、A 口与 T 口相通，从而实现换向。

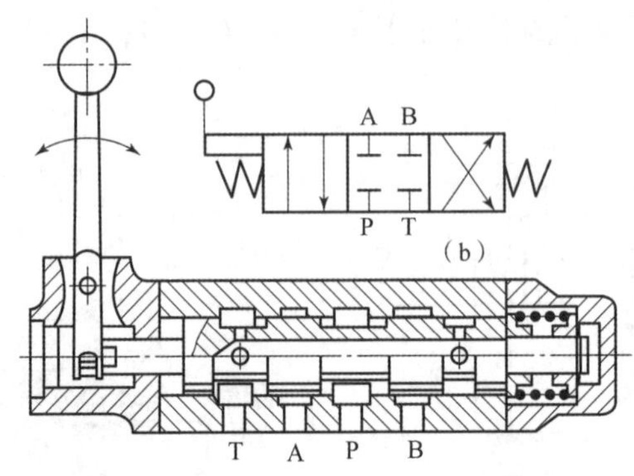

图 5－3－8　三位四通手动换向阀

（a）结构图；（b）图形符号

（2）电磁换向阀。电磁换向阀利用电磁铁吸力推动阀芯来改变阀的工作位置，如图 5－3－9 所示。当两边电磁铁都不通电时，阀芯 2 在两边对中弹簧 4 的作用下处于中位，P、T、A、B 口互不相通；当右边电磁铁通电时，推杆 6 将阀芯推向左端，P 口与 A 口相通，B 口与 T 口相通；当左边电磁铁通电时，P 口与 B 口相通，A 口与 T 口相通。因此，通过控制左右电磁铁的通电和断电，就可以控制液流的方向，实现执行元件的换向。

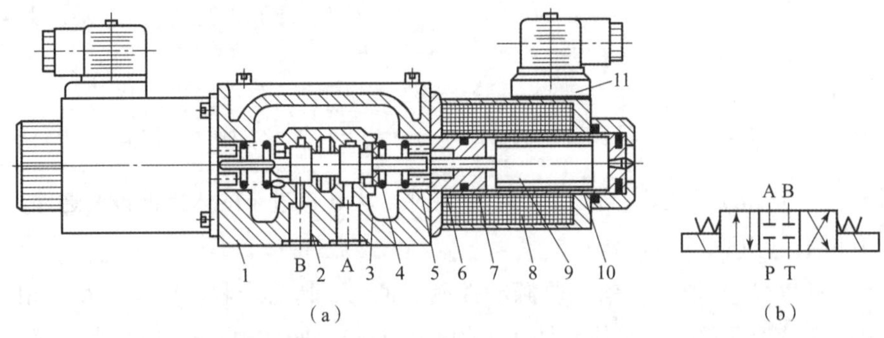

1—阀体；2—阀芯；3—定位套；4—对中弹簧；5—挡圈；6—推杆；7—环；8—线圈；9—铁芯；10—导套；11—插头组件。

图 5－3－9　电磁换向阀

（a）结构图；（b）图形符号

（3）机动换向阀。机动换向阀是通过改变阀芯的位置来改变液体或气体的流向的。例如，将挡块固定在运动的活塞杆上，当挡块触压推杆的滚轮时，推杆即推动阀芯换向。挡块和推杆端部的滚轮脱离接触后，阀芯即可靠弹簧复位。这种阀的控制方式因和油缸的行程有关，因此也称为“行程阀”，如图5-3-10所示。

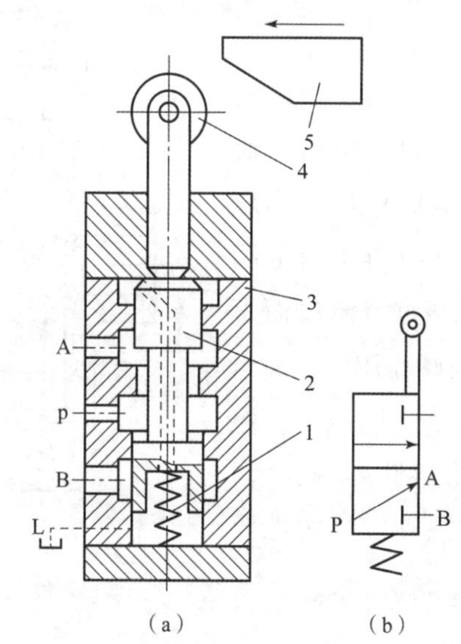

1—弹簧；2—阀芯；3—壳体；4—滚轮；5—挡块。

图5-3-10 机动换向阀

（a）结构图；（b）图形符号

（4）液动换向阀。液动换向阀是通过控制压力油来改变阀芯位置的换向阀，如图5-3-11所示。对三位阀而言，按阀芯的对中形式，分为弹簧对中型和液压对中型两种。阀芯两端分别接通控制口 K_1 和 K_2。当对换向平稳性要求较高时，还应在阀两端 K_1、K_2 控制油路中加装阻尼调节器。

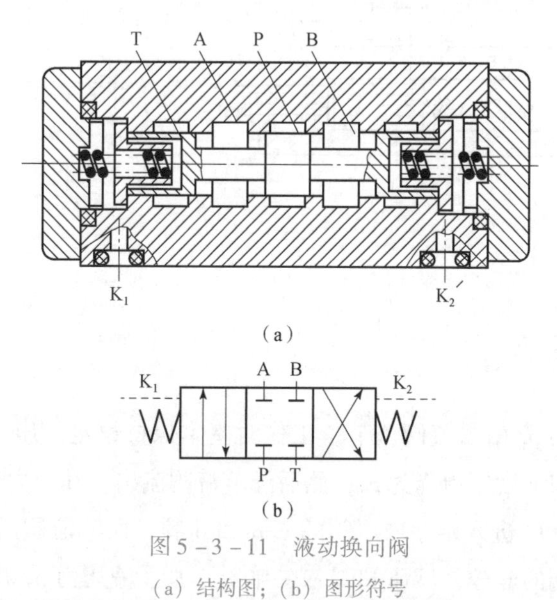

图5-3-11 液动换向阀

（a）结构图；（b）图形符号

（三）流量控制阀

流量控制阀是通过改变节流口通道面积或通道的长短来改变局部阻力的大小，以实现对流量的控制，从而控制执行元件的速度。流量控制阀主要有节流阀、调速阀、溢流节流阀和分流集流阀。

1. 节流阀

图5－3－12所示为单向节流阀。当压力油从油口 P_1 进入时，经阀芯上的三角槽节流口从油口 P_2 流出，这时起节流阀作用。当压力油从油口 P_2 进入时，在压力油的作用下阀芯克服弹簧力下移，油液不再经过节流口而直接从油口 P_1 流出，这时起单向阀作用。

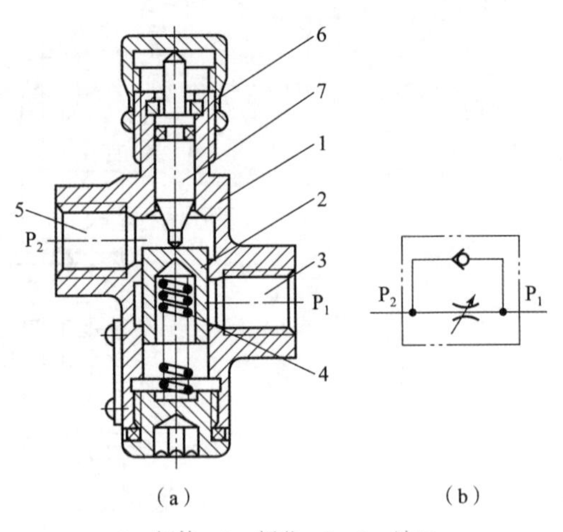

1—阀体；2—阀芯；3，5—油口；4—弹簧；6—螺母；7—顶杆。

图5－3－12 单向节流阀

(a) 结构图；(b) 图形符号

节流阀结构简单、制造容易、体积小，但负载和温度的变化对流量的稳定性影响较大，只适用于负载和温度变化不大或速度稳定性要求较低的液压传动系统。

2. 调速阀

调速阀由定差减压阀与节流阀串联而成，定差减压阀保持节流阀前后压力差不变，从而使通过节流阀的流量不受负载变化的影响，如图5－3－13所示。

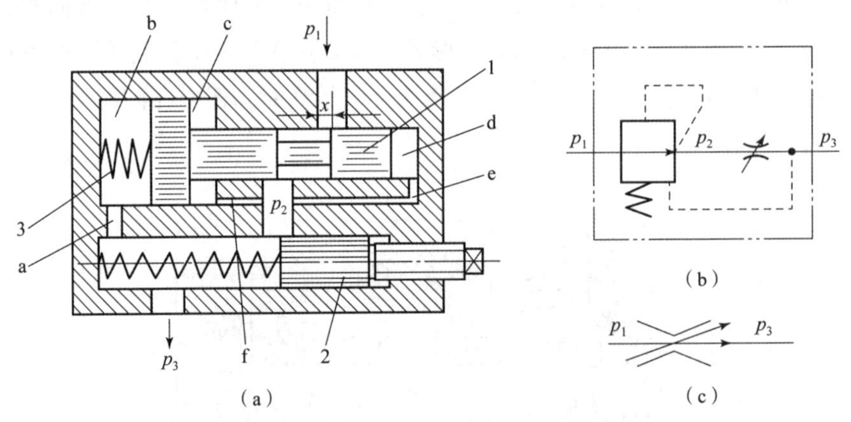

1—定差减压阀阀芯；2—节流阀阀芯；3—弹簧。

图5－3－13 调速阀

(a) 结构图；(b) 图形符号；(c) 简化图形符号

调速阀的进口压力 p_1 由溢流阀调节，工作时基本保持恒定。压力油进入调速阀后，先经过定差减压阀的阀口 x 后压力降为 p_2，然后经节流阀流出，其压力为 p_3。节流阀前点压力为 p_2 的油液经通道 e 和 f 进入定差减压阀的 c 腔和 d 腔；而节流阀后点压力为 p_3 的油液经通道 a 进入定差减压阀的 b 腔。减压阀阀芯在弹簧力 F_s、液压力 p_2 和 p_3 的作用下，在阀芯左右两端面产生推力使其处于平衡状态。

因为弹簧刚度较低，且工作过程中减压阀阀芯位移较小，可认为弹簧力 F_s 基本保持不变，故节流阀两端压差不变，可保持通过节流阀的流量稳定。

若调速阀出口处的油压 p_3 由于负载变化而增加，则作用在阀芯左端的力也随之增加，阀芯失去平衡而右移，于是开口 x 增大，液阻减小（即减压阀的减压作用减小），使 c 腔和 d 腔压力也随之增加，直到阀芯在新的位置上得到平衡为止。因此，当 p_3 增加时，p_2 也增加，其差值基本保持不变。同理，当 p_3 减小时，p_2 也随之减小，故 Δp 仍保持不变。由于定差减压阀自动调节液阻使节流阀前后的压差保持不变，故保持了流量的稳定。

3. 溢流节流阀

溢流节流阀由压差式溢流阀和节流阀并联而成，如图 5－3－14 所示。它也能保持节流阀前后压差基本不变，从而使通过节流阀的流量基本上不受负载变化的影响。液压泵输出的油液压力为 p_1，进入溢流节流阀后，一部分油液经节流阀进入执行元件（压力为 p_2），另一部分油液经溢流阀的溢流口 h 回油箱。节流阀进口的压力即为泵的供油压力 p_1，而节流阀出口的压力 p_2 取决于负载，两端的压差 $\Delta p = p_1 - p_2$。溢流阀的 b 腔和 c 腔与节流阀进口压力相通。当执行元件在某一负载下工作时，溢流阀阀芯处于某平衡位置，溢流阀开口为 h。若负载增加，p_2 增加，a 腔的压力也相应增加，则阀芯 3 向下移动，溢流口开度 h 减小，溢流阻力增加，泵的供油压力 p_1 也随着增大，从而使节流阀两端压差 $\Delta p = p_1 - p_2$ 基本保持不变。若负载减小，p_2 减小，则溢流阀的自动调节作用将使 p_1 也减小，$\Delta p = p_1 - p_2$ 仍能保持不变。图 5－3－14 中安全阀 2 平时关闭，只有当负载增加到使 p_2 超过安全阀弹簧的调定压力时才打开，溢流阀阀芯上腔经安全阀通油箱，溢流阀阀芯向上移动而使阀口开大，液压泵的油液经溢流阀全部溢回油箱，以防止系统过载。

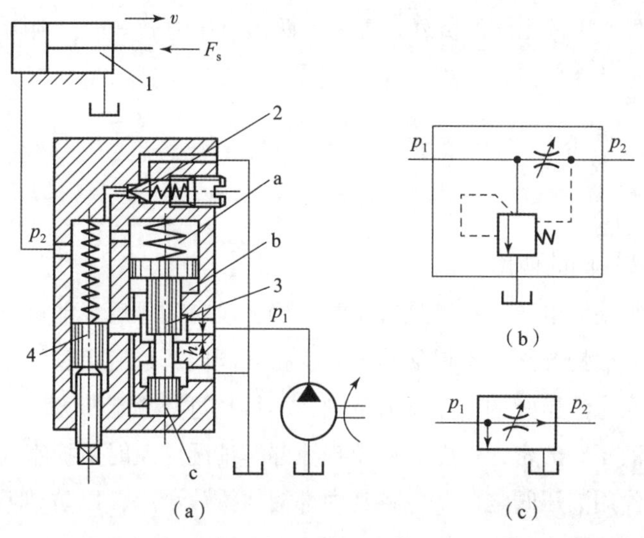

1—液压缸；2—安全阀阀芯；3—差压式溢流阀阀芯；4—节流阀阀芯。

图 5－3－14 溢流节流阀

（a）结构图；（b）图形符号；（c）简化图形符号

4. 分流集流阀

分流集流阀是用来保证多个执行元件速度同步的流量控制阀，又称为同步阀。分流集流阀包括分流阀、集流阀和分流集流阀三种。分流阀安装在执行元件的进口，保证进入执行元件的流量相等。分流阀由两个固定节流孔1、2，阀体5，阀芯6和两个对中弹簧7等主要零件组成，如图5-3-15所示。对中弹簧保证阀芯处于中间位置，两个可变节流口3、4的过流面积相等（液阻相等），阀芯的中间台肩将阀分成完全对称的左、右两部分，位于左边的油室a通过阀芯上的轴向小孔与阀芯右端弹簧腔相通，位于右边的油室b通过阀芯上的另一轴向小孔与阀芯左端弹簧腔相通。

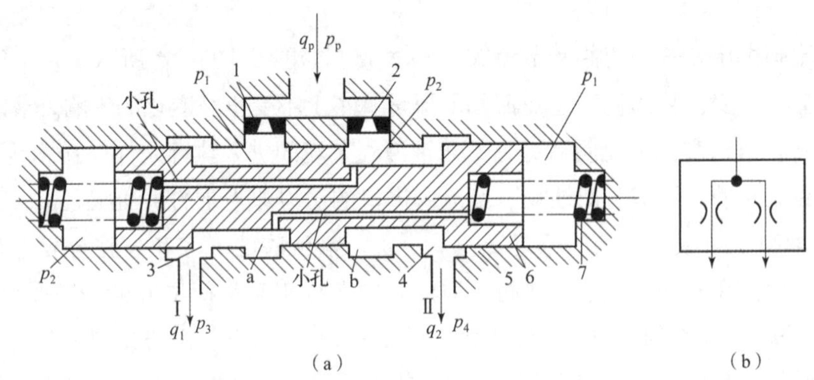

1，2—固定节流孔；3，4—可变节流口；5—阀体；6—阀芯；7—弹簧。

图5-3-15　分流阀

(a) 结构图；(b) 图形符号

液压泵来油p_p，经过液阻相等的固定节流孔1和2后，压力分别为p_1和p_2，然后经可变节流口3和4分成两条并联支路Ⅰ和Ⅱ（压力分别为p_3和p_4），通往两个几何尺寸完全相同的执行元件。当两个执行元件的负载相等时，两出口压力$p_3=p_4$，则两条支路的进、出口压力差相等，因此输出流量相等，两执行元件同步。

【任务实施】

使用和维护液压阀

实施步骤一：液压阀的使用。

（1）通电前必须检查电源及接线是否正常，确认没有问题后才能进行电气操作。

（2）操作时应先缓慢开阀，不得猛然推开、扭开阀门，以避免管路压力突然增大。

（3）操作时应注意液压阀的工作压力范围，不得超过其额定压力。

（4）定期检查液压阀的密封性能，如发现泄漏等情况应及时更换密封件。

（5）在长时间停用液压阀之前，应将其内部液体排放干净，以防结垢和沉淀物。

（6）避免在高温或寒冷环境下使用液压阀，以免影响其使用寿命。

实施步骤二：液压阀的维护。

（1）液压阀长期使用后应进行检修，并按照规定更换磨损部位的零件。

（2）在更换液压阀的密封件时，应选用合适的密封件，并在更换前清洗液压阀的内部。

（3）液压阀使用后要及时清洗，并且在长时间停用前应将其内部液体排放干净，以防止污染和结垢。

（4）维护人员在维护液压阀时必须佩戴防护手套和口罩，以避免接触有害物质。

（5）液压阀拆卸时，应按照规定顺序进行操作，不得强行拆卸或更换零件。

【评价反馈】

1. 学生自我评价

学生扫码完成自我评价。

2. 互相评价

学生扫码完成互相评价。

学生自我评价表

学生互评表

3. 教师评价

教师根据学生表现，填写表 5－3－2 进行评价。

表 5－3－2 教师评价表

项目名称	评价内容	分值	得分
职业素养考核项目	穿戴规范、整洁	6 分	
	安全意识、责任意识、服从意识	6 分	
	积极参加教学活动，按时完成学生工作手册	10 分	
	团队合作、与人交流能力	6 分	
	劳动纪律	6 分	
	生产现场管理 8S 标准	6 分	
专业能力考核项目	液压控制阀组成、分类、原理等专业知识查找及时、准确	12 分	
	液压控制阀的使用和维护符合规范	18 分	
	液压控制阀的使用和维护操作熟练、工作效率高、无安全隐患	12 分	
	完成质量	18 分	

续表

<table>
<tr><td>项目名称</td><td colspan="2">评价内容</td><td>分值</td><td>得分</td></tr>
<tr><td colspan="4">总分</td><td></td></tr>
<tr><td rowspan="2">总评</td><td rowspan="2">自评（20%）+互评（20%）+师评（60%）</td><td colspan="2">综合等级</td><td rowspan="2">教师签名</td></tr>
<tr><td colspan="2"></td></tr>
</table>

任务5.4　液压猫头的使用与维护

【任务描述】

液压猫头是石油钻井机械配套部件，它与吊钳配套使用，用于陆地和海洋钻井时，钻杆、钻铤、套管等机械化上卸扣作业。由于采用液压驱动，因此输出扭距可根据管径大小方便地进行调节，与机械猫头相比较，它不但减轻了钻井工人的劳动强度，降低了钻井成本，更主要的是有力保证了作业人员的人身安全，使其能更顺利地完成钻井作业。本任务需要在掌握液压猫头结构特性和工作原理的基础上，正确安装、使用和保养液压猫头。要求：正确穿戴劳动保护用品；工具、量具、用具准备齐全，正确使用；操作应符合安全文明操作规程；按规定完成操作项目，质量达到技术要求；任务实施过程中能够主动查阅相关资料、相互配合、团队协作。

小贴士

安全生产“四不伤害”原则（不伤害自己、不伤害他人、不被他人伤害、保护他人不被伤害），能够控制生产中的风险，把危害大大降低，达到安全生产的目的。在液压猫头配合B型吊钳使用中，容易出现尾绳脱落、钳柄断裂，从而造成伤害，所以更应该坚持“四不伤害”原则。

【任务目标】

1. 知识目标

（1）熟悉HYM20ⅡD液压猫头的结构、特性和工作原理。

（2）熟悉HYM20ⅡD液压猫头的安装技术要求。

（3）掌握HYM20ⅡD液压猫头的使用与保养步骤。

2. 技能目标

（1）会使用HYM20ⅡD液压猫头。

（2）能安装HYM20ⅡD液压猫头。

（3）会保养HYM20ⅡD液压猫头。

3. 素质目标

（1）具有严谨求实、认真负责、一丝不苟的敬业精神。

（2）具有团队精神和精益求精的大国工匠精神。

（3）能够认识工作任务内容，具有及时发现问题、分析问题和解决问题的能力。

【任务分组】

学生填写表5－4－1，进行分组。

表5－4－1 学生分组表

<table>
<tr><td>班级</td><td></td><td>组号</td><td></td><td>指导教师</td><td></td></tr>
<tr><td>组长</td><td></td><td>学号</td><td></td><td></td><td></td></tr>
<tr><td rowspan="3">组员</td><td>姓名</td><td>学号</td><td>姓名</td><td colspan="2">学号</td></tr>
<tr><td></td><td></td><td></td><td colspan="2"></td></tr>
<tr><td></td><td></td><td></td><td colspan="2"></td></tr>
<tr><td colspan="6">任务分工</td></tr>
<tr><td colspan="6"></td></tr>
</table>

【知识准备】

（一）HYM20ⅡD液压猫头的结构、特性

1. 结构

（1）液压猫头总成：两套（上扣、卸扣各一套）。

（2）高压胶管总成：6根。

（3）操纵控制箱上设有压力表和控制手柄。

（4）在操纵控制箱内依次装有回油管、输油管、液压机具进油管。

（5）其液压动力源与液压大钳共用。

2. 特性

（1）具有并联的两组液压猫头。

（2）由弹簧固定夹、钢丝绳、回位弹簧、弹簧固定板、定滑轮组、动滑轮组及上、卸扣猫头油缸组成。

（3）在上扣猫头油缸上装有固定板，定滑轮组、弹簧固定板依次装在固定板上，动滑轮组装在上扣猫头油缸的头部，装有回位弹簧和弹簧固定夹的钢丝绳通过定滑轮组、动滑轮组固定于固定板上；回位弹簧的一端固定在弹簧固定板上，另一端由弹簧固定夹夹装在钢丝

绳上；在上扣猫头油缸上、下部，分别设置有油管接口，其上、下口分别与操纵控制箱的油管相连通。

（4）在卸扣猫头油缸上装有固定板，定滑轮组、弹簧固定板依次装在固定板上，动滑轮组装在卸扣猫头油缸的头部；装有回位弹簧和弹簧固定夹的钢丝绳通过定滑轮组、动滑轮组固定在固定板上，回位弹簧的一端固定在弹簧固定板上，另一端由弹簧固定夹夹装在钢丝绳上；在卸扣猫头油缸上、下部分别设置有油管接口，其上、下口分别与操纵控制箱的油管相连。

（二）HYM20ⅡD 液压猫头装置的工作原理

1. 动力装置

动力装置是把机械能转换成油液液压能的装置，最常见的形式就是液压泵，给液压传动系统提供压力油。液压猫头的动力装置是液压泵。

2. 执行装置

执行装置是把油液的液压能转换成机械能的装置，它可以是做直线运动的液压缸，也可以是做回转运动的液压马达。液压猫头的执行装置是液压缸。

3. 调节装置

调节装置是对系统中油液的压力、流量或流动方向进行控制或调节的装置，如溢流阀、节流阀、换向阀、先导阀等，这些元件的不同组合形成了不同功能的液压传动系统。液压猫头的调节装置采用电控方式：

（1）用三位选择开关控制先导式电液换向阀，实现液压猫头活塞的伸缩。

（2）通过节流阀调节控制速度。

4. 辅助装置

辅助装置是上述部分以外的其他装置，如油箱、滤油器、油管等。

（1）液压传动的操纵调节方式可以概略地分为手动式、半自动式和全自动式。

（2）液压传动系统中控制部分的结构组成形式有开环式和闭环式两种。如平台的液压猫头就是开环式的手动控制系统，而顶驱机械手为闭环式控制系统。

液压油缸顶端设有一动滑轮，另在猫头底板设有一定滑轮和倒绳机构，猫头钢丝绳套于吊钳尾柄上，接通猫头油缸进、出管线，扳动操纵箱上的控制手柄，使猫头油缸的活塞杆伸出，通过动定滑轮使钢丝绳牵动吊钳回转一定角度完成紧扣或松扣动作，复位时，扳动控制手柄，使猫头油缸的活塞杆退回，由回绳弹簧使钢丝绳复位，以便进行下一次松紧扣作业。液压猫头的工作原理如图 5-4-1 所示。

（三）液压猫头安装技术要求

1. 猫头的安装

（1）液压猫头为钻机的配套部件，在钻机总体设计时必须考虑该猫头的安装位置及安装方式。

（2）不同型号的钻机有不同的相应安装位置。

（3）拉动大钳的钢丝绳正对两固定支撑的中心。钢丝绳拉紧后，与大钳中心线成 90°角。

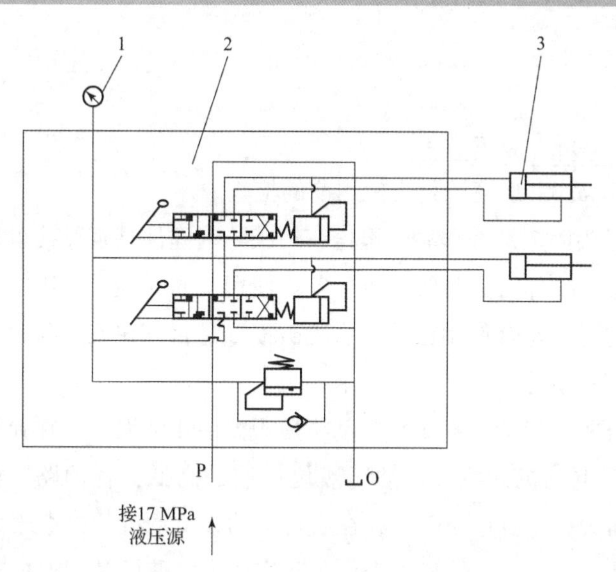

1—耐震压力表；2—多路换向阀；3—液压猫头缸。

图5－4－1 液压猫头的工作原理

（4）液压猫头支架垂直安装，液压猫头支柱、支板以及拉杆等支撑件焊接牢固可靠，螺栓、销子等紧固件连接可靠。

2. 猫头与大钳的连接

猫头与大钳的连接如图5－4－2所示。

（1）将挡圈和弹簧套在钢丝绳上。

（2）把压接钢丝绳端部的套圈连接到大钳尾柄上。

（3）在油缸处于完全收起的位置上和大钳处于开始拉动的位置时，拉紧缆绳另一末端，使各处钢丝绳均无松垂，并穿入楔块孔中做成圈状，将楔块放入，用手拉住末端，尽可能地拉紧钢丝绳，使楔块楔入孔中。

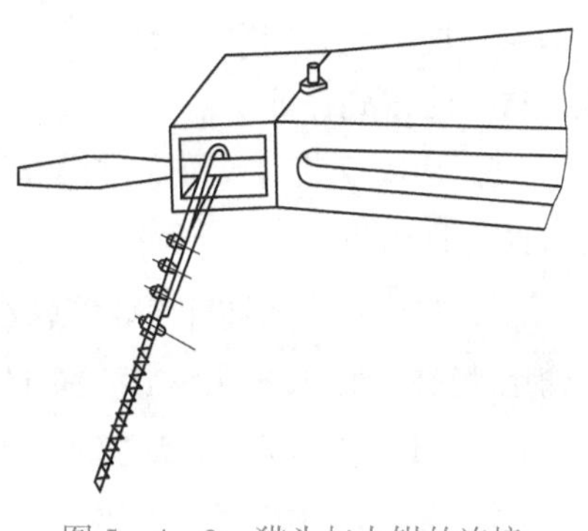

图5－4－2 猫头与大钳的连接

（4）将大钳卡紧在管柱上（或将大钳尾端另用钢丝绳固定住），驱动猫头油缸活塞杆向外伸出，使楔块被进一步楔紧，如果此时缆绳长度不合适，可以打出楔块重新调整，并切去多余的钢丝绳。

（5）将弹簧推向挡板处，从自由长度向油缸方向压缩300 mm左右，并拧紧钢丝绳夹。

3. 操纵箱的安装

（1）在司钻操纵台附近的刚性构件上直接安装操纵箱，以便于司钻操作。

（2）接通液压站与操作箱进、回油油路，上扣猫头和卸扣猫头油路。

注意

操作箱标有A_1、A_2、B_1、B_2油口，A_1、B_1为一组，A_2、B_2为一组，所标A油口为油缸底部油口，所标B油口为油缸顶部油口。

【任务实施】

使用与保养 HYM20ⅡD 液压猫头

实施步骤一：HYM20ⅡD 液压猫头使用前的检查。

（1）检查液压猫头固定是否牢靠，螺栓、销子等紧固件是否连接可靠、无松动。

（2）检查液压猫头本体有无裂纹，可否安全使用，同时检查吊钳本体有无损伤。

（3）检查钢丝绳是否符合使用标准，有无破损，是否存在安全隐患。

（4）检查各控制手柄是否灵活，有无卡顿。

（5）打开电源开关，启动冷却循环电动机后观察液压油温是否在允许的范围内。

（6）启动主油泵电动机，检查各油箱液位计油的高低，各油路、液压管件是否漏油。使用前，检查液压猫头压力表是否归零，在启动主油泵电动机后检查压力表压力指针偏转情况，如发现来回摆动或不动，应停机检查设备额定压力，使用时不得超限。

（7）液压系统是否有异常响声，操作按钮、安全防护装置是否灵活可靠。

（8）检查并清理液压猫头上其他杂物，待一切检查正常后方可施工。

实施步骤二：猫头的使用操作要领。

（1）每次松紧扣扭矩大小是从控制箱压力表中读数得出的，要得到精确的数值，必须在活塞杆伸出后，钢丝绳与大钳成90°角时从压力表中读出数据。因此，需要操作者重新定位几次才能得到保证。

（2）初次安装时，可通过操纵手动换向阀使猫头活塞杆伸出和收回反复几次，将空气从系统中排出。

（3）将内钳打在钻杆内螺纹或外螺纹接头上，再相应地扣紧内外钳，拉紧钢丝绳。操作控制盒手动换向阀，使猫头油缸活塞杆伸出，钢丝绳拉动大钳回转一定角度，完成松紧扣作业。

（4）司钻应牢记，当活塞到达行程终点位置时，要立即操纵手动换向阀停止供油。

（5）猫头活塞杆每次工作完毕后，操作手动换向阀，使活塞杆退回，钢丝绳复位，必须全部退入缸内，以免外露部分腐蚀形成麻点，破坏缸内密封。

实施步骤三：HYM20ⅡD 液压猫头的维护。

（1）猫头活塞杆每次工作完毕，必须全部退入缸内以免外露部分腐蚀而形成麻点，破坏缸口密封件。

（2）每班检查活塞杆周围有无漏油，发现漏油应及时更换密封件，并修复导致漏油的部位。

（3）猫头牵引钢丝绳回绳弹簧必须经常涂防腐油。

（4）定期检查钢丝绳有无折弯、腐蚀、磨损、断线或严重扭绞，发现上述任一缺陷，应立即更换。

（5）经常检查高压软管及接头处有无泄漏和破损，必要时进行修复和更换。

（6）根据使用频次定期对定、动滑轮轴上的黄油嘴加注润滑油，一般每工作 150 h 注入

30 g 钙基润滑脂。

（7）保持液压猫头及控制盒和液压源的外表清洁卫生。

（8）检查油缸中的油面高度，油面高度不低于油面指示器下限。

学生自我评价表

学生互评表

【评价反馈】

1. 学生自我评价

学生扫码完成自我评价。

2. 互相评价

学生扫码完成互相评价。

3. 教师评价

教师根据学生表现，填写表 5－4－2 进行评价。

表 5－4－2　教师评价表

<table>
<tr><td>项目名称</td><td colspan="2">评价内容</td><td>分值</td><td>得分</td></tr>
<tr><td rowspan="6">职业素养
考核项目</td><td colspan="2">穿戴规范、整洁</td><td>6 分</td><td></td></tr>
<tr><td colspan="2">安全意识、责任意识、服从意识</td><td>6 分</td><td></td></tr>
<tr><td colspan="2">积极参加教学活动，按时完成学生工作手册</td><td>10 分</td><td></td></tr>
<tr><td colspan="2">团队合作、与人交流能力</td><td>6 分</td><td></td></tr>
<tr><td colspan="2">劳动纪律</td><td>6 分</td><td></td></tr>
<tr><td colspan="2">生产现场管理 8S 标准</td><td>6 分</td><td></td></tr>
<tr><td rowspan="4">专业能力
考核项目</td><td colspan="2">液压猫头的结构特性、工作原理、安装技术要求等专业知识查找及时、准确</td><td>12 分</td><td></td></tr>
<tr><td colspan="2">液压猫头的安装操作符合规范</td><td>18 分</td><td></td></tr>
<tr><td colspan="2">液压猫头的使用维护操作熟练、工作效率</td><td>12 分</td><td></td></tr>
<tr><td colspan="2">完成质量</td><td>18 分</td><td></td></tr>
<tr><td colspan="4">总分</td><td></td></tr>
<tr><td rowspan="2">总评</td><td rowspan="2">自评（20%）＋互评（20%）＋师评（60%）</td><td colspan="2">综合等级</td><td rowspan="2">教师签名</td></tr>
<tr><td colspan="2"></td></tr>
</table>

模块6 钻机气控系统的使用与维护

【模块简介】

现代石油钻机是一套重型联合的工作机组，为了使钻机的各部分能协调、准确、高效率地工作，必须有一套灵敏、准确、可靠的控制系统。钻机控制系统是整套钻机必不可少的组成部分，是钻机的中枢神经系统。气控系统以结构简单、稳定性高，搭接方便、成本低，无火花，以及更适合防爆区域等不可替代的优势，在钻机中广泛应用。本模块包括气源装置的使用与维护、执行元件的使用与维护、气动控制元件的使用与维护、绞车气控元件的保养、防碰天车气路的组装5个工作任务。通过学习理解气控装置结构原理和分类特点，应能开展使用、维护、装配、拆检等工作，并能够客观完成工作评价。

任务6.1 气源装置的使用与维护

【任务描述】

气源设备包括空气压缩机、后冷却器等，它是将电能转化为压缩空气的压力能，提供气压传动与控制的动力，供气控系统使用。气源处理元件包括过滤器、干燥器等，可以清除压缩空气中的水分、油污和灰尘等，提高气动元件的使用寿命和气控系统的可靠性。本任务需要在熟悉气源装置结构原理的基础上，进行空气压缩机的使用和维护。要求：正确穿戴劳动保护用品；工具、量具、用具准备齐全，正确使用；操作应符合安全文明操作规程；按规定完成操作项目，质量达到技术要求；任务实施过程中能够主动查阅相关资料、相互配合、团队协作。

小贴士

党的二十大报告强调必须牢固树立和践行绿水青山就是金山银山的理念，正确处理好生态环境保护和发展的关系，持续深入打好蓝天、碧水、净土保卫战。在进行各种使用维护操作中，我们应坚持从自身做起，用实际行动践行和落实。

资源24 气控系统概述

资源25 气源装置

【任务目标】

1. 知识目标

（1）了解空气压缩机的分类、结构与工作原理。

（2）熟悉气源净化装置的类型与结构。

2. 技能目标

（1）能正确使用空气压缩机及气源净化装置。

（2）会进行空气压缩机的维护。

3. 素质目标

（1）具有吃苦耐劳、刻苦钻研、埋头苦干的石油精神。

（2）具有绿色、环保的发展理念。

【任务分组】

学生填写表6－1－1，进行分组。

表6－1－1 学生分组表

<table>
<tr><td>班级</td><td></td><td>组号</td><td></td><td>指导教师</td><td></td></tr>
<tr><td>组长</td><td></td><td>学号</td><td></td><td></td><td></td></tr>
<tr><td rowspan="3">组员</td><td>姓名</td><td>学号</td><td>姓名</td><td colspan="2">学号</td></tr>
<tr><td></td><td></td><td></td><td colspan="2"></td></tr>
<tr><td></td><td></td><td></td><td colspan="2"></td></tr>
<tr><td colspan="6">任务分工</td></tr>
<tr><td colspan="6"></td></tr>
</table>

【知识准备】

（一）钻机气控系统的工作原理

钻机气控系统利用空气压缩机将电动机或其他原动机输出的机械能转变为空气的压力能，然后在控制元件的控制和辅助元件的配合下，通过执行元件把空气的压力能转变为机械能，从而完成直线或回转运动并对外做功。气源装置是气源发生和处理元件，由空气压缩机和空气净化装置组成，为气控系统提供干燥、清洁的压缩空气，如图6-1-1所示。

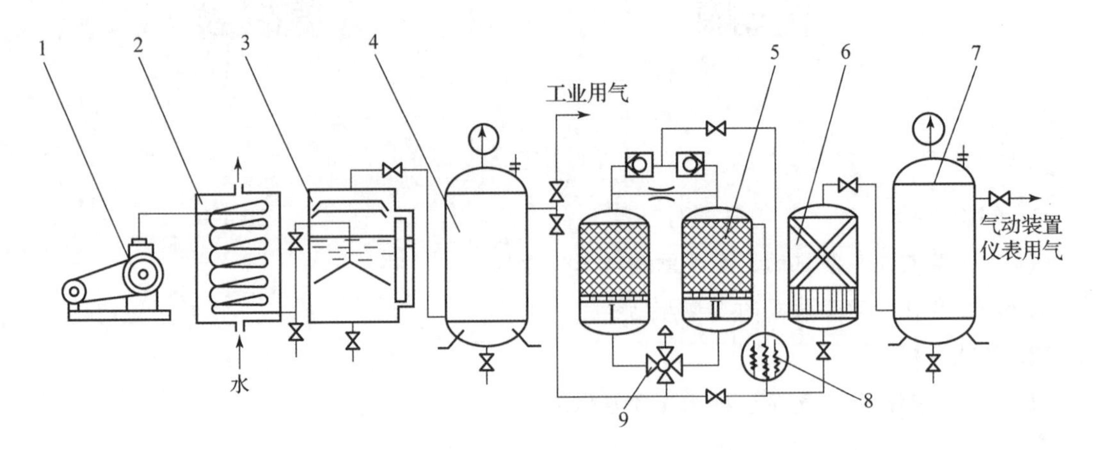

1—压缩机；2—冷却器；3—油水分离器；4，7—储气罐；5—干燥器；6—分水滤气器；
8—加热器；9—分配阀。

图6-1-1　气源装置的组成

（二）空气压缩机

空气压缩机是将机械能转换成压力能的装置，是产生压缩空气的设备。

1. 空气压缩机的分类

空气压缩机的种类很多，按工作原理可分为容积式空气压缩机和动力式空气压缩机两大类。在气压传动中，一般采用容积式空气压缩机。

按输出压力分：低压空气压缩机（$0.2\ \text{MPa} < p \leqslant 1\ \text{MPa}$）、中压空气压缩机（$1\ \text{MPa} < p \leqslant 10\ \text{MPa}$）、高压空气压缩机（$10\ \text{MPa} < p \leqslant 100\ \text{MPa}$）、超高压空气压缩机（$p \geqslant 100\ \text{MPa}$）。

按输出流量分：微型空气压缩机（$q < 1\ \text{m}^3/\text{min}$）、小型空气压缩机（$1\ \text{m}^3/\text{min} \leqslant q < 10\ \text{m}^3/\text{min}$）、中型空气压缩机（$10\ \text{m}^3/\text{min} < q \leqslant 100\ \text{m}^3/\text{min}$）、大型空气压缩机（$q \geqslant 100\ \text{m}^3/\text{min}$）

按润滑方式分：有油润滑空气压缩机和无油润滑空气压缩机。有油润滑空气压缩机，即采用润滑油润滑，结构中有专门的供油系统；无油润滑空气压缩机，不采用润滑油润滑，零件采用自润滑材料制成，如采用无润滑油的活塞式空压机中的活塞组件。

2. 空气压缩机的工作原理

下面以最常用的活塞式空气压缩机为例，说明其工作原理。

如图6-1-2所示，当动力机启动后，带动曲轴旋转，曲柄8做回转运动，带动气缸活塞3做直线往复运动，当活塞向右运动时，气缸2因容积增大而形成局部真空，在大气压的作用下，吸气阀9打开，大气进入气缸，此过程为吸气过程；当活塞向左运动时，气缸的容积减小，内部的气体被压缩，压力升高，吸气阀关闭，排气阀1打开，压缩空气排出，此过程为排气过程。单级单缸的空气压缩机就这样循环往复运动，不断产生压缩空气。

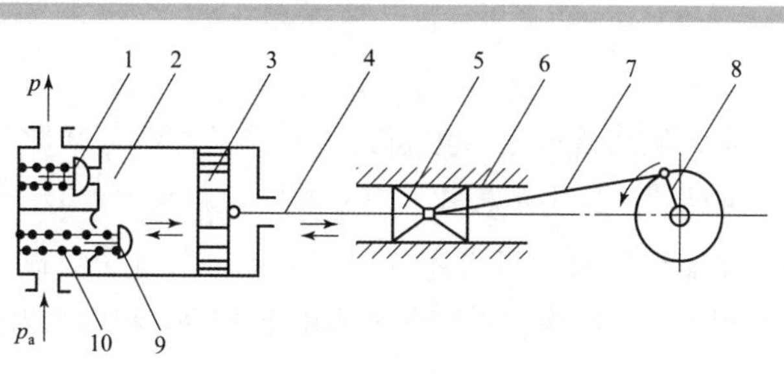

1—排气阀；2—气缸；3—活塞；4—活塞杆；5—十字头；6—滑道；7—连杆；8—曲柄；9—吸气阀；10—弹簧。

图6-1-2　活塞式空气压缩机的结构

3. 空气压缩机的选用

选用空气压缩机的依据是气动系统所需的工作压力和流量。目前，气动系统常用的工作压力为0.5～0.8 MPa，可直接选用额定压力为0.7～1 MPa的低压空气压缩机，有特殊需要时也可选用中、高压或超高压空气压缩机。

（三）气源净化装置

在空气压缩机中空气被压缩，温度可升高到140～170 ℃，此时部分润滑油变成气态，加上吸入空气中的水和灰尘，形成了水汽、油汽、灰尘等混合杂质。如果将含有这些杂质的压缩空气供气动设备使用，将会造成腐蚀设备、气路堵塞、流动阻力增大等影响。因此，在气动系统中设置除水、除油、除尘和干燥等气源净化装置是十分必要的。

1. 后冷却器

后冷却器一般安装在空压机的出口管路上，其作用是把空压机排出的压缩空气的温度由140～170 ℃降至40～50 ℃，使其中大部分的水、油转化成液态，便于排出。后冷却器一般采用水冷却法，其结构形式有蛇管式、列管式、散热片式和套管式等。图6-1-3所示为蛇管式后冷却器，热的压缩空气由管内流过，冷却水从管外水套中流动来进行冷却，在安装时应注意压缩空气和水的流动方向。

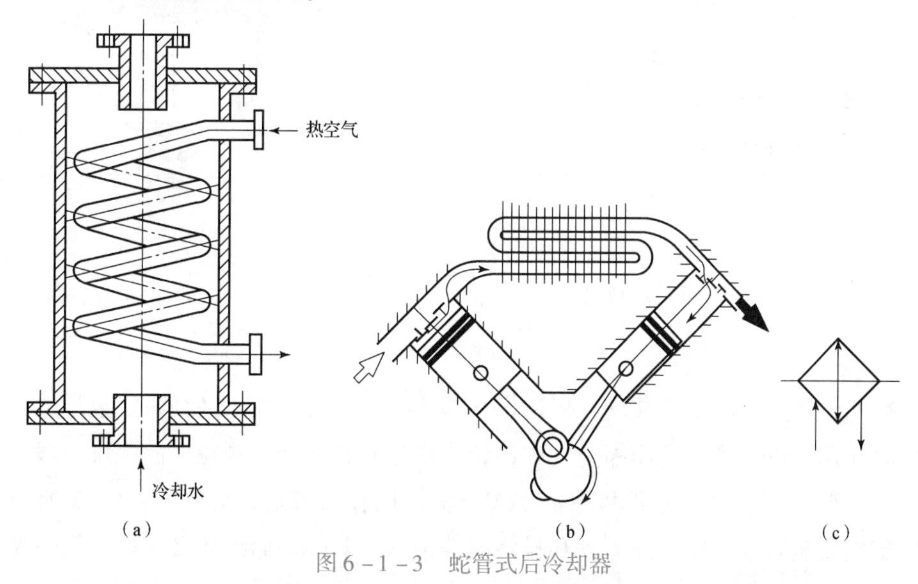

图6-1-3　蛇管式后冷却器

(a) 结构图；(b) 工作原理图；(c) 图形符号

2. 油水分离器

油水分离器的作用是将经后冷却器降温析出的水滴、油滴等杂质从压缩空气中分离出来。其结构形式有环形回转式、撞击挡板式、离心旋转式和水浴式等。图6-1-4所示为撞击挡板式油水分离器，压缩空气自入口进入分离器壳体，气流受隔板的阻挡被撞击折向下方，然后产生环形回转而上升，油滴、水滴等杂质由于惯性力和离心力的作用，析出并沉降在壳体的底部，由排污阀定期排出。

3. 干燥器

气源净化装置中干燥器的作用就是进一步除去压缩空气中的水、油和灰尘，其方法主要有吸附法和冷冻法。吸附法是利用具有吸附性能的吸附剂，吸附压缩空气中的水分使其达到干燥的目的。冷冻法是利用制冷设备，使压缩空气冷却到一定的露点温度，析出所含的多余水分，从而达到所需要的干度。

4. 分水滤气器

分水滤气器又称二次过滤器，其主要作用是分离水分、过滤杂质，滤灰效率可达70%~99%，如图6-1-5所示。QSL分水滤气器在气控系统中应用很广，滤灰效率大于95%，分水效率大于75%。在气控系统中，一般将分水滤气器、减压阀、油雾器称为气动三大件，又称气动三联件，是气控系统中必不可少的辅助装置。

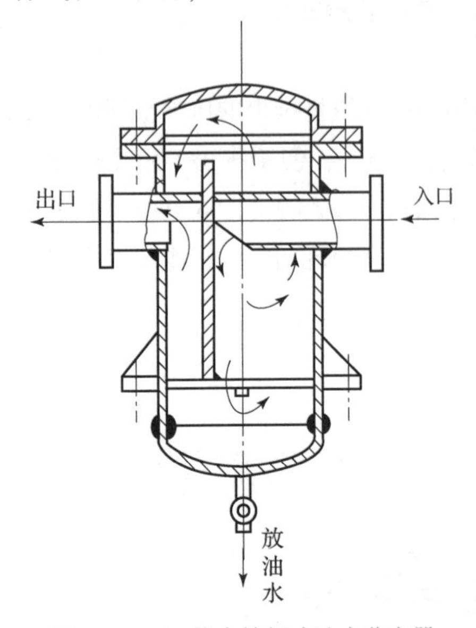

图6-1-4　撞击挡板式油水分离器

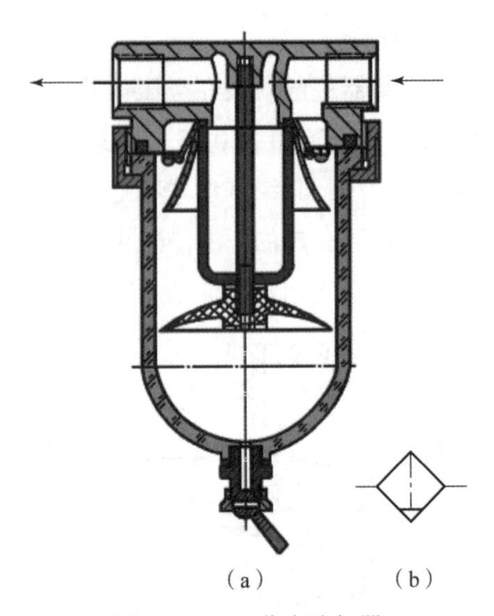

图6-1-5　分水滤气器

(a) 结构图；(b) 图形符号

5. 储气罐

储气罐的作用是消除压力波动，保证供气的连续性、稳定性；储存一定数量的压缩空气以备应急时使用；进一步分离压缩空气中油分、水分和其他杂质颗粒。储气罐一般采用焊接结构，其结构形式有立式和卧式两种，立式结构应用较为普遍，如图6-1-6所示。使用时，储气罐应安装有安全阀、压力表和排污阀等附件。此外，储罐还必须符合锅炉及压力容器安全规则的要求。

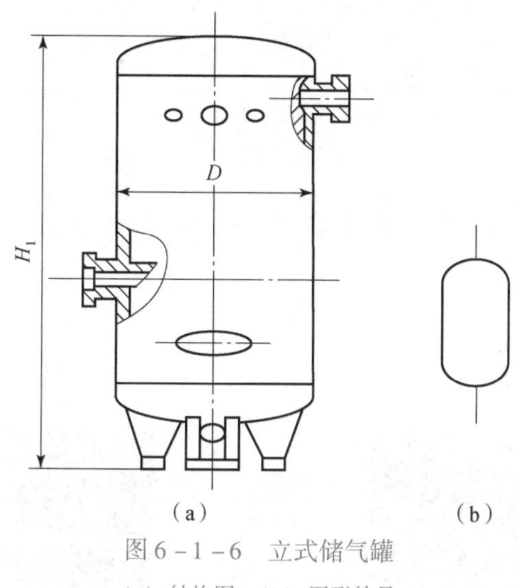

图6-1-6 立式储气罐

(a) 结构图；(b) 图形符号

【任务实施】

使用与维护钻井中空气压缩机

实施步骤一：空气压缩机操作前的注意事项。

(1) 保持油池中润滑油在标尺范围内。

(2) 检查各运动部位是否灵活，各连接部位是否紧固，润滑系统是否正常，电动机及电气控制设备是否安全可靠。

(3) 检查防护装置及安全附件是否完好齐全。

(4) 检查排气管路是否畅通。

(5) 接通水源，打开进水阀，使冷却水畅通。

实施步骤二：空气压缩机的正确操作方法。

(1) 各主要部件的定期保养和维护。

(2) 长期停用后首次启动前，必须盘车检查，注意有无撞击、卡住或响声异常等现象。

(3) 机械必须在无载荷状态下启动，待空载运转正常后，再逐步进入负荷运转。

(4) 正常运转后，应经常注意各种仪表读数，并随时予以调整。

(5) 空气压缩机操作2 h后，需将油水分离器、中间冷却器、后冷却器内的油水排放一次，储风桶内油水每班排放一次。

实施步骤三：空气压缩机的停车检查。

有下列情况时，应立即停车，查明原因，并予以排除：

(1) 润滑油终断或冷却水终断。

(2) 水温突然升高或下降。

(3) 排气压力突然升高，安全阀失灵。

(4) 负荷突然超出正常值。

（5）机械响声异常。

（6）电动机或电气设备等出现异常。

【评价反馈】

1. 学生自我评价

学生扫码完成自我评价。

2. 互相评价

学生扫码完成互相评价。

学生自我评价表

学生互评表

3. 教师评价

教师根据学生表现，填写表 6－1－2 进行评价。

表 6－1－2　教师评价表

项目名称	评价内容	分值	得分
职业素养考核项目	穿戴规范、整洁	6 分	
	安全意识、责任意识、服从意识	6 分	
	积极参加教学活动，按时完成学生工作手册	10 分	
	团队合作、与人交流能力	6 分	
	劳动纪律	6 分	
	生产现场管理 8S 标准	6 分	
专业能力考核项目	空气压缩机的分类、结构、原理等专业知识查找及时、准确	12 分	
	空气压缩机的使用操作符合规范	18 分	
	空气压缩机的维护、保养操作熟练、工作效率高	12 分	
	完成质量	18 分	
总分			
总评	自评（20%）＋互评（20%）＋师评（60%）	综合等级	教师签名

任务 6.2　气动执行元件的使用与维护

【任务描述】

在气控系统中，气动执行元件是一种能量转换装置，它能将压缩空气的压力能转变为机械能，驱动机械实现直线往复运动、摆动、回转运动或冲击运动。气动执行元件分为气缸、气马达和气离合器等。本任务需要在掌握气缸、气马达及气离合器原理特性的基础上，学会装配液气大钳移送气缸、更换普通气胎离合器气囊、检修通风型气胎离合器气囊。要求：正确穿戴劳动保护用品；工具、量具、用具准备齐全，正确使用；操作应符合安全文明操作规程；按规定完成操作项目，质量达到技术要求；任务实施过程中能够主动查阅相关资料、相互配合、团队协作。

小贴士

自力更生、艰苦奋斗是中国共产党的革命精神——延安精神的重要内容，也是我们党宝贵的精神财富。作为新时代石油人，我们要继承和弘扬延安精神，为祖国石油事业发展和能源安全做出自己的贡献。

【任务目标】

资源26　执行元件

1. 知识目标

（1）熟悉钻机气缸的类型与原理。

（2）熟悉气动马达的类型与原理。

（3）掌握气缸、气动马达、气离合器的特性和工作过程。

2. 技能目标

（1）会进行装配液气大钳移送气缸操作。

（2）会进行更换普通气胎离合器气囊操作。

（3）会进行检修通风型气胎离合器气囊操作。

3. 素质目标

（1）具有顽强拼搏、奋斗有我的责任感和使命感。

（2）具有勤于动手、动脑和勇于创新的积极性。

（3）能够认识工作任务内容，具有及时发现问题、分析问题和解决问题的能力。

【任务分组】

学生填写表6-2-1，进行分组。

表 6 –2 –1　学生分组表

班级		组号		指导教师	
组长		学号			
组员	姓名	学号	姓名	学号	
任务分工					

【知识准备】

（一）气缸

1. 气缸的典型结构

图 6 –2 –1 所示为最常用的单活塞杆双作用气缸，它由缸筒、活塞、活塞杆、前端盖、后端盖及密封件等组成。在结构上它有两个工作腔和两个气口。

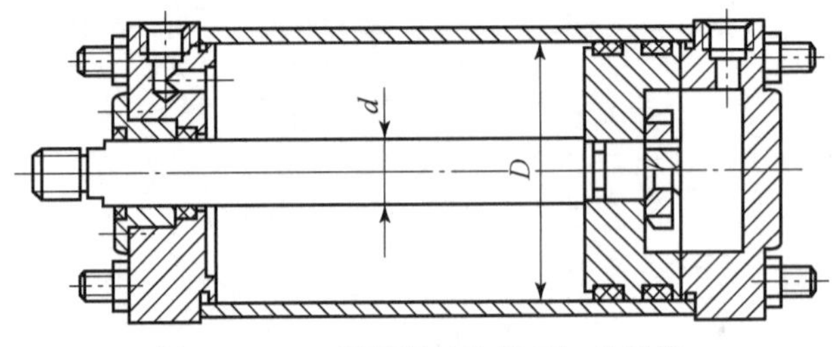

图 6 –2 –1　单活塞的作用气缸的结构

2. 气缸的分类

按作用力方向分为：单作用气缸和双作用气缸。

按结构特征分：活塞式气缸和膜片式气缸。

按运动形式分：直线运动缸和摆动气缸。

按安装形式分为：固定式气缸、轴销式气缸、回转式气缸和嵌入式气缸。

3. 钻机常用气缸

气缸在气控系统中应用的品种较多。这里仅介绍石油钻机上常用的几种气缸。

1）单作用刹车气缸

单作用刹车气缸只有一个方向运动的气压传动，活塞的复位靠弹簧力或自重和其他外力实现，主要由缸套、活塞、皮碗、缸顶盖、盖、活塞下部连接筒组成，如图 6 –2 –2 所示。

司钻在操作过程中，通过刹把控制司钻阀，使刹车气缸能进气、排气，控制气缸活塞的往复运动，来帮助司钻刹住绞车滚筒。

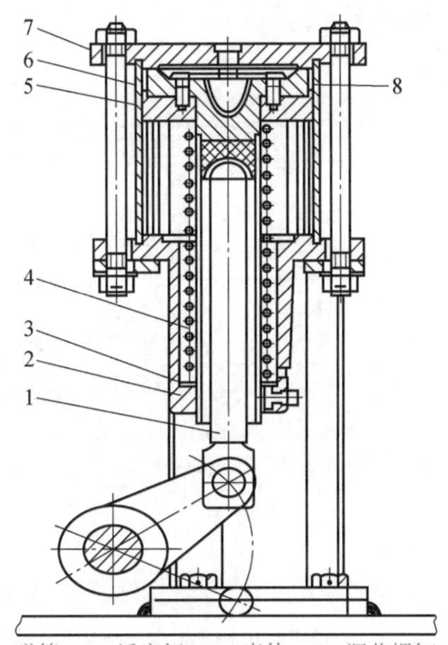

1—连杆；2—盖；3—铜套；4—弹簧；4—活塞杆；5—壳体；6—调节螺钉；7—膜盘；8—压板；9—撞杆。

图 6－2－2 刹车式气缸的结构

2）膜片式气动加速器

膜片式气动加速器在现场简称为气动加速器，如图 6－2－3 所示。它可在单方向上产生轴向力，一般用在柴油机油门遥控装置中。当柴油机需要加油门时，由上方的进气孔通入压缩空气，压缩空气推动膜片及压板克服弹簧力，带动活塞杆向下运动，推动油门的推杆；当柴油机不需要加油时，气缸放气，弹簧使膜片复位。

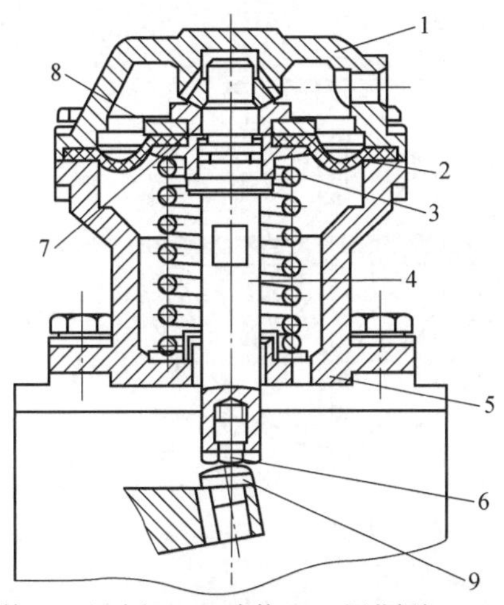

1—缸盖；2—膜片；3—弹簧；4—活塞杆；5—壳体；6—调节螺钉；7—膜盘；8—压板；9—撞杆。

图 6－2－3 膜片式气动加速器的结构

3）三位气缸

石油钻机常用三位气缸进行换挡，其结构如图 6－2－4 所示。三位气缸上有 I_1、I_2、

I_3三个进出气孔。当只有I_1孔进压缩空气时，活塞向右运动，拨叉位于右位；当只有I_2孔进压缩空气时，左滑筒向左运动，右滑筒向右运动，使拨叉处于中位；当只有I_3孔进压缩空气时，活塞向左运动，使拨叉位于左位。

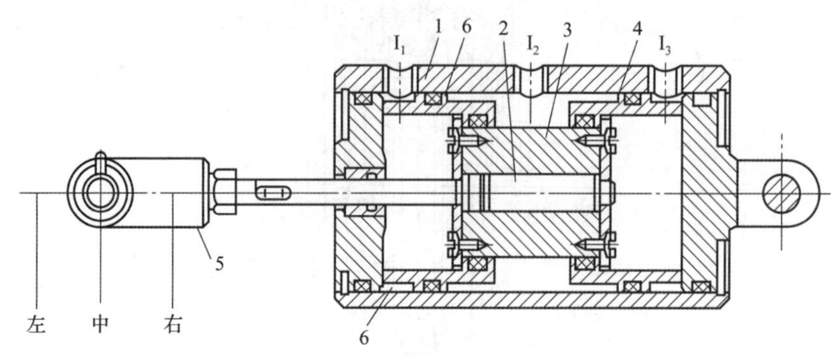

1—缸体；2—活塞杆；3—活塞；4—右滑筒；5—拨叉；6—左滑筒。

图6-2-4 三位气缸的结构

（二）气动马达

气动马达是将压缩气体的压力能转换为机械能的转换装置，其工作压力一般为0.3～0.8 MPa。气动马达种类很多，按工作原理可分为容积式和透平式。石油钻机气控系统使用的气动马达均属于容积式，其中一种叶片容积式气动马达如图6-2-5（a）所示，其工作原理是：压缩空气由A孔输入，小部分压缩空气经定子两端密封盖的槽进入叶片1底部，将叶片推出，使叶片贴紧在定子内壁上；大部分压缩空气进入相应的密封空间而作用在两个叶片上，由于两叶片长度不等，因此产生了转矩差，使叶片和转子按逆时针方向旋转，做功后的气体由定子的C孔和B孔排出。如果改变压缩空气的输入方向，则可改变转子的方向。

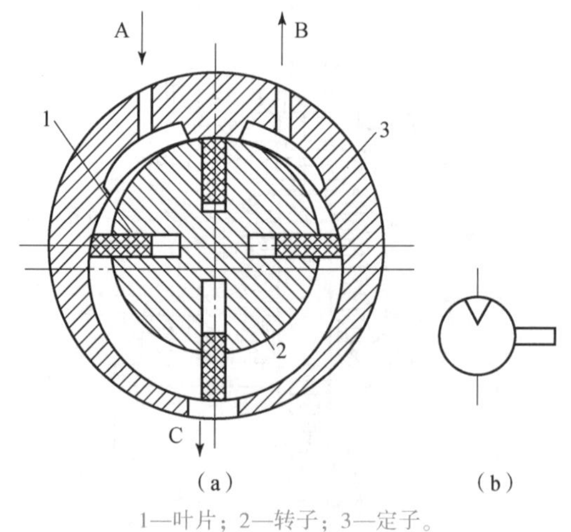

1—叶片；2—转子；3—定子。

图6-2-5 叶片式气动马达

（a）结构图；（b）图形符号

1. 普通型气胎离合器

普通型气胎离合器的结构非常简单，如图6-2-6所示。它主要由主动件和从动件两部分组成。主动件部分主要包括主动轮圈、进气管、气胎和摩擦片、主动轮；从动件部分主要有从动摩擦轮毂。主动轮和从动轮分别用键装在主动轴和被动轴上。

普通型气胎离合器的特点：摩擦片直接连接在气胎上，靠气胎的膨胀和收缩带动摩擦片抱紧或松开摩擦鼓；靠气胎来传递扭矩；与通风型气胎离合器相比，气胎直接受热承受扭矩，因而寿命短，传递的功率小。

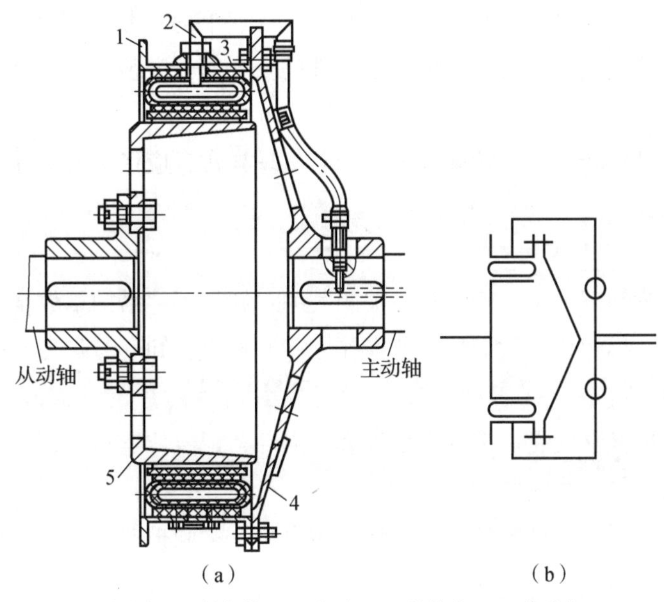

1—钢圈；2—输气管；3—气胎；4—链接盘；5—从动轮。

图6-2-6 普通型气胎离合器

(a) 结构图；(b) 图形符号

2. 通风型气胎离合器

钻机用通风型气胎离合器是在普通气胎离合器的基础上发展起来的，如图6-2-7所示，其隔热和通风散热性能好，气胎本身在工作时不承受扭矩。

通风型气胎离合器的特点：气胎只用于沿径向推动摩擦片连接体，不承受扭矩，因而寿命大大增长；扭矩通过摩擦片连接体传给承扭杆，再由承扭杆传给挡板；摩擦产生的热传给摩擦片连接体后，很快散发，使得气胎获得的热量很少，温升不大，因而延长了使用寿命。

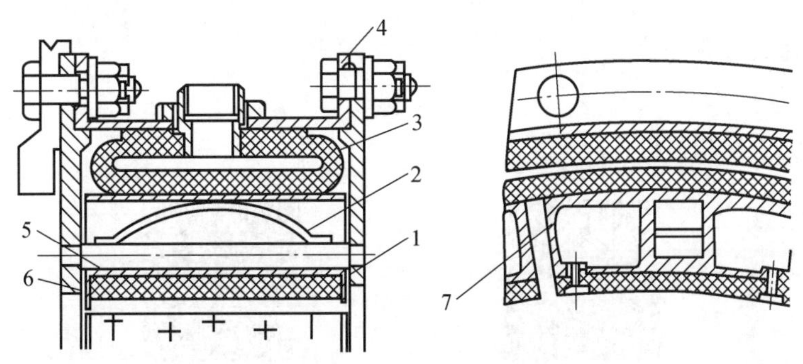

1—摩擦片；2—板簧；3—气胎；4—钢圈；5—承扭件；6—挡板；7—扇形体。

图6-2-7 通风型气胎离合器

【任务实施】

1. 装配液气大钳移送气缸

实施步骤一：检查气缸。选择工具、材料，检查连接销及孔；检查气缸主体、活塞、液缸密封、活塞杆表面粗糙度；检查钢丝绳、正反螺钉；检查气管线及连接接头等。

实施步骤二：安装。将气缸水平放置到平台上，将装好的活塞杆水平装入大钳连接孔，对齐插入连接销，连接气缸，安装固定气缸组件的安全绳，安装连接气缸组件的管线，检查各部件安装是否齐全、标准。

实施步骤三：试运转。试运转试验气缸，若出现异常，应仔细检查并重新安装。清理现场，收拾工具、用具。

2. 更换普通气胎离合器气囊

实施步骤一：拆卸旧气囊。停绞车，关闭气源；卸护罩，吊护罩放至安全位置；拆气管线、导气龙头总成；拆螺栓，做记号；按操作顺序卸托盘；卸气囊隔环，吊卸平稳，放置安全；拆旧气囊螺栓。

实施步骤二：更换新气囊。按顺序套气囊、隔环，记号位置对正，上紧螺栓；穿螺栓并紧固；接导气龙头，气管线应紧固、密封。

实施步骤三：试运转。试气囊间隙，试运转合格；紧固护罩，清点工具。

3. 检修通风型气胎离合器气囊

实施步骤一：选用合适的工具，进行检修前的试气。

实施步骤二：检查摩擦片的磨损情况。

实施步骤三：拆卸离合器并对卸下的零件进行检查。

实施步骤四：装气胎，上紧圆螺母，组装扇形体、摩擦片、扭力杆和板簧等零部件，紧固要符合要求。

实施步骤五：组装后试气头，操作气源装置，对用完后的工具进行维护和保养。

【评价反馈】

1. 学生自我评价

学生扫码完成自我评价。

2. 互相评价

学生扫码完成互相评价。

学生自我评价表

学生互评表

3. 教师评价

教师根据学生表现，填写表 6－2－2 进行评价。

表 6－2－2　教师评价表

项目名称	评价内容	分值	得分
职业素养考核项目	穿戴规范整洁	6 分	
	安全意识、责任意识、服从意识	6 分	
	积极参加教学活动，按时完成学生工作手册	10 分	
	团队合作、与人交流能力	6 分	
	劳动纪律	6 分	
	生产现场管理 8S 标准	6 分	
专业能力考核项目	气缸、气动马达、气离合器的类型、工作原理等专业知识查找及时、准确	12 分	
	装配液气大钳移送气缸、更换普通气胎离合器囊、检修通风型气胎离合器等操作符合规范	18 分	
	执行元件维护与保养操作熟练、工作效率高	12 分	
	完成质量	18 分	
总分			
总评	自评（20%）+互评（20%）+师评（60%）	综合等级	教师签名

任务 6.3　气动控制元件的使用与维护

【任务描述】

气动控制元件通过调节压缩空气的压力、流量、方向以及发送信号，来保证气动执行元件按规定的程序正常动作，按功能可分为压力控制阀、流量控制阀和方向控制阀。本任务需要在掌握各类控制阀结构与工作原理的基础上，更换高低速气开关、拆检继气器操作。要求：正确穿戴劳动保护用品；工具、量具、用具准备齐全，正确使用；操作应符合安全文明操作规程；按规定完成操作项目，质量达到技术要求；任务实施过程中能够主动查阅相关资料、相互配合、团队协作。

小贴士

工作中需要有敬业精神，敬业是对公民职业行为准则的价值评价，是公民践行社会主义核心价值观的具体实践。一个人无论从事什么行业、担任什么职务，都应该忠于职守、扎实工作，立足平凡岗位做出不平凡的工作业绩。

资源 27　气控压力和流量控制阀

资源 28　气控方向控制阀

【任务目标】

1. 知识目标

（1）熟悉压力控制阀的结构与工作原理。

（2）熟悉流量控制阀的结构与工作原理。

（3）熟悉方向控制阀的结构与工作原理。

2. 技能目标

（1）能正确使用压力控制阀。

（2）能正确使用流量控制阀。

（3）能正确使用方向控制阀。

3. 素质目标

（1）具有严谨求实、诚实守信、认真负责、一丝不苟的敬业精神。

（2）具有卓越工程师素养和精益求精的大国工匠精神。

（3）具有及时发现问题、分析问题和解决问题的能力。

【任务分组】

学生填写表 6－3－1，进行分组。

表 6－3－1　学生分组表

<table>
<tr><td>班级</td><td></td><td>组号</td><td></td><td>指导教师</td><td></td></tr>
<tr><td>组长</td><td></td><td>学号</td><td></td><td></td><td></td></tr>
<tr><td rowspan="3">组员</td><td>姓名</td><td>学号</td><td>姓名</td><td>学号</td></tr>
<tr><td></td><td></td><td></td><td></td></tr>
<tr><td></td><td></td><td></td><td></td></tr>
</table>

续表

任务分工

【知识准备】

（一）压力控制阀

压力控制阀（压力阀）的作用：通过控制气控系统的压力，实现对作用力、作用力矩的控制。常用压力阀有调压阀、溢流阀和调压继气器等。

1. 调压阀（减压阀）

调压阀在一定的进口压力下，通过调节手柄或踏板，可送出不同的出口压力。调压阀种类繁多，虽然在结构、调压精度、用途上有所不同，但它们的工作原理基本相同。常见的调压阀有直动式调压阀和先导式调压阀。

1）直动式调压阀

直动式调压阀的结构如图 6－3－1 所示。

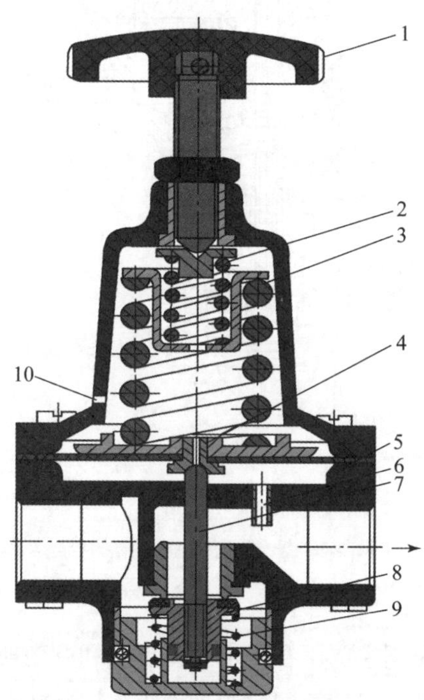

1—调节手柄；2，3—调压弹簧；4—溢流阀口；5—膜片；6—反馈导管；7—阀杆；
8—进气阀；9—复位弹簧；10—溢流口。

图 6－3－1 直动式调压阀的结构

在初始状态时，两阀口均被堵死，无气压输出；顺时针旋转手柄，压缩弹簧，推动溢流阀座下行，推动阀杆下行，进气阀开启，经节流后输出口有相应气压输出；输出气压经反馈导管进入反馈腔，压缩膜片，使溢流阀座上移，进气阀口减小，输出气压稳定在某一值，调压阀处于正常工作状态；顺时针或逆时针旋转手柄，可使输出气压增大或减小。输出气压只能在低于进气压力的范围内调节。

2）先导式调压阀

先导式调压阀是在一定的进口压力下，随着手柄或踏板升起程度的不同，输送出不同压力的压力阀，其结构如图 6－3－2 所示，主要组成部分有调压弹簧 2、顶杆套弹簧 4、阀弹簧 10、两个可移动的阀座 3、16 和两个双球阀 5、8，上阀座 16 由顶杆套弹簧支承，下阀座 3 由调压弹簧支承。调压阀有三个气室：气源气室 A、进排气气室 B 和调压气室 C。D 为 B、C 两室间的通道。

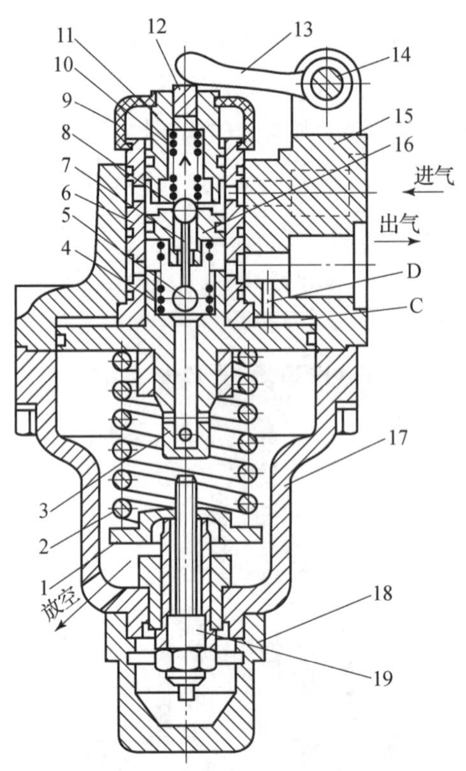

1—弹簧座；2—调压弹簧；3—下阀座；4—顶杆套弹簧；5—下球阀；6—铜套；7—阀杆；8—上球阀；9—防尘罩；10—阀弹簧；11—导套；12—顶套；13—顶舍；14—销轴；15—主体；16—上阀座；17—下盖；18—护帽；19—调节螺钉。

图 6－3－2　先导式调压阀的结构

3）调压阀在钻机上的应用

在钻机气控系统中，调压阀主要用在要求平稳启动和有变换操作压力的执行机构上，如控制刹车气缸的输入气压，从而得到不同的制动力矩；控制转盘离合器、绞车高低速挡离合器，使转盘、绞车滚筒能够平稳的启动；控制柴油机油门，调节气缸的输入气压，从而调节柴油机的油门大小，实现柴油机转速的调节。

2. 安全阀（溢流阀）

安全阀在气控系统中起过载保护作用，按工作原理分为直动式和先导式，按结构分为活塞式、球阀式和膜片式等。

工作原理：当系统中压力在规定范围内时，作用在球阀上的压力小于弹簧力，球阀处于关闭状态；当系统压力升高，作用在球阀上的压力大于弹簧力时，球阀左移，气体从溢流口放出，直到系统压力降至规定压力以下，球阀在弹簧力的作用下右移并重新关闭。

3. 调压继气器

调压继气器要与调压阀联合使用。调压继气器安装在执行元件的附近，输出口与执行元件进气口直接相连，结构如图6-3-3所示。

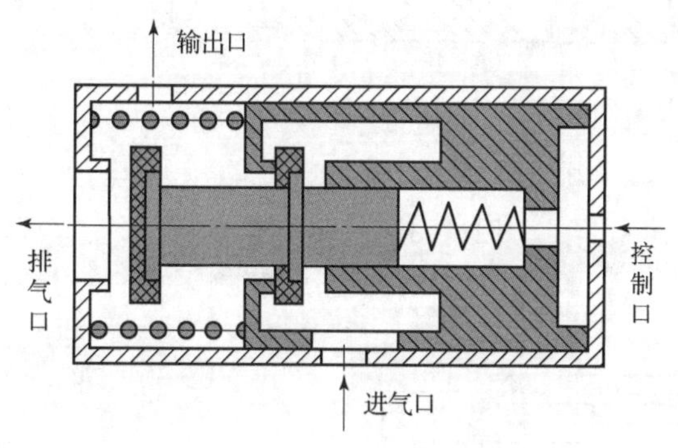

图6-3-3 调压继气器的结构

工作原理：当控制口没有控制信号时，在主弹簧的作用下，移动阀座处于最右端，进气口与输出口不通，输出口与排气口相通，气动系统无压力气。当向控制口输入一定压力的信号时，气压推力克服主弹簧力，移动阀座左移。当左阀芯将排气口堵死时，调压继气器处于临界状态；继续增大控制气压，移动阀座继续左移，而阀芯不动。右阀芯与阀座分离，进气阀开启，进气口的气源气体经进气阀口节流后由输出口输出。根据节流原理，进气阀口开启度越大，输出气压越高；反之，输出气压越低。进气阀口的开启度与控制气压成正比关系。

（二）流量控制阀

流量控制阀用来控制执行机构进气或排气的流量，以调节执行机构的工作速度，主要分为单向节流阀和快速放气阀。

1. 单向节流阀

单向节流阀如图6-3-4所示，由节流阀与单向阀构成。工作原理：当气源接B口，由A（或C）口输出时，可实现变速进气和快速放气；当气源接A（或C）口，由B口输出时，可实现快速进气和变速放气。

2. 快速放气阀

快速放气阀装在气胎离合器、气缸等耗气量较大的执行元件的进口管线上，由阀体、阀盖、导阀、导阀盖和阀芯等组成，如图6-3-5所示。其作用是就近、快速放掉执行元件中的压缩空气，提高开车、停车的灵敏度，延长摩擦零件的使用寿命。

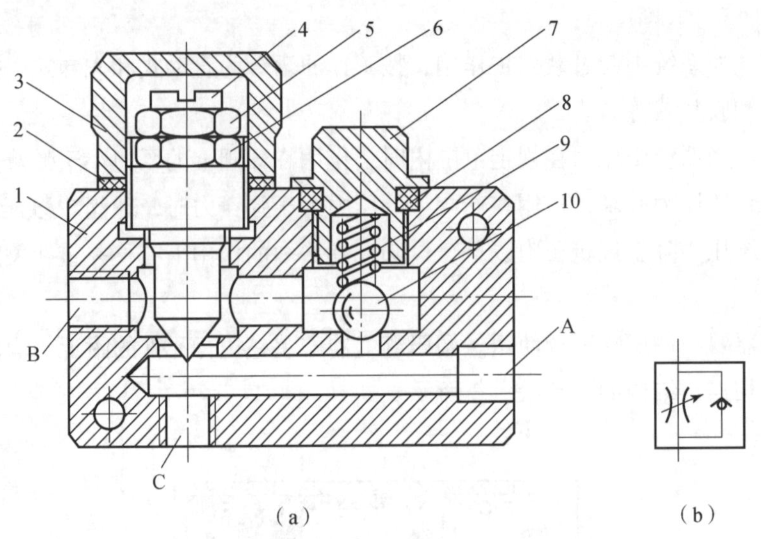

1—阀体；2—垫圈；3—护帽；4—锥阀；5，6—螺帽；7—螺塞；8—密封；9—弹簧；10—阀球。

图 6-3-4 单向节流阀

(a) 结构图；(b) 图形符号

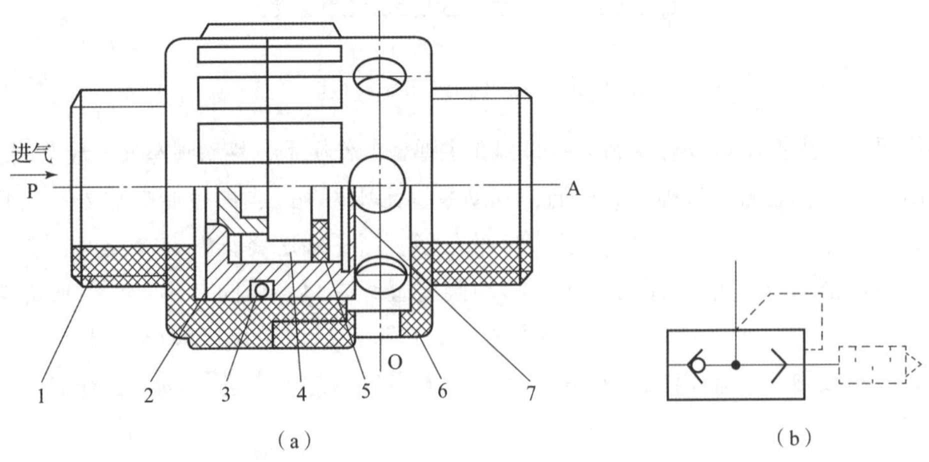

1—阀体；2—导阀；3—O 形密封圈；4—阀芯；5—密封胶垫；6—放气外壳；7—孔用弹簧挡圈。

图 6-3-5 快速放气阀

(a) 结构图；(b) 图形符号

工作原理：当经过快速放气阀向执行元件供气时，压力气推动导阀在阀体内向左运动，同时也推动阀芯在导阀内向左运动，使导阀堵死放气口，阀芯与阀座分离，压缩气体沿阀芯的轴向槽向左流动，然后经径向槽进入执行元件。当气源被切断后，执行元件内的压力气体推动阀芯、导阀向右运动，放气口打开，执行元件内的压力气体由放气口快速排空。

（三）方向控制阀

方向控制阀是用来控制气体流动方向的阀，用阀芯切换进、出气通道即可使气路换向。方向控制阀按操纵方式可分为手动阀和气控阀；按阀芯的运动方式可分为滑阀式和转阀式；按操作方式可分为手动式、机动式、气动式、电磁式；按工作位数或控制通道数可分为两通

阀、三通旋塞阀、气控二位三通阀（两用继气器）等。下面介绍几种常用的方向控制阀。

1. 二位三通换向阀（二通气开关）

二位三通换向阀有一个供气口Ⅰ、一个输出气口E、一个排气口C，如图6-3-6所示。当通道增加时，同样的零件也可构成三通阀和四通阀。其主要作用：控制一个对象的进气、排气。工作原理：当Ⅰ与E连通时，C被堵死，向系统供气；当Ⅰ被堵死时，E与C连通，系统气体排空。

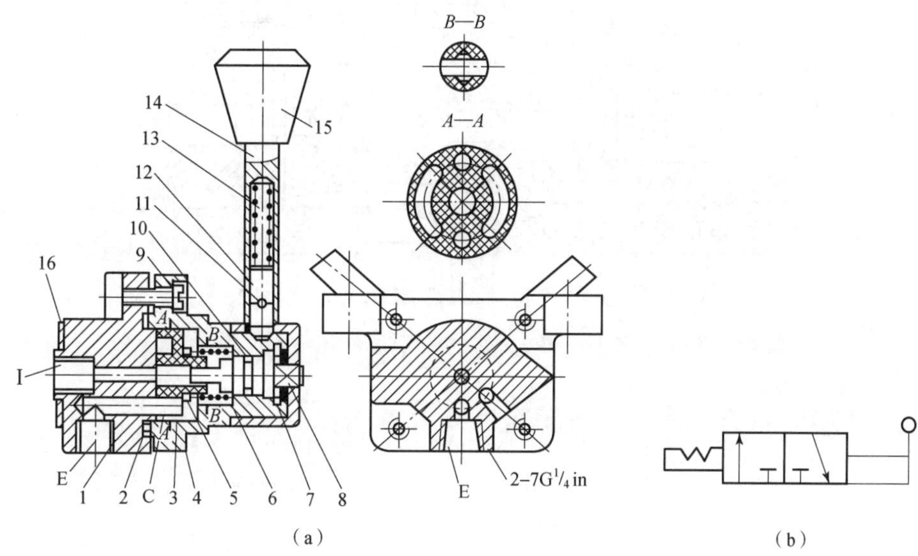

1—阀体；2—密封圈；3—滑阀；4—阀盖；5—弹簧垫；6，13—弹簧；7—孔用挡圈；8—转轴；9—圆柱头螺钉；10—O形密封圈；11—螺钉；12—定位销；14—手柄套；15—手柄；16—铭牌。

图6-3-6　二位三通换向阀

(a) 结构图；(b) 图形符号

2. 三位四通换向阀（三通气开关）

三位四通换向阀有一个供气口Ⅰ，两个输出气口E_1、E_2，两个排气口A_1、A_2，如图6-3-7所示。工作原理：当Ⅰ与E_1、E_2与A_2连通时，向一个系统供气；当Ⅰ与E_2、E_1与A_1连通时，向另一个系统供气；当Ⅰ被堵死时，E_1与A_1连通，E_2与A_2连通。

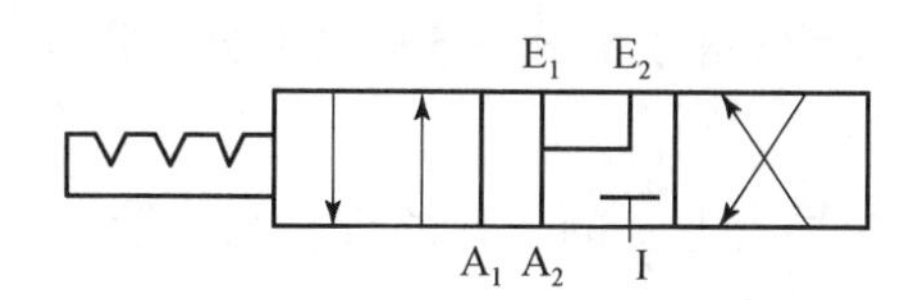

图6-3-7　三位四通换向阀的图形符号

控制两个互锁的系统，使得当一个系统工作时，另一个系统不工作。例如，控制猫头离合器和猫头惯性刹车两个系统：当猫头离合器进气时，猫头惯性刹车放气；当猫头惯性刹车进气时，猫头离合器放气。

3. 调压继气器

调压继气器的控制气是由调压阀供给压力可变的压缩空气，来自主气路的定压压缩空气通过调压继气器后，可以输出相应的压力可变的压缩空气至执行机构元件。调压继气器的结构如图6-3-8所示。

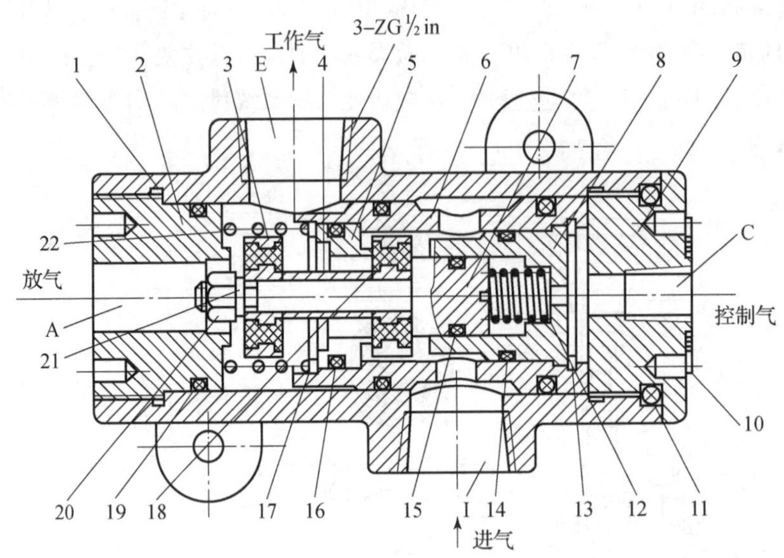

1—阀体；2—外阀；3—左阀门；4—隔圈；5—内阀；6—平衡套；7—阀芯；8—阀芯座；9—端盖；10—铭牌；11，14，15，16，19—O形密封圈；12，22—弹簧；13，17—孔用弹簧挡圈；18—内阀门；20—螺母；21—弹簧垫圈。

图6-3-8　调压继气器的结构

调压继气器有供气孔Ⅰ、送气孔E、控制气孔C和排气孔A。当控制气孔C作用在阀芯右表面时，推动阀门组件向左移动封死排气孔A。同时，阀芯座在控制气的作用下带动平衡套继续向左移动，使内阀脱离阀门的右阀门，于是主气路的压缩空气由供气孔Ⅰ流向送气孔E，为执行机构供气。当执行机构中的压力上升到某一定值时，平衡套则处于平衡状态。

若控制压力下降，则平衡套右移，带动内阀右移，打开排气孔A，使E、A孔连通，排出一部分工作气，达到在压力较低时的新的平衡，排气孔又关闭。

4. 导气龙头

导气龙头的作用是把气从管线静止部分引入旋转部分。它分为单向导气龙头和双向导气龙头。

（1）单向导气龙头。单向导气龙头的工作原理：当冲管与转动轴连接后，密封盖受弹簧的压力与冲管的密封端贴合，形成一个相对运动的密封通道。例如，将气体导入旋转的气胎离合器中，需要将轴内钻孔，将导气龙头旋到轴上，才能将气体导入。

（2）双向导气龙头。双向导气龙头的工作原理与单向导气龙头一样，只是可以提供两个独立的流体通道。例如，滚筒轴上有高、低速两个气胎离合器，为分别控制，必须用双向导气龙头。

5. 顶杆阀

顶杆阀常用于防碰天车装置中，如图6-3-9所示。此阀动作时，压缩空气流经至指示气压表，表示挂挡啮合正确。由于外部机械作用，顶杆向内部运动，使导阀推离阀门，则连通供气孔 I 和送气孔 E，压缩空气即可到使用处。当外界机械控制松开时，由于弹簧 7 的作用，顶杆回到原来位置，则孔 E 和孔 A 连通，回气排入大气。

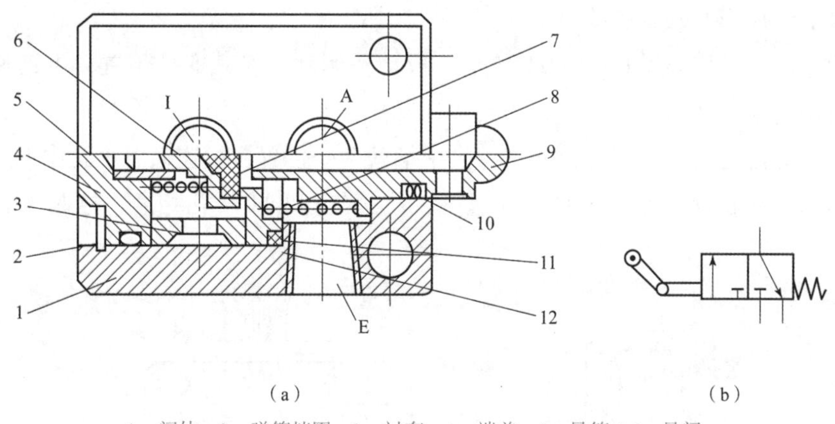

1—阀体；2—弹簧挡圈；3—衬套；4—端盖；5—导筒；6—导阀；
7，8—弹簧；9—顶杆；10，11—O 形密封圈；12—阀门。

图 6-3-9 顶杆阀

(a) 结构图；(b) 图形符号

6. 按钮阀

按钮阀的作用：只要按下按钮，就可从气路中分配压缩空气至需要供气的元件，或者将某控制元件的压缩空气放入大气，可用于防碰天车气路和刹车气缸放气，其结构如图 6-3-10 所示。它主要由一个可以上下移动的阀杆、弹簧和 A、B、C 三个通气孔，以及其他零件组成。

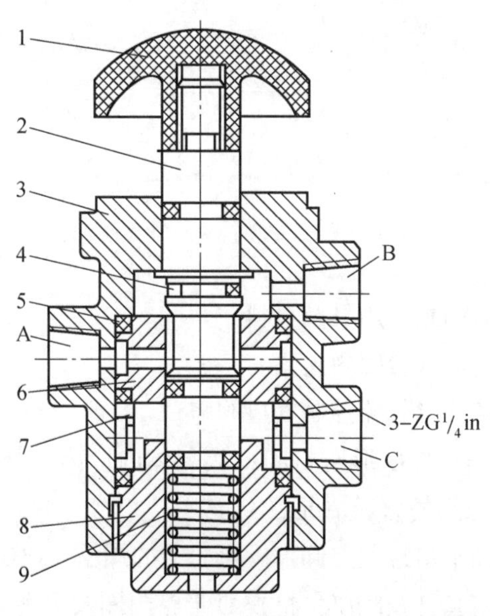

1—按钮；2—阀杆；3—阀体；4，5—O 形密封圈；6—衬套；7—衬垫；8—并帽；9—弹簧。

图 6-3-10 按钮阀的结构

7. 三通旋塞阀

三通旋塞阀的作用是用手动方式来切断或连通控制气路。它可用在绞车、转盘、钻井泵、柴油机等气控线路中，通常装在经常检修的设备附近。当要检修时，关闭三通旋塞阀，防止控制台上误操作而发生事故。

三通旋塞阀的结构如图 6－3－11 所示，扳动手柄旋塞使其变换位置，可连通三个孔中的两个。当用它来改变通气方向时，Ⅰ孔接送气孔，Ⅱ孔接气源，Ⅲ孔接通大气；当用来作安全装置时，Ⅱ或Ⅲ孔可任选一个接气源。手柄就两个位置，可连通三个孔中的两个，一个是供气孔与送气孔相通；另一个是切断送气，使送气孔和排气孔相通，控制装置回气放入大气。

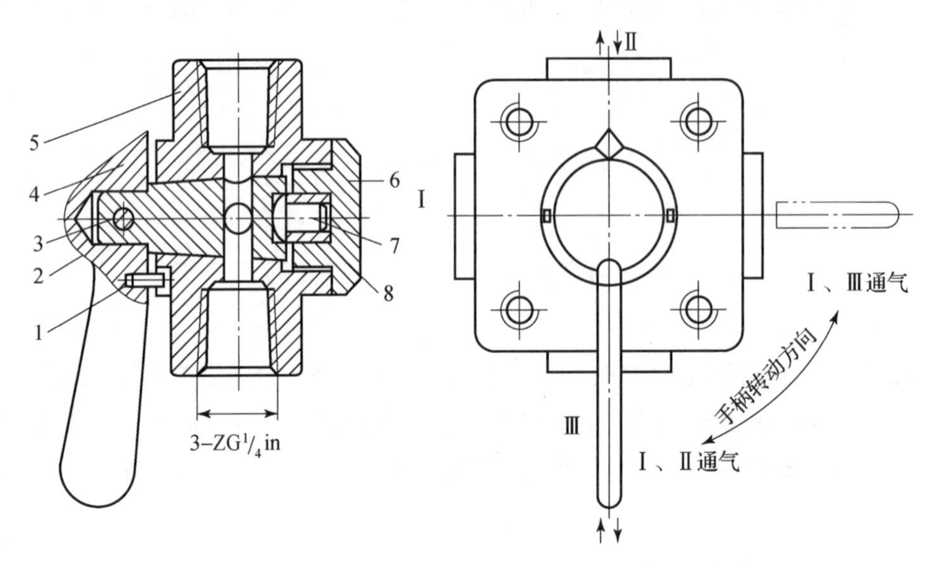

1—定位销；2—旋塞；3—圆柱销；4—手柄；5—阀体；6—螺塞；7—弹簧座；8—弹簧。

图 6－3－11　三通旋塞阀的结构

【任务实施】

折检继气器

实施步骤一：选择合适的工、用具及材料。

实施步骤二：将继气器放入台钳内夹紧。

实施步骤三：用扳手卸开继气器控制气口阀盖。

实施步骤四：检查阀盖上的 O 形密封圈；从阀体内取内、外阀总成，检查内、外阀座的两个 O 形密封圈及内、外阀的磨损情况。

实施步骤五：用扳手和平口螺丝刀卸掉阀座总成的螺帽，取出垫片（绝缘型）、卡簧。

实施步骤六：抽出平衡套杆及阀座，检查 O 形密封圈及平衡套复位弹簧。

实施步骤七：清洗内、外阀总成及附件并保养。

实施步骤八：按拆卸相反次序进行组装；组装导套，清理场地，收拾工具。

【评价反馈】

1. 学生自我评价

学生扫码完成自我评价。

2. 互相评价

学生扫码完成互相评价。

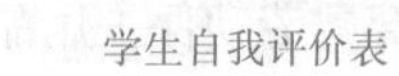

学生自我评价表　　学生互评表

3. 教师评价

教师根据学生表现，填写表 6－3－2 进行评价。

表 6－3－2　教师评价表

<table>
<tr><td>项目名称</td><td colspan="2">评价内容</td><td>分值</td><td>得分</td></tr>
<tr><td rowspan="6">职业素养
考核项目</td><td colspan="2">穿戴规范、整洁</td><td>6 分</td><td></td></tr>
<tr><td colspan="2">安全意识、责任意识、服从意识</td><td>6 分</td><td></td></tr>
<tr><td colspan="2">积极参加教学活动，按时完成学生工作手册</td><td>10 分</td><td></td></tr>
<tr><td colspan="2">团队合作、与人交流能力</td><td>6 分</td><td></td></tr>
<tr><td colspan="2">劳动纪律</td><td>6 分</td><td></td></tr>
<tr><td colspan="2">生产现场管理 8S 标准</td><td>6 分</td><td></td></tr>
<tr><td rowspan="4">专业能力
考核项目</td><td colspan="2">气动控制阀的结构与工作原理专业知识查找及时、准确</td><td>12 分</td><td></td></tr>
<tr><td colspan="2">拆检继气器符合规范</td><td>18 分</td><td></td></tr>
<tr><td colspan="2">拆检继气器操作熟练、工作效率高</td><td>12 分</td><td></td></tr>
<tr><td colspan="2">完成质量</td><td>18 分</td><td></td></tr>
<tr><td colspan="4">总分</td><td></td></tr>
<tr><td rowspan="2">总评</td><td rowspan="2">自评（20%）＋互评（20%）＋师评（60%）</td><td colspan="2">综合等级</td><td rowspan="2">教师签名</td></tr>
<tr><td colspan="2"></td></tr>
</table>

任务6.4　绞车气控元件的保养

【任务描述】

气控系统是绞车的重要组成部件，绞车的绝大多数功能是通过气控系统实现的。绞车的气源由钻机空气处理装置提供，压力为0.7～0.9 MPa、经净化干燥处理后的压缩空气进入绞车阀箱后分成两路：一路进入绞车内的各气控阀组和执行元件；另一路进入司钻控制台，为司钻气控手动阀供气。本任务需要在熟悉绞车气控系统组成、功能和工作原理的基础上，进行绞车气路元件的检查和维护保养。要求：正确穿戴劳动保护用品；工具、量具、用具准备齐全，正确使用；操作应符合安全文明操作规程；按规定完成操作项目，质量达到技术要求；任务实施过程中能够主动查阅相关资料、相互配合、团队协作。

小贴士

设备的保养使用中，要尊重客观事实，实事求是；与人相处中，要真诚友善，诚实守信。诚实守信是公民的立身处世之道、为人处事之德、社会交往之秤。诚实守信是打开人与人之间相互信任的第一把钥匙，也是市场经济健康发展的基本规则和生命线。

【任务目标】

1. 知识目标

（1）熟悉绞车气控系统的组成、功能和工作原理。

（2）掌握Z40/2250LDB6绞车气路元件的检查及维护与保养步骤。

2. 技能目标

（1）能判断、检查、处理Z40/2250LDB6绞车气路元件的问题。

（2）会进行Z40/2250LDB6绞车气路元件的日常保养和定期维护。

3. 素质目标

（1）具有吃苦耐劳、刻苦钻研、埋头苦干的石油精神。

（2）具有劳模精神、奉献精神及爱国主义精神。

【任务分组】

学生填写表6－4－1，进行分组。

表6-4-1 学生分组表

班级		组号		指导教师	
组长		学号			
组员	姓名	学号	姓名	学号	
任务分工					

【知识准备】

(一)绞车气控系统的组成、功能和工作原理

1. ZJ40/2250LDB6 钻机绞车气控系统的组成

ZJ40/2250LDB6 钻机绞车气控系统由执行元件、控制元件和辅助元件组成。执行元件是以压缩空气为工作介质产生机械运动，将气体的压力能转化为机械能的元件，主要有做直线运动的气缸、做回转运动的马达以及气动摩擦离合器等。控制元件是用来控制和调节压缩空气的压力、流量和流动方向的元件，主要包括电磁阀、气控阀、快速排气阀、顶杆阀和压力开关。辅助元件主要包括管线、接头以及维护装置。

绞车的气控阀件（即各离合器继气器）一般采用就近原则布置，控制向各离合器充气的电磁阀集装在绞车控制阀箱内，且各气胎离合器的进气口均装有相应的快排阀，以使各离合器排气迅速。

2. 绞车气控系统实现的功能

（1）滚筒高、低速的控制：控制滚筒高速、低速离合器的挂合或脱开，并实现高速、低速离合器的互锁。

（2）防碰过卷释放控制：当防碰过卷阀动作后释放管路中的压缩空气，使盘刹刹车钳松开，解除刹车。

（3）钢丝绳防碰装置控制：当游动系统超过设限高度后，控制液压盘刹装置自动刹车。

（4）摩擦猫头控制：控制上扣猫头、卸扣猫头中摩擦猫头的挂合、脱开。

（5）换挡控制：在绞车停止后，使锁挡气缸动作释放挡位。

（6）挡位选择：在挡位释放后控制三位气缸，使绞车传动轴齿式离合器挂合或脱开，以实现绞车不同的转速。

（7）输入轴惯刹控制：控制输入轴惯刹离合器的挂合、脱开，同时使电控系统绞车停车。

（8）电子防碰控制：当游动系统超过设限高度后，控制液压盘刹装置、伊顿刹车装置自动刹车。

3. 绞车的高、低速控制

绞车滚筒的高、低速离合器是由复位组合调压阀控制的，它的控制气流经气管路通过各自的常闭继气器指挥主气源进入滚筒离合器，便可分别控制滚筒轴的高、低速，高、低速的压力经单独管路返回司钻操作房内，通过梭阀显示在面板的高、低速压力表上，以便判断绞车的高、低速离合器是否挂上。当绞车修理、更换阀件或长时间不使用时，可将气路中的三通旋塞阀关闭。

4. 绞车的刹车控制

由液压盘刹来完成绞车的工作制动、紧急制动、驻车制动。当出现滚筒过卷时，防碰过卷阀回气经管路返回，分两路气流：一路经刹车放气阀后控制常开气控阀切断绞车高、低速控制气源，进而摘掉绞车高、低速离合器；另一路气流去控制盘刹紧急刹车。同样，当电磁刹车或辅助电动机掉电时，气流经梭阀分两路：一路切断绞车高、低速控制气源，进而摘掉绞车高、低速离合器；另一路气流经刹车放气阀后去控制盘刹紧急刹车。

5. 绞车排挡控制

通常由一个4+5排挡气开关来实现绞车Ⅰ、Ⅱ挡及倒挡的换挡。绞车的换挡操作应按以下步骤进行：

（1）摘开总离合器，松开锁紧机构，挂合惯性刹车。

（2）扳动换挡手柄到所需的挡位，无论换哪个挡，都必须先将手柄放置到空挡。当手柄联锁后，不要再强制操作。

（3）观察操作台上的锁挡压力表，当压力与气源压力相同时，表示换挡完成，这时才能挂合总离合器，钻机即可在选定的挡位运转。

（4）若锁挡压力表无压力显示，说明挂挡不成功，需操作二位三通按钮阀（控制微摆气缸）2~3 s，使其顺利挂合。

（二）Z40/2250LDB6绞车气路元件的检查和维护保养

1. Z40/2250LDB6绞车气控元件的布置及作用

绞车各气控元件均集中布置在绞车底座内，位于底座的左前方和右后方。其上设有活盖板，便于检查和维修。

（1）气控元件的作用：调节压缩空气的压力、流量、方向及发送信号，以保证气动执行元件按规定的程序正常动作。气动系统的控制元件就是各种气控阀。

（2）气控系统对气控阀的要求：灵敏性高、反应快、耐用性好、寿命长、制造维修容易。

（3）气控元件按其功能可分为压力控制阀、流量控制阀和方向控制阀。

2. 气路系统的检查和维护保养

1）使用前的检查

（1）司钻控制箱仪表显示是否正确，箱体内外是否清洁，有无漏气现象。

（2）各控制阀件工作是否可靠。司钻操作台通气后，必须先引入防碰天车气流信号，检查箱内二位三通常开气控阀动作是否灵敏，高、低速和踏板阀的气源是否被切断，同时检查液压盘刹能否刹车及刹车放气的功能。其他阀件的功能应逐一进行检查，全部合格后才能投入正常使用。

（3）换挡和锁挡是否正常可靠，转盘和输入轴惯性刹车是否正常。

（4）每次起下钻作业前，均需试防碰天车，看是否可靠。

（5）单向导气龙头是否发烧和漏气。

（6）快速放气阀放气是否畅通，有无卡阻现象。

（7）各胶管线是否漏气。

（8）调整钻机底座下储气罐安全阀压力为0.9 MPa。

（9）单向导气龙头加注润滑脂。

以上除防碰天车外均需8 h检查一次。

2）气控系统维护保养注意事项

（1）压缩空气压力不足。气控系统正常工作时必须保证供给一定数量和一定压力的压缩空气，否则会出现动作失误或出力不足等事故。因此，要经常检查各气控元件及管线接头等的密封。在动力机停止运转时，不允许有空气的漏失声。

停车后，挂合全部离合器，管线压力的下降应在允许范围内，在压缩空气不低于0.9 MPa时，经30 min降压不超过0.1 MPa。塑料快插管在拆卸时一定要用一只手按下止松垫，另外一只手拔出塑料管。塑料管在经多次拆装后，应将塑料管的前端剪去10~20 mm，再插入接头体内。尤其是在系统使用一段时间后，由于系统的压力高，塑料管掉出时，必须将管子的前端剪去10~20 mm或者更换塑料管与接头相连接，否则会造成管路密封不严和塑料管再次掉出。

（2）注意管道的清洁和气体干燥。如果有污物，杂质进入气管线内就会使气动元件失灵。钻机移运时，拆开的管路接头必须保护好，金属管线的敞口均需要用软木塞堵死。管线安装前应用压缩空气清扫管道，将污物清理干净后再连接管线。

司钻气控操作台未投入使用前，应存放在干燥、通风、周围环境温度为0~40 ℃、相对湿度不大于85%的室内，且室内不应含有对产品有害的酸、碱等腐蚀性介质。

3. 气控元件动作不良的种类

1）初期不良

初期不良在设备工作2~3个月后开始发生，主要类型如下：

（1）配管时的不妥。未在接管前彻底吹净或洗净管内的切削沫、切削液或灰尘等。

（2）机器的安装不妥。配管和管接头的松动造成漏气或者气动元件的安装位置错误。

（3）设计不当。未正确选择气动元件或者元件的规格选型不当。

（4）维护保养不当。忘记排水。

2）在安定工作时偶尔发生的故障

（1）配管内的杂质进入电磁阀将阀芯卡住。

（2）在现场气动元件因受到撞击而受损。

及早发现、迅速处理是解决故障的关键。

3）寿命

可通过确认气动元件的生产编号、系统的运行开始时间和机械的动作频率判断它的寿命。气动元件达到使用寿命后，其发生故障的次数也会增加，但根据使用条件和种类各有不同。其主要特征是气动元件在工作时发出异常声响或者气动元件不能顺畅工作。

4. 气控元件失灵时的处理

当发现气控元件工作失灵时，不可随便拆开阀件，因为气控阀件的失灵原因有很多，有时并不是阀件本身有问题，而是由气路管线堵塞或空气压力太小（气源压力低，管线漏气）等原因引起，所以必须分段检查。方法：先由控制阀、控制管线至遥控阀件，分段打开气接头，检查通气情况，如控制气路畅通，再检查通气情况，如不畅通，则证明阀件有问题。如有备用阀件，先换上使用，与有关技术部门取得联系，得到许可后再打开阀件进行检查，查清换下来阀件的问题。总之，若气控系统出了问题，应耐心细致地查明原因并正确处理，严禁盲目拆修。

【任务实施】

检查和维护 Z40/2250LDB6 绞车气控系统

实施步骤一：检查气缸。检查活塞杆是否漏气，气缸活塞杆处有无损伤或者变形，动作时有无异常声响。

实施步骤二：检查电磁阀。检查动作时有无异常声响，线圈部是否过热，电磁阀的安装螺钉有无松动，接线处有无损伤。

实施步骤三：检查减压阀。检查压力表的指示是否在设定范围内，是否漏气。

实施步骤四：检查空气过滤器。检查罩杯内是否积有水分，自动排水装置是否正常工作，是否漏气。

实施步骤五：漏气判断。气控阀件有个特点：在连续使用期间工作情况一直很好，但在停用几天后忽然失灵了。这种情况在二位三通气控阀上更易出现。这是因为阀芯在停用期间会产生水锈，使阀件活动部位阻力增大，工作失灵而漏气。遇到这种情况，可用手将常闭二位三通气控阀端部放气堵死，如消除漏气，则说明生锈了，只要将阀芯反复活动几次即可正常工作。如果继续漏气，则须打开阀件检查原因。

【评价反馈】

1. 学生自我评价

学生扫码完成自我评价。

学生自我评价表

2. 互相评价

学生扫码完成互相评价。

学生互评表

3. 教师评价

教师根据学生表现，填写表6-4-2进行评价。

表6-4-2 教师评价表

项目名称	评价内容	分值	得分
职业素养考核项目	穿戴规范、整洁	6分	
	安全意识、责任意识、服从意识	6分	
	积极参加教学活动，按时完成学生工作手册	10分	
	团队合作、与人交流能力	6分	
	劳动纪律	6分	
	生产现场管理8S标准	6分	
专业能力考核项目	绞车气控系统及绞车气路元件等专业知识查找及时、准确	12分	
	判断、检查、处理Z40/2250LDB6绞车气控系统操作符合规范	18分	
	Z40/2250LDB6绞车气控系统日常保养操作熟练、工作效率高	12分	
	完成质量	18分	

续表

<table>
<tr><td colspan="3">总分</td><td></td></tr>
<tr><td rowspan="2">总评</td><td rowspan="2">自评（20%）+互评（20%）+师评（60%）</td><td>综合等级</td><td rowspan="2">教师签名</td></tr>
<tr><td></td></tr>
</table>

任务 6.5　防碰天车气路的组装

【任务描述】

钻机的防碰系统主要有电子防碰、过卷防碰和重锤防碰，不管是哪种防碰，气控装置都承担着重要作用。本任务需要在了解钻机防碰系统组成的基础上，更换高、低速气开关，进行电子防碰参数的设置。要求：正确穿戴劳动保护用品；工具、量具、用具准备齐全，正确使用；操作应符合安全文明操作规程；按规定完成操作项目，质量达到技术要求；任务实施过程中能够主动查阅相关资料、相互配合、团队协作。

小贴士

“数字强国”建设是复杂数字环境下国家治理体系和治理能力现代化的创新手段，更是以人为本、保障人民数据安全的制度建设。“数字强国”战略部署推动了大数据、人工智能等数字化技术与自动化钻井技术的不断融合发展，开启了钻井技术行业的数字化革命。

【任务目标】

资源 29　钻机气控制回路

1. 知识目标

（1）了解钻机防碰系统的组成。

（2）掌握电子防碰参数的设置步骤。

2. 技能目标

（1）会更换高、低速气开关。

（2）能进行电子防碰参数的设置。

3. 素质目标

（1）具备岗位安全责任意识，树立安全生产、重在预防的安全观念。

（2）树立质量强国理念，具有卓越工程师素养。

【任务分组】

学生填写表6－5－1，进行分组。

表6－5－1 学生分组表

班级		组号		指导教师	
组长		学号			
组员	姓名	学号	姓名	学号	
任务分工					

【知识准备】

钻机的防碰系统主要有电子防碰、过卷防碰和重锤防碰，不管是哪种防碰，气控装置都承担着重要作用。

（1）电子防碰用电子传感器、PLC分析阀岛气路输出，进而控制盘刹的动作。

（2）过卷防碰是在滚筒上装设气控限位阀，随着大钩高度的增加，大绳圈数也增加，且超过设定位置，大绳会扳动气动限位阀，进而控制盘刹刹车防碰。

（3）重锤防碰是在天车下合适位置（一般在天车下5～7 m）横一根钢丝绳，这根钢丝绳端固定于井架上，另一端与钻台井架大腿上单向气开关的手柄相连，一旦游车上行高度超过钢丝绳，单向气开关动作（此开关串接于盘刹气控回路中），于是盘刹动作刹车。

如图6－5－1所示，3种防碰最终都是作用于盘刹气控阀上，盘刹气控阀是一个常通阀，即常给气，一旦收到信号或气源丢失，常通变为常闭，受控于气路的盘刹油路将改变工作状态，进行刹车。

盘刹气控阀之所以是常通阀，主要基于以下两点考虑：

（1）防止因气路阻塞而不能刹车。假如盘刹气控阀是常闭的，需要刹车时才通，那么很可能因为气路的问题而使盘刹气控阀需要气时得不到气，使刹车失败。

（2）断气自动刹车。盘刹气控阀只有是常通的，才能使气源丢失时盘刹自动刹车。正因为盘刹气控阀需要是常通的，而防碰天车的控制回路又不止一条，所以就要求每条回路都必须密封良好，否则会因为漏气而误刹车。

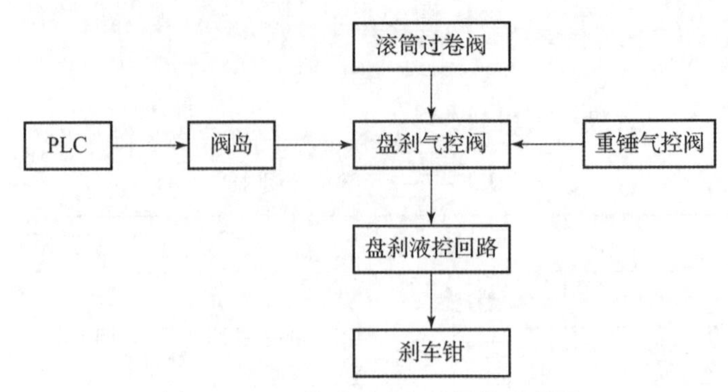

图6-5-1　防碰天车气控回路示意图

【任务实施】

（一）设置电子防碰参数

1. 准备工作

（1）设备。YTA-H 电子防碰装置1套。

（2）工具。5 m卷尺1只，粉笔适量。

2. 操作规程

（1）打开电源，进入设定菜单。打开操作显示开关，系统稳定后进行下一步。

（2）检查基本参数。将游车下放或上提至零位（电子防碰显示值）并标记。基本参数有滚筒直径、滚筒宽度（或每层大绳圈数）、大绳直径、初始层数、初始圈数。

（3）检测误差。上提钻具1.5 m左右（电子防碰上显示的数据），用米尺实际测量钻具上升高度，查看误差是否超过10 cm，超过则需重新确定滚筒直径、滚筒宽度（或每层大绳圈数）、大绳直径、初始层数、初始圈数，归零后再次测量。如误差不超过10 cm，则可进行下一步。

（4）设置上防碰点、上减速点、下减速点、下防砸点。进入参数设定界面，设定上防碰点为20 m、上减速点为17 m、下减速点为3 m、下防砸点为零。

（5）测试刹车点和减速点是否工作正常。将游车上提，检查其在上减速点是否开始减速并报警、在上刹车点是否刹车。手动解除刹车，下放游车，测试下减速点是否开始减速、下防砸点是否刹车。

（6）游车下放到转盘面，关闭电子防碰系统。

（7）关闭系统后工具放回原处。

（二）更换高、低速气开关

实施步骤一：准备好工具、配件，关闭气源。

实施步骤二：卸管线和固定螺钉，取下旧气开关。

实施步骤三：装新气开关，确保新开关方向正确。

实施步骤四：接气管线，上紧固定螺钉。

实施步骤五：开气源，试新开关，清理摆放工具。

学生自我评价表

【评价反馈】

1. 学生自我评价

学生扫码完成自我评价。

2. 互相评价

学生互评表

学生扫码完成互相评价。

3. 教师评价

教师根据学生表现，填写表 6-5-2 进行评价。

表 6-5-2 教师评价表

项目名称	评价内容	分值	得分
职业素养考核项目	穿戴规范、整洁	6 分	
	安全意识、责任意识、服从意识	6 分	
	积极参加教学活动，按时完成学生工作手册	10 分	
	团队合作、与人交流能力	6 分	
	劳动纪律	6 分	
	生产现场管理 8S 标准	6 分	
专业能力考核项目	钻机防碰系统原理及防碰参数的设置等专业知识查找及时、准确	12 分	
	进行电子防碰参数的设置操作符合规范	18 分	
	更换高、低速气开关操作熟练、工作效率高	12 分	
	完成质量	18 分	
总分			
总评	自评（20%）+互评（20%）+师评（60%）	综合等级	教师签名

模块7 钻井井口工具与设备的使用与维护

【模块简介】

在钻井过程中，为了起下钻具，必须对钻具进行上、卸扣，因而井口起下操作设备是必不可少的钻井井口工具。常用的钻井井口专用工具包括吊钳、吊卡、吊环、卡瓦、安全卡瓦等，这些工具称为井口工具，它们共同完成对钻具进行上扣、紧扣、松扣、卸扣等工作。由于深井和修井工作起下操作频繁，用于上卸扣的时间增加，因而对井口起下操作设备提出了机械化和自动化的要求。井口机械化设备通常有动力大钳、动力卡瓦、自动送钻设备、方钻杆旋扣器等。本模块包括常用地面工具的使用与维护、机械化设备的使用与维护两个工作任务，通过学习理解工具设备的结构原理、使用要求、操作步骤等，能够开展相应的工作并能够客观完成工作评价。

任务 7.1 常用地面工具的使用与维护

【任务简介】

钻井井口工具配合使用可以实现快速上卸扣，有利于安全、优质、快速地完成钻井任务。本任务要求能够对井口常用地面工具进行正确使用与维护，具体由3个子任务组成，分别为安装与检查吊钳、检查保养吊环和吊卡、使用卡瓦和安全卡瓦。

小贴士

团队精神是大局意识、协作精神和服务精神的集中体现，核心是协同合作，反映的是个体利益和整体利益的统一，进而保证组织的高效率运转。井口工具的使用，往往需要团队默契配合与共同协作才能顺利完成。

资源30　吊钳、吊卡和吊环

资源31　卡瓦、安全卡瓦

【任务目标】

1. 知识目标

（1）了解B型吊钳、吊环、吊卡、卡瓦与安全卡瓦的结构和工作原理。

（2）熟悉B型吊钳、二层台吊卡、内外钳工井口操作和安全卡瓦的检查与保养。

2. 技能目标

（1）会正确使用B型吊钳、吊环、吊卡、卡瓦和安全卡瓦。

（2）会进行B型吊钳、安全卡瓦的检查和维护，能进行二层台吊卡操作和内外钳工井口操作。

3. 素质目标

（1）具有顽强拼搏、奋斗有我的责任感和使命感。

（2）具有团结协作的精神，具有及时发现问题、分析问题和解决问题的能力。

子任务7.1.1　安装与检查吊钳

【任务描述】

吊钳又称大钳，是用来上、卸钻具和上紧套管的工具。大钳的类型按操作方式可分为液气大钳和手动大钳，按功用可分为钻具大钳和套管大钳。本任务需要在熟悉B型吊钳的基础上，正确使用和维护B型吊钳。要求：正确穿戴劳动保护用品；工具、量具、用具准备齐全，正确使用；操作应符合安全文明操作规程；按规定完成操作项目，质量达到技术要求；任务实施过程中能够主动查阅相关资料、相互配合、团队协作。

【任务分组】

学生填写表7－1－1，进行分组。

表7－1－1　任务分组情况表

<table>
<tr><td>班级</td><td colspan="2"></td><td>组号</td><td></td><td>指导教师</td><td></td></tr>
<tr><td>组长</td><td colspan="2"></td><td>学号</td><td></td><td></td><td></td></tr>
<tr><td rowspan="3">组员</td><td>姓名</td><td colspan="2">学号</td><td colspan="2">姓名</td><td>学号</td></tr>
<tr><td></td><td colspan="2"></td><td colspan="2"></td><td></td></tr>
<tr><td></td><td colspan="2"></td><td colspan="2"></td><td></td></tr>
<tr><td colspan="7">任务分工</td></tr>
<tr><td colspan="7"></td></tr>
</table>

【知识准备】

(一) B 型吊钳的结构

国产 B 型吊钳由吊杆、钳头、钳柄三大部分组成，如图 7－1－1 所示。

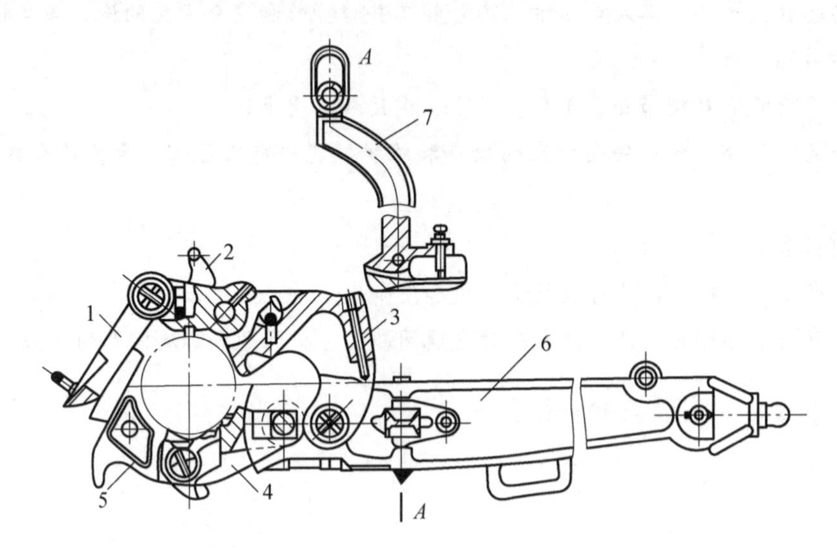

1—1#扣合钳；2—2#（固定）扣合钳；3—3#长钳；4—4#短钳；

5—5#短钳；6—钳柄；7—吊杆。

图 7－1－1　B 型吊钳的结构

（1）吊杆：用来悬吊大钳和调节大钳平衡。

（2）钳头：用来扣合钻具接头或套管接头。

（3）钳柄：大钳的主体部分。在使用吊钳之前，要进行安全检查，保证在使用过程中安全可靠。

(二) B 型吊钳的使用注意事项

B 型吊钳的使用注意事项如下：

（1）应选择适当的钳头，以保证扣合尺寸与钻具尺寸相符。

（2）吊钳应打在钻杆接头上，上、下钳分别距接头密封面 30～50 mm，内、外钳夹角为 45°～90°。紧扣时，外钳在上，内钳在下；卸扣时，外钳在下，内钳在上。

（3）更换钳牙时不能对准井口，并防止砸伤手指或钳牙崩出伤人。

（4）打钳子时，手指不要放在 3 号长钳、4 号短钳之间，以防挤伤手指。

【任务实施】

检查 B 型吊钳

实施步骤一：用钢丝刷将钳牙刷干净，钳牙上不能有油和泥。

实施步骤二：检查吊钳的水平度。吊钳安装好后必须调平才能使用，扭动吊杆上的转轴螺帽，可调节吊钳的左右水平度，扭动吊杆下部的调节螺钉可调节吊钳的前后水平度。

实施步骤三：检查各扣合器的连接销是否为专用销，销子上、下不能装反，背帽、挡销应齐全。各扣合器应润滑良好、转动灵活。

实施步骤四：猫头绳、钳尾绳在钳柄尾部必须固定可靠才能使用，钳尾绳不打结或严重断丝。

【评价反馈】

学生自我评价表

1. 学生自我评价

学生扫码完成自我评价。

2. 互相评价

学生扫码完成互相评价。

学生互评表

3. 教师评价

教师根据学生表现，填写表 7－1－2 进行评价。

表 7－1－2 教师评价表

<table>
<tr><td>项目名称</td><td colspan="2">评价内容</td><td>分值</td><td>得分</td></tr>
<tr><td rowspan="6">职业素养
考核项目</td><td colspan="2">穿戴规范、整洁</td><td>6 分</td><td></td></tr>
<tr><td colspan="2">安全意识、责任意识、服从意识</td><td>6 分</td><td></td></tr>
<tr><td colspan="2">积极参加教学活动，按时完成学生工作手册</td><td>10 分</td><td></td></tr>
<tr><td colspan="2">团队合作、与人交流能力</td><td>6 分</td><td></td></tr>
<tr><td colspan="2">劳动纪律</td><td>6 分</td><td></td></tr>
<tr><td colspan="2">生产现场管理 8S 标准</td><td>6 分</td><td></td></tr>
<tr><td rowspan="4">专业能力
考核项目</td><td colspan="2">B 型吊钳的结构、使用要求等专业知识查找及时、准确</td><td>12 分</td><td></td></tr>
<tr><td colspan="2">按照要求检查 B 型吊钳</td><td>18 分</td><td></td></tr>
<tr><td colspan="2">B 型吊钳的维护保养操作熟练、工作效率高</td><td>12 分</td><td></td></tr>
<tr><td colspan="2">完成质量</td><td>18 分</td><td></td></tr>
<tr><td colspan="4">总分</td><td></td></tr>
<tr><td rowspan="2">总评</td><td rowspan="2">自评（20%）＋互评（20%）＋师评（60%）</td><td colspan="2">综合等级</td><td rowspan="2">教师签名</td></tr>
<tr><td colspan="2"></td></tr>
</table>

子任务 7.1.2 检查保养吊环和吊卡

【任务描述】

吊卡是吊在吊环上、扣在钻杆接头或套管接箍的下面，用以悬持、提升、起出或下入钻杆或套管用的井口提升工具，是起、下钻和下套管作业时的必用工具。本任务需要在熟悉内外钳工井口操作流程的基础上，熟练进行吊环和吊卡操作。要求：正确穿戴劳动保护用品；工具、量具、用具准备齐全，正确使用；操作应符合安全文明操作规程；按规定完成操作项目，质量达到技术要求；任务实施过程中能够主动查阅相关资料、相互配合、团队协作。

【任务分组】

学生填写表 7－1－3，进行分组。

表 7－1－3 任务分组情况表

<table>
<tr><td>班级</td><td colspan="2"></td><td>组号</td><td colspan="2"></td><td>指导教师</td><td></td></tr>
<tr><td>组长</td><td colspan="2"></td><td>学号</td><td colspan="2"></td><td></td><td></td></tr>
<tr><td rowspan="3">组员</td><td colspan="2">姓名</td><td colspan="2">学号</td><td>姓名</td><td colspan="2">学号</td></tr>
<tr><td colspan="2"></td><td colspan="2"></td><td></td><td colspan="2"></td></tr>
<tr><td colspan="2"></td><td colspan="2"></td><td></td><td colspan="2"></td></tr>
<tr><td colspan="8">任务分工</td></tr>
<tr><td colspan="8"></td></tr>
</table>

【知识准备】

（一）吊卡

1. 类型

（1）按用途分为钻杆吊卡、套管吊卡和油管吊卡。

（2）按结构形式分为侧开式双保险吊卡、对开式双保险吊卡和闭锁环式油管吊卡。

2. 结构

侧开式双保险吊卡由主体和活页两大部分组成，如图 7－1－2 所示。

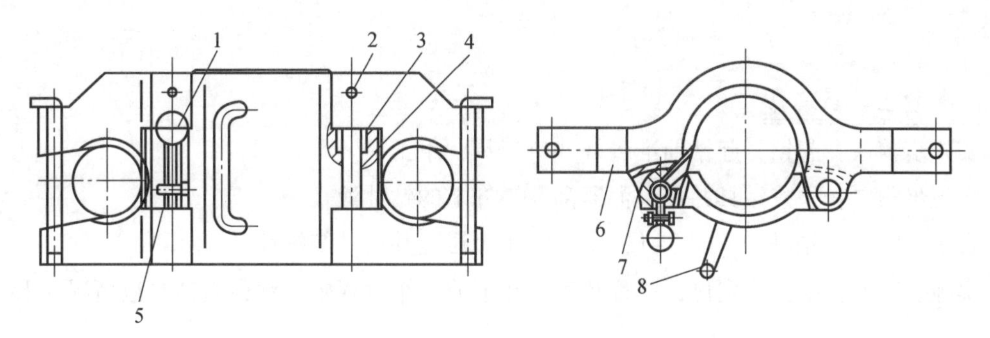

1—锁销手柄；2—螺钉；3—上锁销；4—活页销；5—开口销；6—主体；

7—活页；8—手柄。

图7-1-2 侧开式双保险吊卡的结构

（1）主体：由金属材料经热处理加工而成，两端分别开有挂合吊环的吊卡耳和安全销孔，中部装有锁销及弹簧，锁销上有一保险阻铁。

（2）活页（亦称活门）：由金属材料经热处理加工而成，上有两个手柄，即活页手柄和锁销手柄，锁销手柄连接着锁销及弹簧。同时，活页上还开有轴销孔，通过轴销与主体连在一起，并由平衡紧定螺钉来固定轴销。

3. 二层台吊卡操作

（1）戴好保险带，检查所使用的工具及绳索的可靠性，并禁止戴安全帽。

（2）起钻时首先在二层台或栏杆上站稳，绕好钻具兜绳，并迅速将兜绳固定在栏杆上的U形卡子里；然后伸左手五指并拢扶住钻具，右手抓住吊卡锁销手柄拉下解锁，将活页打开，双手用力拉兜绳使钻具进入指梁。

（3）抽出兜绳，调整好吊卡的方向，然后再将兜绳绕在钻具上，并将其固定在栏杆的U形卡子里。

（4）下钻时站在平台上合适的位置，右手用力拉兜绳，左手伸出接钻具，待钻具到位后，右手抓住活页手柄，左手用力推钻具，借吊卡摆动之力将钻具推入吊卡内，同时右手猛推活页手柄，使吊卡活页与主体扣合。吊卡扣合好后，必须试拉吊卡活页手柄2~3下，并观察保险销是否复位，以检查其扣合的可靠性。

（5）将兜绳从U形卡子里取出，并慢松兜绳取下，将其挂好。

（二）吊环的使用要求

（1）单臂吊环主要用于钻井作业，双臂吊环主要用于修井作业。

（2）吊环必须成对使用、包装和运输。在存放和搬家运输的过程中，吊环上不应压置重物，并存放在干燥环境，避免锈蚀。

（3）吊环任何部位都不允许焊接、切割和打孔。

（4）吊环与大钩匹配、吊环与吊卡匹配应符合标准要求，任何时候都不准超载荷使用。

（5）每班应目检吊环两个环部是否有变形、损伤和裂纹。

【任务实施】

1. 内钳工井口操作

实施步骤一：起钻，起钻前准备好井口工具、手工具。

实施步骤二：检查钻具并用刮泥器刮掉钻杆上的钻井液。

实施步骤三：扣吊卡，配合外钳工扶液压大钳至井口，卸螺纹。

实施步骤四：推立柱到位，排位整齐；在下放游车过程中，观察灌钻井液情况，及时提醒司钻。

实施步骤五：摘吊环，挂吊卡，插保险销到位。

实施步骤六：下钻，摘吊环，挂吊卡，插保险销到位。

实施步骤七：护送空吊卡过内螺纹接头，确保吊卡开口方向正确，不碰、不挂；游车上升，检查内螺纹，涂螺纹密封脂。

实施步骤八：检查外螺纹，扶立柱至井口对螺纹。

实施步骤九：配合外钳工上螺纹，开吊卡，拉离吊卡。

实施步骤十：下放钻具，观察返钻井液情况，及时提醒司钻。

2. 外钳工井口操作

实施步骤一：起钻，起钻前准备好井口工具、手工具。

实施步骤二：检查钻具并用刮泥器刮掉钻杆上的钻井液，检查钻具、悬重、起升位置。

实施步骤三：扣吊环，操作液压大钳卸螺纹；拉钻杆，排位，编号。

实施步骤四：观察灌钻井液情况，及时提醒司钻。

实施步骤五：摘吊环，挂吊卡，插保险销到位。

实施步骤六：下钻，摘吊环，挂吊卡，插保险销到位。

实施步骤七：护送空吊卡过内螺纹接头，确保吊卡开口方向正确，不碰、不挂。

实施步骤八：确保立柱顺序正确，检查外螺纹，对螺纹一次成功。

实施步骤九：操作液压大钳上螺纹到规定扭矩。

实施步骤十：与内钳工配合开吊卡，拉离吊卡。

【评价反馈】

1. 学生自我评价

学生扫码完成自我评价。

学生自我评价表

2. 互相评价

学生扫码完成互相评价。

学生互评表

3. 教师评价

教师根据学生表现，填写表7－1－4进行评价。

表7－1－4 教师评价表

项目名称	评价内容	分值	得分
职业素养考核项目	穿戴规范、整洁	6分	
	安全意识、责任意识、服从意识	6分	
	积极参加教学活动，按时完成学生工作手册	10分	
	团队合作、与人交流能力	6分	
	劳动纪律	6分	
	生产现场管理8S标准	6分	
专业能力考核项目	吊环、吊卡的使用等专业知识查找及时、准确	12分	
	二层台吊卡、内外钳工井口操作符合规范	18分	
	吊卡操作熟练、工作效率高	12分	
	完成质量	18分	
总分			
总评	自评（20%）+互评（20%）+师评（60%）	综合等级	教师签名

子任务7.1.3 使用卡瓦和安全卡瓦

【任务描述】

卡瓦外形呈圆锥形，可楔落在转盘的内孔里，而卡瓦内壁合围成圆孔，并有许多钢牙，在起下套管或接单根时，可卡住管柱，以防止落入井内。其次，在遇阻卡划眼时，将钻具卡紧坐于转盘中，以便传递扭矩，配合吊卡起下钻等。本任务需要在熟悉卡瓦和安全卡瓦结构的基础上，正确操作、检查、保养卡瓦和安全卡瓦。要求：正确穿戴劳动保护用品；工具、量具、用具准备齐全，正确使用；操作应符合安全文明操作规程；按规定完成操作项目，质量达到技术要求；任务实施过程中能够主动查阅相关资料、相互配合、团队协作。

【任务分组】

学生填写表7－1－5，进行分组。

表7－1－5　任务分组情况表

班级		组号		指导教师	
组长		学号			
组员	姓名	学号	姓名	学号	
任务分工					

【知识准备】

（一）卡瓦

1. 分类

（1）按作用分为钻杆卡瓦、钻铤卡瓦和套管卡瓦。

（2）按结构分为三片、四片式卡瓦和长型、短型卡瓦等。

（3）按操作方式分为动力卡瓦和手动卡瓦。

2. 结构

我国现场多采用手动三片式卡瓦，其主要由卡瓦体、卡瓦牙、衬套、压板、手柄螺栓、铰链销钉、衬板和手柄组成，如图7－1－3所示。

3. 多片式卡瓦的使用注意事项

所用卡瓦规格应与所卡管体直径相符；卡持钻铤时，卡瓦距内螺纹端面50 mm，且应与安全卡瓦配合使用，安全卡瓦距卡瓦50 mm；钻具坐卡瓦时，严禁猛顿、猛砸；禁止用卡瓦绷扣。

（二）安全卡瓦

1. 结构

安全卡瓦是在起下钻铤、取心筒和大直径的管子时配合卡瓦而用的，以防止钻具溜入井内。它是由若干节卡瓦体通过销孔穿销连成一体，两端又通过带链插销与丝杠连接成的一个可调性卡瓦。改变安全卡瓦的节数，可以适应不同尺寸的钻铤及管柱，如图 7－1－4 所示。

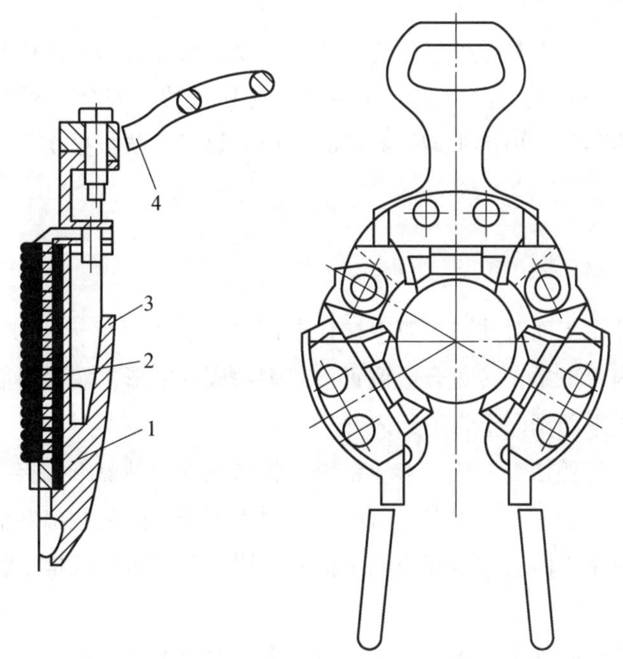

1—衬套；2—卡瓦牙；3—卡瓦体；4—手柄。

图 7－1－3 三片式卡瓦的结构

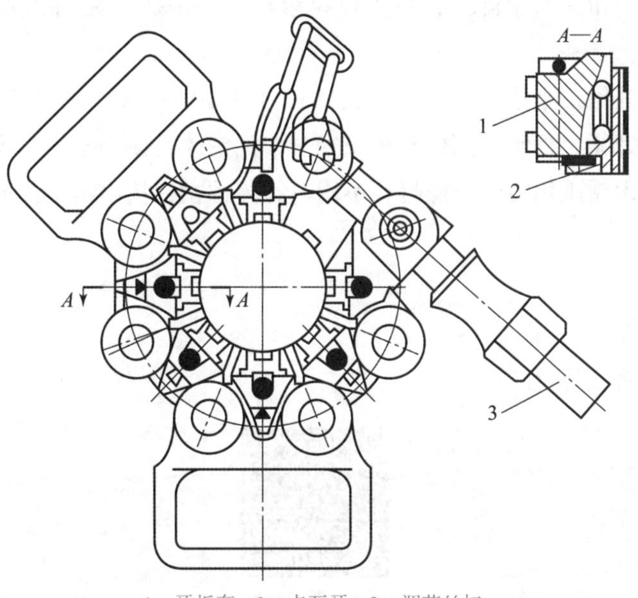

1—牙板套；2—卡瓦牙；3—调节丝杠。

图 7－1－4 安全卡瓦的结构

2. 安全卡瓦的检查与保养

(1) 安全卡瓦牙必须保持清洁；用手逐个下压卡瓦牙，每片牙板在牙板套内上、下活动灵活，其弹簧灵活好用。

(2) 铰链、丝杠销、保险销、螺母、手柄齐全完好，铰链转动灵活，无阻卡现象。

(3) 调节丝杠、螺母上、卸灵活，且不能松动。

3. 安全卡瓦的使用注意事项

安全卡瓦尺寸应与所卡管体外径相符；卡瓦螺纹应保持清洁，使用时不能卡反；安全卡瓦应卡在卡瓦以上 50 mm 处；丝杠销不能用其他材料代替；安全卡瓦在井口使用时，应防止丝杠销、手工具等落井；用榔头敲打铰链时，用力要轻，防止损伤卡瓦。

【任务实施】

1. 操作多片式卡瓦

实施步骤一：外钳工面对井口，双手握住卡瓦左右手柄。

实施步骤二：内钳工站在转盘合适位置，双脚站成八字形，右手手心向上握住手柄，左手扶住钻铤。外钳工平稳稍向上带卡瓦入井。

实施步骤三：卡瓦随钻铤下放，卡住钻铤，将卡瓦卡到钻铤母扣接头以下 50 mm 处。

实施步骤四：取出卡瓦。取出卡瓦时内、外钳工配合，随钻柱出钻盘面。

实施步骤五：内钳工向后拉卡瓦中间手柄，外钳工分开卡瓦外推，将卡瓦立在转盘上。

2. 操作安全卡瓦

实施步骤一：使用时外钳工确定卡瓦正反方向，双手抓安全卡瓦左右手柄，绕钻铤外围对好丝杠位置，方向不能卡反。

实施步骤二：内钳工双手配合，一手抓拉紧杆，一手抓卡瓦销孔体，配合外钳工插好销子。

实施步骤三：外钳工平抬安全卡瓦，到井口卡瓦 50 mm 处，内钳工左手拧紧螺帽，右手拿活动扳手上紧螺帽，外钳工用榔头轻敲安全卡瓦销体，使安全卡瓦牙均匀地贴合钻铤。

实施步骤四：内钳工用力上紧螺帽，不用时卸松螺帽，拔出销子，取下安全卡瓦。

【评价反馈】

1. 学生自我评价

学生扫码完成自我评价。

学生自我评价表

2. 互相评价

学生扫码完成互相评价。

学生互评表

3. 教师评价

教师根据学生表现，填写表7-1-6进行评价。

表7-1-6 教师评价表

项目名称	评价内容	分值	得分
职业素养考核项目	穿戴规范、整洁	6分	
	安全意识、责任意识、服从意识	6分	
	积极参加教学活动，按时完成学生工作手册	10分	
	团队合作、与人交流能力	6分	
	劳动纪律	6分	
	生产现场管理8S标准	6分	
专业能力考核项目	卡瓦、安全卡瓦的结构和使用步骤等专业知识查找及时、准确	12分	
	卡瓦、安全卡瓦操作符合规范	18分	
	使用卡瓦、安全卡瓦操作熟练、工作效率高	12分	
	完成质量	18分	
总分			
总评	自评（20%）+互评（20%）+师评（60%）	综合等级	教师签名

任务7.2 机械化设备的使用与维护

【任务简介】

井口机械化设备通常有动力大钳、动力卡瓦、自动送钻设备等。本任务要求能够对井口机械化设备进行正确使用与维护，具体由4个子任务组成，分别为操作液气大钳、保养液气大钳、检查保养自动送钻设备、使用套管动力钳。

小贴士

"埋头苦干"是毛泽东为中国石油工业第一位劳动模范陈振夏的题词，是石油精神的奠基之石。"埋头苦干"的精神，激励着一代又一代石油人顽强拼搏、勤奋进取、锐意改革，对于石油行业发展有着重要的现实意义和深远的历史意义。

【任务目标】

1. 知识目标

(1) 了解液气大钳、自动送钻装置、套管动力钳的作用原理、性能特点、操作规程。

(2) 掌握液气大钳、自动送钻装置、套管动力钳的正确使用和保养要求。

资源32　液气大钳

2. 技能目标

(1) 能正确使用液气大钳，会进行液气大钳的安装、调整、检查和保养。

(2) 能熟练操作自动送钻装置，会使用套管动力钳进行上、卸扣，会维护保养套管动力钳。

3. 素质目标

(1) 具有埋头苦干的石油精神，具有严谨求实、诚实守信、认真负责、一丝不苟的敬业精神。

(2) 具备岗位安全责任意识，树立安全生产、重在预防的安全观。

子任务7.2.1　操作液气大钳

【任务描述】

液气大钳又称动力大钳、液压大钳。液气大钳分为上钳、下钳两部分，下钳只卡紧下部管体或接头，上钳卡紧上部管体或接头后能够正转、反转，液气大钳可代替普通大钳及旋绳器完成上卸操作，操作安全，能减轻体力劳动。本任务需要在掌握液气大钳作用、分类、安装、调平的基础上，正确使用液气大钳。要求：正确穿戴劳动保护用品；工具、量具、用具准备齐全，正确使用；操作应符合安全文明操作规程；按规定完成操作项目，质量达到技术要求；任务实施过程中能够主动查阅相关资料、相互配合、团队协作。

【任务分组】

学生填写表7-2-1，进行分组。

表7-2-1 任务分组情况表

<table>
<tr><td>班级</td><td colspan="2"></td><td>组号</td><td></td><td>指导教师</td><td></td></tr>
<tr><td>组长</td><td colspan="2"></td><td>学号</td><td></td><td></td><td></td></tr>
<tr><td rowspan="3">组员</td><td>姓名</td><td colspan="2">学号</td><td colspan="2">姓名</td><td>学号</td></tr>
<tr><td></td><td colspan="2"></td><td colspan="2"></td><td></td></tr>
<tr><td></td><td colspan="2"></td><td colspan="2"></td><td></td></tr>
<tr><td colspan="7">任务分工</td></tr>
<tr><td colspan="7"></td></tr>
</table>

【知识准备】

（一）液气大钳的作用

石油钻机上用液气大钳可进行以下作业：

（1）起下钻作业。在扭矩不超过100 kN·m的范围内上、卸钻杆接头螺纹。

（2）正常钻进时卸方钻杆接头。

（3）上卸8 in钻铤。

（4）甩钻杆。甩钻杆时，调节吊杆的螺旋杆，使钳头和小鼠洞倾斜方向基本一致。调节移送气缸方向（可用棕绳或钢丝绳牵至井架大腿），使钳头对准小鼠洞后即可进行甩钻杆。

（5）活动钻具。钻机传动系统发生故障时，绞车、转盘不能工作，钻具在井内不能活动。为了防止粘吸卡钻，可把下钳颚板取出，钳子送到井口，将钳尾左右两边均绷上绳子，以限制钳体转动，然后视钻具规格让上钳换上相应颚板咬住方钻杆接头或钻杆接头，打开转盘销子，摘开转盘离合器，转动上钳，推动坐在转盘上的井下钻具转动。通常采用低挡活动井下钻具的时间不应太长（一般在0.5 h左右）。

（二）液气大钳的分类

（1）根据工作对象的不同分为钻杆钳、套管钳、油管钳等。

（2）根据采用动力的不同分为气动大钳、电动大钳和液动大钳。

（3）根据安装方式的不同分为固定安装大钳和悬吊安装大钳。

(4) 根据钳口形式不同分为开口钳和闭口钳。

(三) 液气大钳使用前的准备工作

1. 液压系统的安装

(1) 油泵：由电驱动时，要注意电气的安装；由钻机动力驱动时，应找正好皮带。液压站安装见其使用与维护指南。

(2) 管线：安装时要注意管线是否清洁，到钳子上的 4 条管线（高压油管、低压油管、液马达泄油管、气管）要防止碰坏。

2. 液气大钳的安装

液气大钳的安装如图 7－2－1 所示。

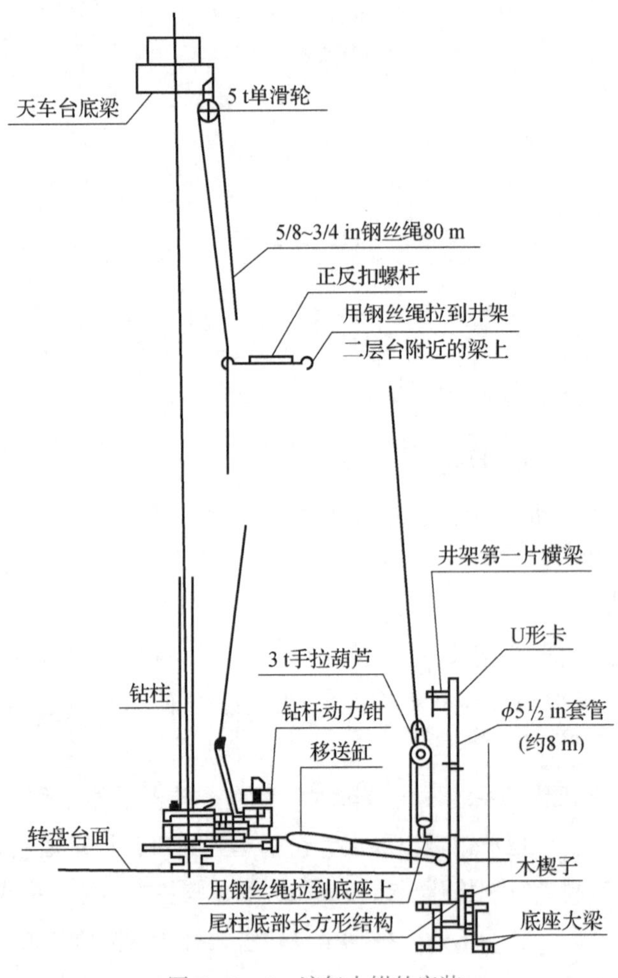

图 7－2－1　液气大钳的安装

(1) 将 5 t 单滑轮固定在天车底部大梁上。

(2) 用 5/8～3/4 in 钢丝绳过滑轮，钢丝绳一端卡在钻杆动力钳吊杆的螺旋杆上，另一端穿过 5 t 单滑轮固定在 3 t 手拉葫芦钩子上，吊耳和手拉葫芦用钢丝绳固定在底座大梁上。液气大钳的高度按规定离开吊卡 40 mm。

（3）安装尾柱（5⅓ in 套管）。尾柱安装在井架底座上，为防止在使用中松动和转动，可以将尾柱下部焊成方形，然后用木楔打紧或用其他方法固定。尾柱上部用卡子和井架卡紧。安装时应注意使井口、钳子、尾柱在一条直线上。

（4）移送缸头部与钳子相连。活塞杆叉头通过万向节与尾柱相连。注意：移送缸靠尾柱端应比靠大钳端低 100～250 mm。

（5）为了使液气大钳自动远离井口（无压缩空气时），可以在二层台附近装正反螺杆，以向后拉大钳。

3. 液气大钳的调平

液气大钳的调平是一个极重要的问题，不平不仅会出现打滑，而且会造成液气大钳的损坏。管路接好后把移送缸和钳尾接起来，通气将液气大钳送至井口（井口应有钻杆便于调节），调节液气大钳高度，使其底部与吊卡上平面保持一定距离（40 mm），高度合适。液气大钳缺口进入钻杆后，可站在钳头前边观察左右平不平，若不平则通过转动吊杆上螺旋杆，改变吊装钢丝绳的左右位置来调平。左右基本调平后，观察上、下钳两个堵头螺钉是否分别与钻杆外、内螺纹接头贴合，若有一个没贴合，则说明液气大钳不平，可用调节吊杆的调节丝杠的办法把钳头调到使外、内螺纹接头与上下两堵头螺钉相贴合。一般钳头上平面与转盘平面平行即可。

4. 液气大钳的试运转

（1）接好气管线后，操作高低挡气阀，下钳夹紧气阀和移送气阀观察是否灵活和漏气。检查各控制阀和液压阀及管线是否密封良好、灵活好用。

（2）用低挡空转 1～2 min，低挡空转压力在 2.5 MPa 以内。

（3）用高挡空转 1～2 min，高挡空转压力在 5 MPa 以内。

（4）进行电动机正反转试验，并试验钳头复位机构。

（5）将液气大钳送入井口，下钳卡住接头。

用高挡试验上扣和卸扣压力（不用低挡，以免扭坏接头），并调好上卸扣压力（上扣压力在上扣溢流阀调节，卸扣压力在总溢流阀调节），使其符合该井的需要。

5. 钳头扭矩和转速调节

（1）钳头转速。钳头转速与油泵供油量成正比，出厂时，钳头转速已调好。

（2）钳头扭矩。钳头扭矩与液压成正比。调节方法：将液气大钳送到井口，操作高挡夹住接头，上扣到钳子不转动时，关死钳子上的上扣溢流阀，调节油箱溢流阀到规定压力（即到规定扭矩），然后再打开上扣溢流阀，调到规定上扣压力（即到规定上扣扭矩）。注意：千万不能开低挡调压力，因为低挡扭矩太大会将接头扭坏。

【任务实施】

操作液气大钳

实施步骤一：操作前的检查。

（1）启动油泵，合上单向气阀使油泵在空载情况下运转，检查系统压力表的压力，以不超过1.5 MPa为正常。

（2）检查钳头颚板尺寸与钻杆接头尺寸相符合后，把钳头上两个定位手把根据上扣或卸扣转到相应位置。

（3）操纵移送缸双向气阀使液气大钳平稳地送到井口，严禁把气阀一次合到底，使液气大钳快速向井口运动造成撞击。若液气大钳高度不合适，则可操作3 t手拉葫芦，调节到合适位置。

实施步骤二：使用液气大钳上卸扣。

（1）在液气大钳送到井口、钻杆通过缺口进入大钳后，观察钳头上、下两堵头螺钉是否与外、内螺纹接头贴合，然后操纵夹紧缸双向气阀使下钳夹紧接头，将移送气缸双向气阀回到零位，将气放掉。

（2）根据上、卸扣需要，将高、低挡的双向气阀转到相应位置，在使用中可不停车换挡。

（3）当上完一个扣或卸完一个扣时必须操作H形手动换向阀，使其钳头向工作状态反向转动。在复位时根据各缺口相距远近可操作换挡双向气阀，用高、低挡变换的办法实现。

（4）卸扣时，当外螺纹全部从内螺纹中旋出后（即钻具反转5圈半或听到钻具卸开下落的响声后）即可将双向气阀向上扣方向转动复位。在上钳松开钻具而未对准缺口时亦允许停车提立根，提出立根后继续复位，这样节约时间。

（5）在外螺纹全部从内螺纹中旋出前不能上提，以防滑扣顿钻。在上钳松开钻具前不允许上提，以免提出钳头浮动部分或钻具上砸损坏机件。

（6）操纵夹紧气缸双向气阀到工作位置的相反位置，使下钳恢复零位对准缺口。

（7）操纵移送气缸双向气阀，使液气大钳平稳地离开井口。

（8）若全部起完或下完钻后，把所有液气阀复零位，将单向阀转向关闭位置，停泵。把钻机方向来气阀门关死，切断气路。操作口诀：钳子一定送到头，下钳卡牢转钳头，上卸扣完对缺口，松开下钳往回走。

【评价反馈】

1. 学生自我评价

学生扫码完成自我评价。

学生自我评价表

2. 互相评价

学生扫码完成互相评价。

学生互评表

3. 教师评价

教师根据学生表现，填写表 7-2-2 进行评价。

表 7-2-2 教师评价表

项目名称	评价内容	分值	得分
职业素养考核项目	穿戴规范、整洁	6分	
	安全意识、责任意识、服从意识	6分	
	积极参加教学活动，按时完成学生工作手册	10分	
	团队合作、与人交流能力	6分	
	劳动纪律	6分	
	生产现场管理8S标准	6分	
专业能力考核项目	液气大钳的作用、分类、使用前的准备等专业知识查找及时、准确	12分	
	液气大钳的安装、调整和检查操作符合规范	18分	
	液气大钳的使用操作熟练、工作效率高	12分	
	完成质量	18分	
总分			
总评	自评（20%）+互评（20%）+师评（60%）	综合等级	教师签名

子任务 7.2.2 保养液气大钳

【任务描述】

本任务需要掌握液气大钳的结构与工作原理，熟悉液气大钳的液气系统，会进行液气大钳的维护和保养。要求：正确穿戴劳动保护用品；工具、量具、用具准备齐全，正确使用；操作应符合安全文明操作规程；按规定完成操作项目，质量达到技术要求；任务实施过程中能够主动查阅相关资料、相互配合、团队协作。

【任务分组】

学生填写表7-2-3，进行分组。

表7-2-3 任务分组情况表

班级		组号		指导教师	
组长		学号			
组员	姓名	学号	姓名	学号	
任务分工					

【知识准备】

（一）钻井动力钳主要部件的结构

1. 两挡行星变速箱

为了实现高速低扭矩旋扣和低速高扭矩冲扣，动力钳采用两挡行星变速结构和独特设计的不停车换挡刹车机构，提高了钳子的时效。

如图7-2-2所示，高挡是液压马达带动框架上的游轮 Z_3 转动，当刹住内齿圈 Z_2 时，动力从太阳轮 Z_1 输出。低挡正好相反，液压马达带动太阳轮 Z_6 转动，当刹住内齿圈 Z_4 时，动力从装游轮 Z_5 的框架输出。

2. 减速装置

如图7-2-2所示，两挡行星齿轮减速箱的输出轴就是二级齿轮减速装置的输入轴，经过第一级减速（Z_1-Z_8）、第二级齿轮减速（$Z_9-Z_{10}-Z_{11}$）带动缺口齿轮 Z_{11} 转动。两个惰轮 Z_{10} 的作用是确保齿轮 Z_9 的运转能连续传至缺口齿轮 Z_{11}，即“过缺口”的需要。

3. 钳头

（1）卡紧机构。由传动部分的缺口齿轮通过3个销子带动浮动体转动。刹带始终以1 000 N·m左右的力矩刹住制动盘，带有颚板的颚板架与制动盘用螺钉相连，当浮动体开始转动时，因钳牙未与接头接触，故制动盘和颚板架均被刹住而不转动。但由于有一定坡角的坡板随浮动体转动，所以颚板背部的滚子将沿坡板的螺旋面上坡，并沿槽向中心靠拢，最后夹紧接头。此时，缺口齿轮必带动浮动体上的制动盘、颚板架、颚板及钻柱旋转，进行上卸扣作业。下钳用夹紧气缸推动颚板架在壳体内转动，从而可卡紧或松开下部接头。

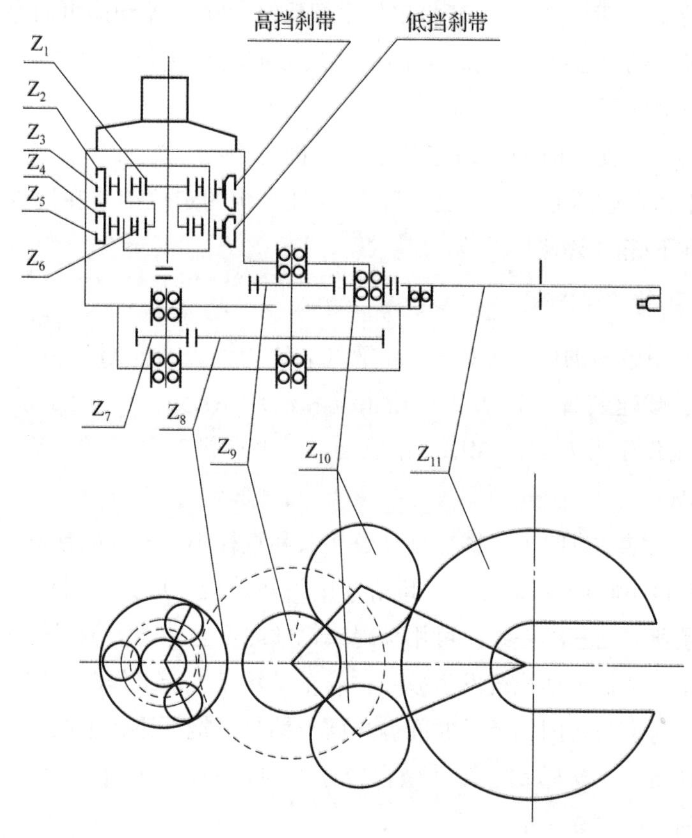

图 7-2-2 液气大钳的传动示意图

（2）浮动。由于在旋扣过程中上下钳口座间的相互位置是变动的，因此要求上钳能相对浮动。

大钳采用轻便灵活的钳头浮动的方案，浮动体通过 4 个弹簧坐到缺口轮上，依弹簧的弹性可保证浮动体有足够的垂直位移。为了保证在按头偏磨时仍能夹紧，浮动体还可以相对缺口齿轮做水平方向的位移。该位移通过装在缺口齿轮上 3 个销子的方套与浮动体上的矩形孔间的间隙来保证。

（3）制动机构。任何动力大钳，为了使滚子坡板能发生相对运动（即实现爬坡和退坡），必须设计颚板架的制动机构。

制动盘外边的两根刹带、连杆和刹带调节筒组成制动机构。转动调节筒可调节筒内弹簧的弹力，以改变刹车力矩的数值。本制动机构还能对浮动体有良好的扶正作用和适应偏心接头的要求。

（4）复位机构。在开口动力钳上有 3 个复位对缺口问题，包括浮动体与壳体对正、上钳颚板架与浮动体对正、下钳颚板架与壳体对正。用高挡大致对正后，再以低挡准确对正的方法使浮动体与壳体对正。

上钳颚板架与浮动体对正和下钳颚板架与壳体对正完全相同。定位销装在浮动体上，半月形定位转销与定位手把相连，装在制动盘的套上。显然，浮动体可向右对制动盘做相对运动，即做逆时针转动（卸扣位置）。若将定位手把反转180°，浮动体可向左对制动盘做相对运动，即做顺时针转动（上扣位置）。当浮动体反方向转到定位销碰到半月形定位转销时，制动盘与浮动体就对正了。

为了便于观察，在安装时使上钳定位手把指向与上扣（或卸扣）旋转工作方向一致，下钳定位手把与上钳定位手把方向一致。下钳复位机构的定位销装在拨盘上，并用螺母固死，其余零件装在下壳的支架上。

（二）液气大钳的工作原理

下面以现场使用较多的国产Q10Y－M液气大钳为例进行介绍。Q10Y－M液气大钳主要由行程变速箱、减速装置、钳头、气控系统和液压系统组成。液压系统的额定流量为114 L/min，最高工作压力为16.3 MPa，电驱动时的电动机功率为40 kW，气压系统工作压力为0.5～1.0 MPa。

液气大钳用于正常钻进时上、卸方钻杆及接头和直径小于8 in的钻挺；起下钻时在大钳的结构和扭矩不超过100 kN·m时上、卸钻杆接头和钻铤；甩钻杆时调节吊杆的螺旋杆使钳头和原小鼠洞倾斜方向基本一致，可用棕绳或钢丝绳牵至井架大腿，使钳头对准小鼠洞后即进行甩钻杆操作；钻机传动系统发生故障，绞车、转盘不能工作时，用以活动钻具。在悬重较轻的情况下，为了防止因钻具长时间静止而卡钻，可把下钳颗板取出，将钳子送到井口咬住方钻杆或钻杆接头，这样就可转动坐在转盘上的井下钻具。采用低挡（2.7 r/min）活动井下钻具的时间不超过0.5 h。

使用液气大钳上卸螺纹的操作方法：首先打开钻机到大钳供气管阀门，使大钳吊杆气室充气，从吊杆空气包的气压表可以显示出它的压力，压力标准为0.8～1.0 MPa。操纵电动机补偿器开动电动机，使油箱柱塞泵开始工作，整个大钳液压系统处于工作状态。操纵气阀板上的移送气缸双向气阀，将大钳平稳送至井口，使钻杆接头进入大钳口，把移送气缸双向气阀手柄拨到零位，将移送气缸内的气体放掉。根据上卸螺纹的需要，把高、低挡双向气阀合到相应的位置。操纵手动换向阀，完成上、卸螺纹动作。在使用中可以不停车换挡，上、卸螺纹动作完成，待上、下钳缺口复位对正后，将夹紧气缸双向气阀合到松开位置，松开钻杆内螺纹接头，然后操纵移送气缸双向气阀手柄，使钳子平稳离开井口。

（三）液气大钳的液气系统

1. 气控系统

液气大钳的气控系统如图7－2－3所示，用钻机本身的压缩空气作为气源，为了避免长距离输气管线影响流量，液气大钳用吊杆内腔存压缩压气，所以吊杆内腔就是气路中的气包6。

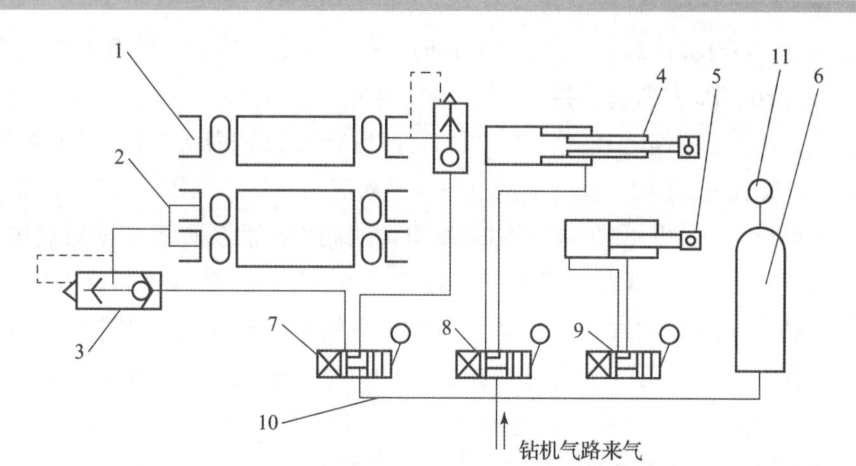

1—高挡气胎；2—低挡气胎；3—快速放气阀；4—移送气缸；5—夹紧气缸；

6—气包；7—高低挡换向阀；8—移送缸换向阀；

9—夹紧缸换向阀；10—气控阀板；11—压力表。

图7-2-3 液气大钳的气控系统

为了简化管路，减小控制台尺寸，3个换向阀都是将QF501B双向气阀拆掉原配下阀体后，将余下部件装在统一气控板上。3个换向阀7、8、9分别控制高挡气胎1和低挡气胎2、移送气缸4及下钳夹紧气缸5。

2. 液压系统

为了简化液压系统，本大钳只有液压马达用液压系统，如图7-2-4所示，液压油从油箱8，经油泵1、过滤器2到手动换向阀4，操纵手动换向阀可使液压马达正反转。为了限制

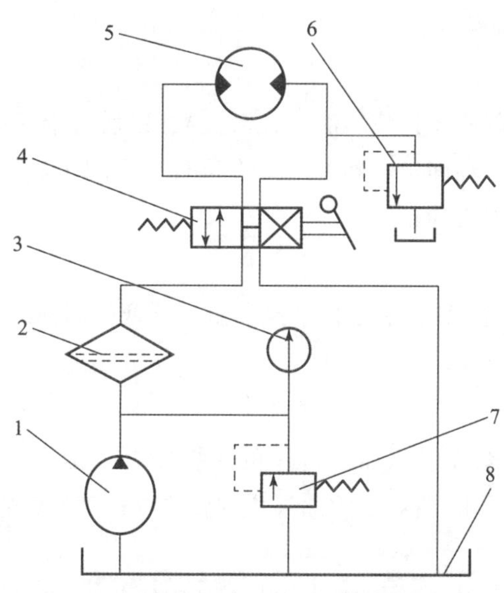

1—油泵160SCY14-13F；2—过滤器ZU-H250×20F；3—抗震压力表YK-1（0~25 MPa）；

4—手动换向阀34SHB20H-T；5—M12LF0.8马达；6—上扣溢流阀YP-B20H_2S；

7—溢流阀YP-B20H_2S；8—油箱。

图7-2-4 液气大钳的液压系统

系统的最高压力，装有溢流阀7。为了使上扣时系统处于低压状态，装有上扣溢流阀6。一般上扣压力调到10 MPa左右（高挡），出厂时已调好。

从抗震压力表3上可读出上、卸扣的压力，然后查出工作扭矩。为了清除液压油中的杂质，在油泵出口装有过滤器2，压力油从过滤器进入液压马达。工作一段时间后需及时清洗或更换新的过滤器芯子，以便继续使用。系统有两块阀板，油泵阀板（过滤器进口处）装有系统溢流阀7，液压马达阀板上装有上扣溢流阀6、手动换向阀4和抗震压力表3。本大钳有两种驱动油泵的方式供用户选择：一种是由钻机带压风机的皮带轮驱动；另一种是电驱动。现在的井场都用组合液压站提供液压动力，液压站的使用与维护方法参见其说明指南。

（四）液气大钳的保养内容

液气大钳的保养内容如下。

（1）建立岗位责任制。

（2）液压系统的滤清器根据使用情况，要及时清洗或更换其滤芯，以防滤芯被污物堵塞，影响正常使用。

（3）钳头每次起钻之后用清水冲洗干净，夏天用压缩空气吹干，冬天用蒸气吹干。钳的保养内坡板滚子部分清洗干净后涂一薄层黄油，要求坡板清洁，滚子、销轴转动灵活。

（4）每3口井换齿轮箱机油一次，换变速箱二硫化钼一次（井深按3 000 m计算）。

（5）液压和传动系统轴承的保养与压风机轴承座的要求相同。

（6）每趟起下钻后气阀板中要注入50 mL清洁机械油，润滑气路各元件并防锈。

（五）液气大钳的保养要求

1. 新钳

新钳使用后，一个月就应换掉液压油（或沉淀），以后每半年换一次液压油。在使用过程中，油箱油面不允许低于油面指示器下限，若低于下限应随时补充。向油箱加油时，大钳的保养要应避免其他杂物混入油箱。

2. 移送缸、夹紧缸

在每次起下钻完后用清水洗净移送缸、夹紧缸，活塞杆用棉纱擦干涂一薄层黄油，伸出部分全部收入缸筒内。

3. 液压油的选择

（1）在液压传动中，黏度是液压油选用的主要指标，液压油在使用中的黏度变化与使用温度有关，因此，工作时油箱中的油温应保证在15～70 ℃之间，必要时应予以加热或冷却。

（2）在液压油中，不允许含有大于0.05 mm的固体杂质。

（3）液压油一般一年换一次，但由于矿场使用条件较差，使用中要加强保管，防止水分和机械杂质混入油中，应定期观察油质变化，根据油品黏度变化、含水量情况、含杂质的多少决定换油期。

（4）本动力钳推荐使用30号抗磨液压油，使用温度在－25 ℃以下时，可选30号低温液压油，短期使用时也可用同号透平油暂代。

【任务实施】

保养液气大钳

实施步骤一：保养上下钳。检查工具，保养上下钳各点，注润滑脂；14个滚子润滑点每起下钻前注一次润滑脂并清洗，除油灵活好用，冬季吹干防止结冻；紧固上下钳各点螺钉；更换钳牙，固定钳牙和各连接销。

实施步骤二：保养移送气缸、夹紧气缸。保养移送气缸、夹紧气缸各两个润滑点，每起下钻前注一次润滑脂，活塞杆用棉纱擦干净并涂上一层润滑脂，然后将全部伸出部分收回缸内；紧固前、后盖螺钉。

实施步骤三：保养齿轮箱、变速箱。保养齿轮箱，加注齿轮油，每500 h更换并加注齿轮油一次，每500 h换变速箱润滑脂一次。

实施步骤四：保养花键轴、椭轮轴头。花键轴一个润滑点，每起下钻前注一次润滑脂；椭轮轴头两个润滑点，每起下钻前注一次润滑脂。

实施步骤五：其他检查和清洁。检查紧固液压、气管线；检查、保养液压减压阀密封件及弹簧，清洁检查压力表、气压表；清洁液气大钳各部件。

实施步骤六：填写保养记录，清理工具，整理现场。

学生自我评价表

【评价反馈】

1. 学生自我评价

学生扫码完成自我评价。

2. 互相评价

学生扫码完成互相评价。

学生互评表

3. 教师评价

教师根据学生表现，填写表7－2－4进行评价。

表7－2－4 教师评价表

项目名称	评价内容	分值	得分
职业素养考核项目	穿戴规范、整洁	6分	
	安全意识、责任意识、服从意识	6分	
	积极参加教学活动，按时完成学生工作手册	10分	
	团队合作、与人交流能力	6分	
	劳动纪律	6分	
	生产现场管理8S标准	6分	

续表

<table>
<tr><td>项目名称</td><td colspan="2">评价内容</td><td>分值</td><td>得分</td></tr>
<tr><td rowspan="4">专业能力
考核项目</td><td colspan="2">液气大钳液气系统、结构原理等专业知识查找及时、准确</td><td>12 分</td><td></td></tr>
<tr><td colspan="2">能够结合液气大钳结构原理、保养内容、保养要求进行维护保养</td><td>18 分</td><td></td></tr>
<tr><td colspan="2">维护保养液气大钳操作熟练、工作效率高</td><td>12 分</td><td></td></tr>
<tr><td colspan="2">完成质量</td><td>18 分</td><td></td></tr>
<tr><td colspan="4">总分</td><td></td></tr>
<tr><td rowspan="2">总评</td><td rowspan="2">自评（20%）+互评（20%）+师评（60%）</td><td colspan="2">综合等级</td><td rowspan="2">教师签名</td></tr>
<tr><td colspan="2"></td></tr>
</table>

子任务 7.2.3 检查保养自动送钻设备

【任务描述】

钻机的自动送钻设备主要用于钻进时控制钻压、机械转速，不需要司钻人为控制，便能按设定的钻压、机械钻速钻井，从而避免了因司钻疲劳引发的钻井事故，满足了科学钻井的要求。本任务需要在掌握自动送钻装置功用、结构和控制方式的基础上，进行自动送钻装置的维护与保养。要求：正确穿戴劳动保护用品；工具、量具、用具准备齐全，正确使用；操作应符合安全文明操作规程；按规定完成操作项目，质量达到技术要求；任务实施过程中能够主动查阅相关资料、相互配合、团队协作。

【任务分组】

学生填写表 7－2－5，进行分组。

表 7－2－5 任务分组情况表

<table>
<tr><td>班级</td><td></td><td>组号</td><td></td><td>指导教师</td><td></td></tr>
<tr><td>组长</td><td></td><td>学号</td><td></td><td></td><td></td></tr>
<tr><td rowspan="3">组员</td><td>姓名</td><td>学号</td><td>姓名</td><td>学号</td><td></td></tr>
<tr><td></td><td></td><td></td><td></td><td></td></tr>
<tr><td></td><td></td><td></td><td></td><td></td></tr>
<tr><td colspan="6">任务分工</td></tr>
<tr><td colspan="6"></td></tr>
</table>

【知识准备】

（一）自动送钻设备的功用和结构

自动送钻的目的就是使钻头对井底的钻压保持恒定值，实现这一目标的手段就是控制绞车或刹车，适时向井底送进钻头。自动送钻的基本原理是由死绳锚感知大钩负荷，与输入的设定钻压比较，比较的结果送入 CPU，由 CPU 综合其他信息（如大钩高度、大钩负荷、变频器的输出功率、编码器和刹车电磁阀的状态等）后，控制绞车、自动送钻电动机或刹车实现自动送钻。

自动送钻的目的就是使钻头对井底的钻压保持恒定值，实现这一目标的手段就是控制绞车或刹车适时向井底送进钻头。自动送钻的基本原理是由死绳锚感知大钩负荷，与输入的设定钻压比较，比较结果送入 CPU，由 CPU 综合其他信息（如大钩高度、大钩负荷、变频器的输出功率、编码器和刹车电磁阀的状态等）后，控制绞车、自动送钻电动机或刹车实现自动送钻。

自动送钻装置主要由触摸屏、变频器、制动电阻、变频电机、电机转速编码器、悬重传感器、滚筒编码器等组成。变频调速自动送钻的传动方式既可以是采用绞车主电机及传动机构实现自动送钻，也可以是采用独立的送钻电机及其传动机构实现自动送钻，或两种方式兼备的复合送钻模式。

（二）自动送钻设备的控制方式

目前在电动钻机中使用的自动送钻设备的核心部件是变频电动机。根据给定钻压和悬重传感器信号的比较结果，控制绞车或自动送钻电动机的下放速度实现自动送钻，此方式为恒钻压送钻方式。在机械钻机中使用的自动送钻，主要靠调节刹车电磁阀控制滚筒实现自动送钻。

自动送钻还有恒钻速送钻模式，此送钻模式可避免恒钻压送钻模式下，遇到软地层，钻压不变而机械钻速过高的问题。机械钻速可以通过触摸屏与电位器进行设定和调节。根据地质情况，设定最高机械钻速，利用编码器得到电动机的给定速度与反馈速度的比较结果控制游车的下放速度。

变频调速自动送钻系统除具备常规的安全保护外，还增加了断电刹车、传感器失误刹车、上碰下砸、自诊断、意外停车位置记忆、智能游车防碰校准等功能，在一体化参数的配合下，可有效地防止溜钻、卡钻、游车的上碰下砸事故。如果系统断电、变频器出现故障传感器误操作，送钻系统会进行保护启动刹车。

机械钻机中，主要通过控制刹车力矩进而控制钻压和钻速。自动送钻的启动是人为的，自动送钻的结束可以是人为的也可以是自动的。其刹车力矩通过调节刹车气液压源比例阀的输出电流来控制。在整个自动送钻过程中，最高钻压设定和最高钻速设定分别是恒压控制和恒速控制的限制条件，同时具有断电刹车等一系列安全保护。

【任务实施】

<u>检查保养自动送钻设备</u>

实施步骤一：准备工作。自动送钻设备及万用表。

实施步骤二：检查绞车和刹车系统有无故障。

实施步骤三：检查自动送钻系统故障现象。

实施步骤四：检查机械指重表和触摸屏显示值是否一致。

实施步骤五：检查悬重传感器情况，检测滚筒编码器情况。

实施步骤六：检查自动送钻调速系统，检查刹车系统。

注意：停掉设备后，方可进行检修、保养操作；严格执行本单位根据具体情况制订的保养时间与内容。

【评价反馈】

学生自我评价表

1. 学生自我评价

学生扫码完成自我评价。

学生互评表

2. 互相评价

学生扫码完成互相评价。

3. 教师评价

教师根据学生表现，填写表 7－2－6 进行评价。

表 7－2－6　教师评价表

<table>
<tr><th>项目名称</th><th colspan="2">评价内容</th><th>分值</th><th>得分</th></tr>
<tr><td rowspan="6">职业素养
考核项目</td><td colspan="2">穿戴规范、整洁</td><td>6 分</td><td></td></tr>
<tr><td colspan="2">安全意识、责任意识、服从意识</td><td>6 分</td><td></td></tr>
<tr><td colspan="2">积极参加教学活动，按时完成学生工作手册</td><td>10 分</td><td></td></tr>
<tr><td colspan="2">团队合作、与人交流能力</td><td>6 分</td><td></td></tr>
<tr><td colspan="2">劳动纪律</td><td>6 分</td><td></td></tr>
<tr><td colspan="2">生产现场管理 8S 标准</td><td>6 分</td><td></td></tr>
<tr><td rowspan="4">专业能力
考核项目</td><td colspan="2">自动送钻装置的功用、结构等专业知识查找及时、准确</td><td>12 分</td><td></td></tr>
<tr><td colspan="2">自动送钻装置的检查保养符合规范</td><td>18 分</td><td></td></tr>
<tr><td colspan="2">自动送钻装置维护保养操作熟练、工作效率高</td><td>12 分</td><td></td></tr>
<tr><td colspan="2">完成质量</td><td>18 分</td><td></td></tr>
<tr><td colspan="4">总分</td><td></td></tr>
<tr><td rowspan="2">总评</td><td rowspan="2">自评（20%）＋互评（20%）＋师评（60%）</td><td colspan="2">综合等级</td><td rowspan="2">教师签名</td></tr>
<tr><td colspan="2"></td></tr>
</table>

子任务 7.2.4 使用套管动力钳

【任务描述】

套管动力钳广泛用于下套管作业中上、卸套管螺纹，具有作业效率高、工作安全可靠等优点，可提高套管柱螺纹连接质量。本任务需要在掌握套管动力钳的特点、性能参数和操作规程的基础上，进行套管上、卸扣操作和动力钳的维护与保养。要求：正确穿戴劳动保护用品；工具、量具、用具准备齐全，正确使用；操作应符合安全文明操作规程；按规定完成操作项目，质量达到技术要求；任务实施过程中能够主动查阅相关资料、相互配合、团队协作。

【任务分组】

学生填写表 7-2-7，进行分组。

表 7-2-7 任务分组情况表

<table>
<tr><td>班级</td><td colspan="2"></td><td>组号</td><td></td><td>指导教师</td><td></td></tr>
<tr><td>组长</td><td colspan="2"></td><td>学号</td><td></td><td></td><td></td></tr>
<tr><td rowspan="3">组员</td><td>姓名</td><td colspan="2">学号</td><td colspan="2">姓名</td><td>学号</td></tr>
<tr><td></td><td colspan="2"></td><td colspan="2"></td><td></td></tr>
<tr><td></td><td colspan="2"></td><td colspan="2"></td><td></td></tr>
<tr><td colspan="7">任务分工</td></tr>
<tr><td colspan="7"></td></tr>
</table>

【知识准备】

（一）套管动力钳的特点及性能参数

1. 套管动力钳的特点

（1）设计为开口型，进入和退出工作位置快捷方便，整体式钳头的强度和刚度好。

（2）采用摆动式的双颚板钳头，拆装极为方便，最佳的切径比设计保证了夹紧可靠、退坡容易。

（3）采用刹带制动方式，制动力矩大，操作简单，便于维修和更换。

（4）采用缺口大齿轮支撑结构，使缺口大齿轮强度及刚度大幅提高。

（5）TQ340－35套管动力钳用双排行星减速实现3挡，比ZQ203－100钻杆动力钳用双排行星副实现2挡结构简单，其气胎离合器不停车换挡的独特设计，避免了一般液压套管钳挂牙嵌时需停止启动机旋转、时效低的缺点。

（6）启动机采用了特殊的工艺和结构，使其扭矩增加了20%左右。

（7）用16Mn钢制造，增加了强度。各颚板用精密铸造工艺，外形美观，强度高。

（8）有液压扭矩指示表，并有圈数扭矩仪的安装接口，便于计算机管理。

2. 套管动力钳的性能参数

（1）管径范围：4½ in、5½ in、7 in、9⅝ in、13⅜ in。

（2）尺寸：350 mm。

（3）转速：高挡，60～86 r/min；中挡，2 130 r/min；低挡，3.6～5.3 r/min。

（4）最大扭矩：高挡，2.5～3 kN·m；中挡，6.0～7.5 kN·m；低挡，32～40 kN·m。

（5）额定压力：18 MPa。

（6）流量范围：110～160 L/min。

（7）齿轮发动机最大工作压力：18 MPa。

（8）理论排量：135 mL/r。

（9）传动比：高挡，13.68；中挡，39.79；低挡，222.8。

（10）液压动力站：排量，110～160 L/min；压力，18 MPa。可选用ZQ203－100钻杆动力钳的液压动力站（YZ－120）。

（11）接口：高压进油口，M30 mm×1.5 mm；低压回油口，M42 mm×2 mm；压缩空气进口，M22 mm×1.55 mm；阀回油口，M18 mm×1.5 mm。以上接口与ZQ203－100钻杆动力钳通用，也就是说用钻杆动力钳的液气管线可直接与本钳相接。

（12）外形尺寸：长×宽×高，1 540 mm×900 mm×880 mm。

（13）质量：780 kg。

（二）套管动力钳的操作规程

1. 对操作者的要求

（1）了解套管动力钳总体结构和性能。

（2）熟悉套管动力钳上液压阀换向手柄和变速气阀手柄的使用方法。

（3）明了操作顺序和安全要求。

（4）熟悉仪表的作用。

2. 操作顺序

（1）安装相应套管尺寸的颚板。注意：两件颚板是不同的，钳牙挡销应在下方，装反

了钳牙会掉下来。

（2）将液压阀换向手柄和变速气阀手柄置于中间位置。

（3）启动液压动力站和接通压缩空气。

（4）推或拉动液压阀换向手柄应能听到液压启动机转动声，钳头缺口齿轮不转动。

（5）将变速气阀手柄置于高速或低速，推或拉动液压阀换向手柄，钳头缺口齿轮正反转灵活。

注意：由于采用气胎离合器，故可以在不停车的情况下变速。

3. 工作过程

（1）将缺口齿轮的缺口与颚板架缺口对正。

（2）根据工作要求将逆止销杆插入上扣或卸扣孔内，调整刹带的松紧。

（3）将缺口齿轮缺口与壳体缺口对正。

（4）拉开安全门将钳子推入套管，关好安全门。

4. 注意事项

（1）拆装颚板时一定要将动力站关闭，以免发生意外。

（2）安装颚板时，注意左、右颚板的不同处，钳牙挡销应处于下方，钳牙在工作时才不会脱落。

（3）一定要在安全门关闭后才可以转动缺口齿轮，以免操作者手或其他部位进入缺口造成伤害。

（4）要随时检查吊绳和尾绳的安全可靠性。

（5）当液压站溢流阀调压手柄调整到 18 MPa 后要锁死。

套管动力钳的外形如图 7－2－5 所示。

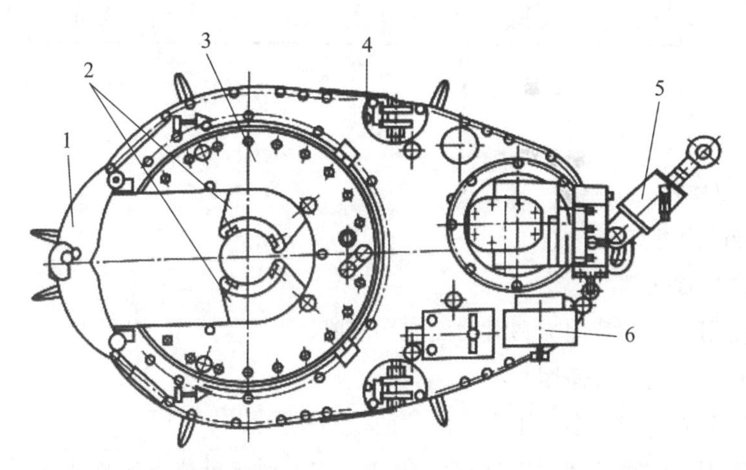

1—防护门；2—颚板；3—钳头；4—调节螺栓；5—拉力缸；6—测距装置。

图 7－2－5　套管动力钳的外形

套管动力钳的悬吊安装如图 7－2－6 所示。

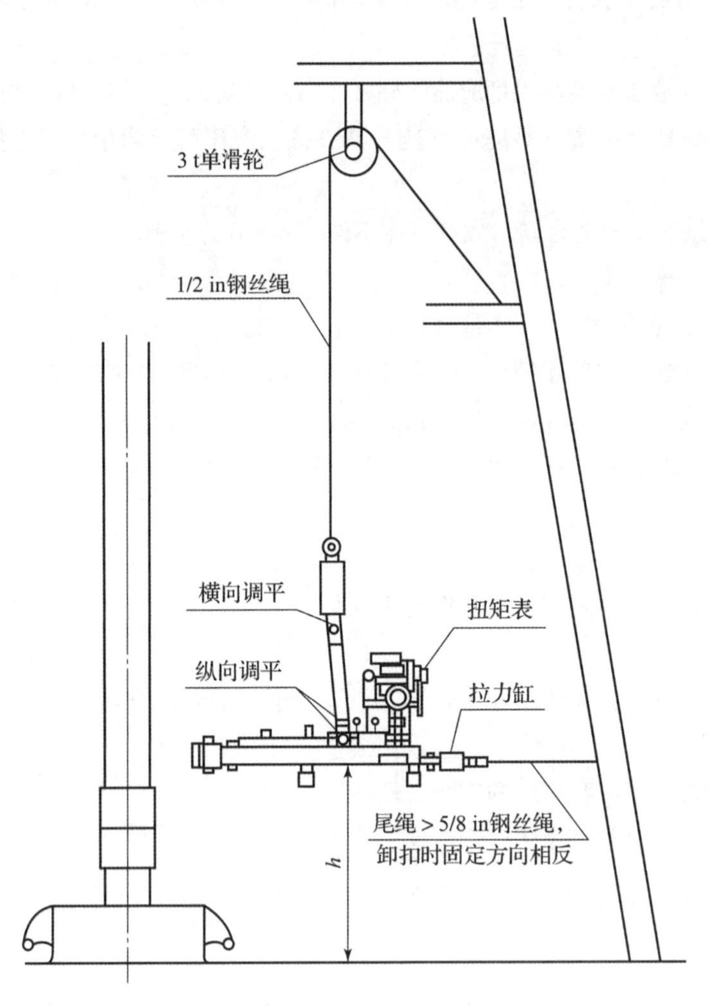

图 7－2－6　套管动力钳的悬吊安装

（三）维护与保养

维护与保养的内容如下：

（1）建立岗位责任制。

（2）每次使用前要对黄油嘴和滑动面加润滑脂。

（3）按步骤转一次后再使用。

（4）使用完后要清扫干净，钳头处加黄油以防锈蚀。

（5）钳子不用时应将其储存于远离钻台的地方，钳头外露部分涂上黄油，存放处保养应清洁干燥。

（6）搬家时应将进、出油口封闭，以防脏物进入管道。

（7）当使用了 10 口井左右的下套管作业后，要进行大修。

【任务实施】

套管动力钳的上卸扣操作

实施步骤一：上扣，高挡操作：将变速气阀手柄置于高速，液压阀换向手柄置于上扣位置，颚板夹紧套管，并带动套管上扣方向高速转动。同时观察扭矩，当读数达不到需要值时应换中挡或低挡。

实施步骤二：中挡或低挡操作：将变速气阀置于中挡或低挡，使套管慢速转动，同时观察扭矩表，当读数达到需要值后，液压阀换向手柄置于中间位置。

实施步骤三：将液压阀换向手柄置于卸扣位置，根据熟练程度和缺口齿轮位置，操作者可选中挡或低挡，颚板松开，齿轮按卸扣方向转动到与壳体缺口对正后，将液压阀换向手柄置于中间位置。

实施步骤四：打开安全门，将钳子退出套管，即完成一次上扣工作。

实施步骤五：卸扣，中挡或低挡操作：将变速气阀手柄置于中挡或低挡位置，液压阀换向手柄置于卸扣位置，套管按卸扣方向慢速转动。

实施步骤六：高挡操作：当套管转动一个角度后，高挡就能转动，将换向气阀置于高速挡，套管按卸扣方向高速转动。

实施步骤七：螺纹卸完后，根据熟练程度及缺口位置，操作者可选择变速气阀手柄的位置。将液压阀换向手柄推向上扣位置，缺口齿轮与壳体缺口对正后，将液压阀换向手柄置于中间位置。

实施步骤八：打开安全门，将钳子退出套管，即完成一次卸扣工作。

【评价反馈】

1. 学生自我评价

学生扫码完成自我评价。

学生自我评价表

2. 互相评价

学生扫码完成互相评价。

学生互评表

3. 教师评价

教师根据学生表现，填写表 7－2－8 进行评价。

表 7－2－8 教师评价表

项目名称	评价内容	分值	得分
职业素养考核项目	穿戴规范、整洁	6 分	
	安全意识、责任意识、服从意识	6 分	
	积极参加教学活动，按时完成学生工作手册	10 分	
	团队合作、与人交流能力	6 分	
	劳动纪律	6 分	
	生产现场管理 8S 标准	6 分	
专业能力考核项目	套管动力钳的特点、性能参数和操作规程等专业知识查找及时、准确	12 分	
	套管动力钳上卸扣操作符合规范	18 分	
	套管动力钳的上、卸扣操作熟练，工作效率高	12 分	
	完成质量	18 分	
总分			
总评	自评（20%）＋互评（20%）＋师评（60%）	综合等级	教师签名

模块8 抽油设备的使用与维护

【模块简介】

抽油设备是利用地面提供的动力，给井中原油补充机械能将原油采到地面的装置。本模块主要介绍机械采油中的有杆泵抽油机的使用与维护、抽油泵和抽油杆的使用与维护、无杆泵抽油设备的使用与维护3个工作任务。在明确工作任务后，通过学习、理解抽油设备的机构组成、作用、操作流程等，应能设计机构使用与维护工作方案并展开相应的工作，且能够客观完成工作评价。

任务8.1 有杆泵抽油机的使用与维护

【任务简介】

有杆泵抽油机由电动机供给动力，经减速箱将电动机的高速旋转运动变为抽油机曲柄的低速旋转运动，并由曲柄—连杆—游梁机构将旋转运动变为抽油机驴头的往复运动，通过抽油杆带动深井泵（抽油泵）工作，进行油气开采。抽油机正确的使用和维护对抽油机的性能有着至关重要的作用。本任务是常见有杆泵抽油机使用与维护的正确操作，具体由4个子任务组成，分别是启、停抽油机，游梁式抽油机曲柄平衡测量和调整，更换抽油机皮带和抽油机一级保养。

小贴士

我国大约有80%以上的油井都使用有杆泵抽油机采油。抽油机是保障能源的基础，保障能源是石油工人义不容辞的责任。

【任务目标】

1. 知识目标

（1）了解抽油机的系列标准及型号、抽油机的平衡方式、皮带的作用、一级保养的意义。

（2）熟悉抽油机的组成及工作原理、抽油机的平衡判断检测方

资源33 机械采油及有杆泵抽油装置

法、皮带工作状态、一级保养项目。

(3) 掌握抽油机启停、抽油机平衡调整、更换皮带、一级保养的规范操作。

2. 技能目标

(1) 能正确识别和选择抽油机，判断抽油机平衡方式、皮带的规格、一级保养的时间。

(2) 会维护抽油机的各个部件、检测抽油机的平衡状况、判断皮带的使用状况及一级保养的准备。

(3) 能按标准动作正确启停抽油机、调整抽油机平衡、更换皮带和一级保养。

3. 素质目标

(1) 增强安全生产及环境保护意识。

(2) 培养认真、细致、负责的爱岗敬业精神。

(3) 培养互帮互助、团结协作的团队意识。

子任务 8.1.1 启、停抽油机

【任务描述】

采油过程中，地面抽油机和井下的深井泵通过抽油杆连接成一个整体共同工作。抽油泵需下入油井井筒中动液面以下一定深度，依靠抽油杆传递抽油机动力，将原油抽出，抽油机经减速箱将电动机的高速旋转变为抽油机曲柄的低速旋转运动。抽油机由曲柄、连杆、游梁结构将旋转运动变为抽油机驴头的上下往复运动。抽油机工作中的动力设备是电动机。正确的启、停抽油机不仅能消除潜在的危险，而且可以延长抽油机的寿命。本任务需要在熟悉抽油机组成及工作原理的基础上，进行启、停抽油机。要求：正确穿戴劳动保护用品；工具、量具、用具准备齐全，正确使用；操作应符合安全文明操作规程；按规定完成操作项目，质量达到技术要求；任务实施过程中能够主动查阅相关资料、互相配合、团队协作。

资源34 启动抽油机

【任务分组】

学生填写表8-1-1，进行分组。

表8-1-1 任务分组情况表

<table>
<tr><td>班级</td><td colspan="2"></td><td>组号</td><td></td><td>指导教师</td><td></td></tr>
<tr><td>组长</td><td colspan="2"></td><td>学号</td><td></td><td></td><td></td></tr>
<tr><td rowspan="3">组员</td><td>姓名</td><td colspan="2">学号</td><td colspan="2">姓名</td><td>学号</td></tr>
<tr><td></td><td colspan="2"></td><td colspan="2"></td><td></td></tr>
<tr><td></td><td colspan="2"></td><td colspan="2"></td><td></td></tr>
</table>

续表

任务分工

【知识准备】

（一）抽油机的分类

抽油机按传动方式可分为机械传动抽油机和液压传动抽油机，按外形和结构原理可分为游梁式抽油机和无游梁式抽油机。

第一代抽油机分为常规型、变型、退化有游梁型和斜直井型四种类型。

第二代抽油机分为高架曲柄型、电动机换向型、机械换向型和其他无游梁型四种类型。

第三代抽油机分为单柄型、直驱多功能型和高架作业型三种类型。变传动抽油机是将常规游梁式抽油机的皮带减速器传动改变为多级皮带传动的游梁式抽油机。

游梁式抽油机是利用曲柄做旋转运动，通过四连杆机构使游梁和驴头上下摆动，从而带动抽油杆柱和抽油泵往复工作的抽油机，这种抽油机目前在各油田中使用最为广泛。

1. 游梁式抽油机的具体分类

（1）按结构形式可分为常规型、前置型、偏置型、斜井式、低矮式、活动式。

（2）按减速器传动方式可分为齿轮式、链条式、皮带式、行星轮式。

（3）按驴头结构可分为上翻式、侧转式、分装式、整体式、旋转式、大轮式、双驴头式、异驴头式。

（4）按平衡方式可分为游梁平衡（Y）、曲柄平衡（B）、复合平衡（F）、天平平衡（T）、液力平衡、气动平衡（Q）、差动平衡。

（5）按驱动方式可分为普通异步电动机驱动、多速异步电动机驱动、变压异步电动机驱动、大转差率电动机驱动、超过转差率电动机驱动、天然气发动机驱动和柴油机驱动。

2. 无游梁式抽油机的具体分类

无游梁式抽油机是指没有游梁机构的抽油机，因其机理不同，结构各异，尚无确定的分类方法和准则，一般可分为以下几种。

（1）低矮式：特点是整机低矮。

（2）滚筒式（沉入式）：特点是无曲柄连杆机构，以绞车滚筒为主体，其上缠绕柔性件，一端悬挂杆泵，一端悬挂平衡重。由于其悬绳器和平衡重均沉没于地下，因此这种抽油机又称为沉入式或鼠洞式抽油机。

(3) 塔架式：特点是具有高耸的立架，类似钻机井架。塔架高度与冲程长度相谐。

(4) 常规式：特点是具有皮带传动系统、减速器、曲柄连杆机构，以实现悬点的往复直线运动及换向。

(5) 缸式抽油机：特点是以压力油缸或气动柱塞来驱动杆系上下往复运动。

(6) 增程式（又称增距式）：特点是具有倍升机构，以实现悬点冲程的放大。

(7) 链条式：特点是以链条传动来传递动力。

(8) 皮带式：特点是以皮带传动来传递动力。

(9) 绳索式：特点是以钢丝绳来传递动力。

此外，还有许多其他形式的无游梁式抽油机。

抽油机一年四季全天候野外作业，工作条件恶劣，对其提出了以下技术要求：良好的可靠性；良好的耐久性；良好的工作性能；结构简单，易损件少，操作维修方便；能源和材料消耗低。

（二）抽油机的系列标准及型号

1. 抽油机的系列标准

新系列游梁式抽油机包括九种形式，分为基本型和变型两组。表 8-1-2 所示为新系列游梁式抽油机型号及参数。

表 8-1-2 新系列游梁式抽油机型号及参数

型号	参数		
	驴头悬点额定载荷/kN	光杆最大冲程长度/m	减速箱额定扭矩/(kN·m)
CYJ2-0.6-2.8	20	0.6	2.8
CYJ3-1.2-6.5	30	1.2	6.5
CYJ3-1.5-6.5	30	1.5	6.5
CYJ3-2.1-13	30	2.1	13
CYJ4-1.5-9	40	1.5	9
CYJ4-2.5-13	40	2.5	13
CYJ4-3-18	40	3.0	18
CYJ5-1.8-13	50	1.8	13
CYJ5-2.1-13	50	2.1	13
CYJ5-2.5-18	50	2.5	18
CYJ5-3-26	50	3.0	26
CYJ6-2.5-26	60	2.5	26
CYJ8-2.1-18	80	2.1	18

续表

型号	参数		
	驴头悬点额定载荷/kN	光杆最大冲程长度/m	减速箱额定扭矩/(kN·m)
CYJ8-2.5-26	80	2.5	26
CYJ8-3-37	80	3.0	37
CYJ10-3-37	100	3.0	37
CYJ10-3-53	100	3.0	53
CYJ10-4.2-53	100	4.2	53
CYJ12-3.6-53	120	3.6	53
CYJ12-4.2-73	120	4.2	73
CYJ12-4.8-73	120	4.8	73
CYJ14-3.6-73	140	3.6	73
CYJ14-4.8-73	40	4.8	73
CYJ14-5.4-73	40	5.4	73
CYJ16-4.8-105	160	4.8	105
CYJ16-6-105	160	6.0	105
CYJ18-6-105	180	6.0	105
CYJ18-6-146	180	6.0	146

2. 抽油机的型号

第一部分表示：游梁式抽油机类型代号。CY 表示常规型，CYJQ 表示前置型，CYY 表示异相型，YCYJ 表示异型，CYJU 表示弯游梁型Ⅱ。

第二部分表示：悬点最大载荷（×10 kN）。

第三部分表示：光杆最大冲程（m）。

第四部分表示：减速箱曲柄轴最大允许扭矩（kN·m）。

第五部分表示：H 表示点啮合圆弧齿轮传动形式，无 H 时为渐开线齿轮传动形式。

第六部分表示：平衡方式。F 表示复合平衡，Y 表示游梁平衡，B 表示曲柄平衡，Q 表示气动平衡。

例如，CYJ10-3-37B 表示该抽油机为游梁式抽油机，悬点最大载荷为 100 kN，光杆最大冲程为 3 m，其减速箱曲柄轴最大扭矩为 37 kN·m，减速箱齿轮为渐开线齿轮传动形式，平衡方式为曲柄平衡。

特殊代号：465－365B－120（最早国内仿美系列型号），其中，465 表示最大允许扭矩为 465×1 000 lb·in（55.60 kN·m），365 表示悬点最大载荷为 365×100 lb（143.08 kN），120 表示光杆最大冲程为 120 in（3.048 m）。

（三）抽油机的组成及工作原理

1. 抽油机的组成

抽油机主要是由游梁、支架、减速箱和配电四大部分组成。常规型游梁式抽油机的结构如图 8－1－1 所示。

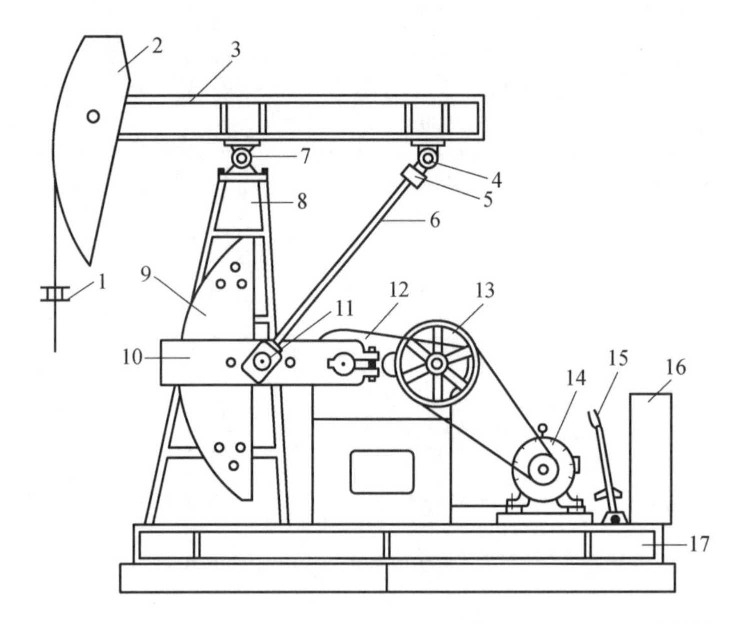

1—悬绳器；2—驴头；3—游梁；4—横梁轴；5—横梁；6—连杆；7—支架轴；
8—支架；9—平衡块；10—曲柄；11—曲柄销轴承；12—减速箱；13—皮带轮；
14—电动机；15—刹车装置；16—配电箱；17—底座。

图 8－1－1　常规型游梁式抽油机的结构

（1）游梁部分：驴头、游梁、横梁、尾梁、连杆、平衡板（复合平衡抽油机）。

（2）支架部分：中央轴承座、工作梯、护圈、操作台、支架。

（3）减速箱部分：底船、减速箱座、减速箱、曲柄、配重块、刹车等部件。

（4）配电部分：电动机座、电动机、配电箱等。

2. 抽油机的工作原理

抽油机的工作原理可简述为把电能转换为机械能。电动机将其高速旋转运动传给减速箱的输出轴。抽油机输出轴带动曲柄做低速旋转运动。抽油机曲柄通过连杆、横梁拉着游梁后臂上下摆动。抽油机驴头上下摆动，带动抽油杆、活塞上下往复运动，将油抽到地面。当抽油机上冲程时，正向单流阀关闭，使下方区域形成负压区。

1）抽油机曲柄连杆机构的作用

抽油机曲柄连杆机构的作用是将电动机的旋转运动变成驴头的往复运动。抽油机曲柄上的孔是用来调冲程的。抽油机曲柄销的作用不仅是将曲柄和连杆连接在一起，而且承担抽油机的全部负荷。抽油机的驴头装在游梁最前端，驴头的弧面半径以中央轴承座的中心点为圆心。直接与驴头相连接的抽油机部件是游梁。抽油机驴头的作用是保证抽油时光杆始终对准井口的中心位置。

2）抽油机减速箱的作用

游梁式抽油机起变速作用的装置是减速箱。抽油机减速箱的作用是支撑曲柄平衡块，将电动机的高速运动，通过三轴二级减速变成曲柄的低速旋转运动。抽油机减速器输出轴键槽开两组。减速箱按齿轮不同分为斜形齿轮减速箱和人字形齿轮减速箱。

3）抽油机电动机的工作原理

电动机是把电能转换成机械能的一种设备，它利用通电线圈产生旋转磁场并作用于转子鼠笼式闭合铝框形成磁电动力旋转扭矩，使转子转动。把机械能转换为电能的电动机，称为发电机；把电能转换为机械能的电动机，称为电动机。电动机分为交流电动机和直流电动机，交流电动机又分单相的和三相的以及同步的和异步的。异步电动机是指电动机定子磁场转速与转子旋转转速不保持同步。三相异步电动机应用最为广泛，因为它具有结构简单、运行可靠、维护方便、效率较高等特点。抽油机的电动机有封闭式、开启式、防爆式，常用封闭式。

【任务实施】

1. 启动游梁式抽油机

实施步骤一：准备工作。设备：游梁式抽油机井1口；材料、工具：擦布适量，记录单1张，500 V试电笔1支，2 500 V绝缘手套1副，警示牌1块；人员：1人操作，持证上岗，劳动保护用品穿戴齐全。

实施步骤二：检查工作。首先检查刹车、皮带是否齐全好用，电源是否正常，井口流程是否正常，特别是光杆卡子是否打紧。确认检查无误后准备启动。

实施步骤三：松刹车。用手扳刹把，拉起卡簧锁块，向前推刹把，推到位后再回拉一下，再次向前推送到位，确保刹车毂内刹车片被弹簧弹起。

实施步骤四：合空气开关、送电。打开配电箱门，戴绝缘手套快速向上推空气开关手柄至“啪”一声合上。在合空气开关时应侧身，身体躲开空气开关的正前方。

实施步骤五：启动抽油机。提醒抽油机附近的人员要启机了，根据机型大小确定启动次数，多数抽油机井两次均能正常启动起来。如图8－1－2所示，点启抽油机时，按下启动按钮，在曲柄刚提起时（与垂直位置的夹角为15°～20°），迅速按下停止按钮，曲柄靠自重下落回摆，等到曲柄靠惯性摆动方向与启动方向一致时，迅速再次按下启动按钮，即第二次启动。点启抽油机的目的是因为启动时负荷大，易烧坏电源熔断器或电器。抽油机顺利启动后，不要开配电箱，观察连杆、曲柄有无刮碰，井口有无打光杆、碰卡子等现象，确认没有时开始下一步巡回检查。

实施步骤六：抽油机启动后应立即用听、看、摸的方法进行检查。用钳形电流表测三相电流的大小，检查运转平衡情况及电动机温度。

实施步骤七：关好配电箱门，记录数据资料。

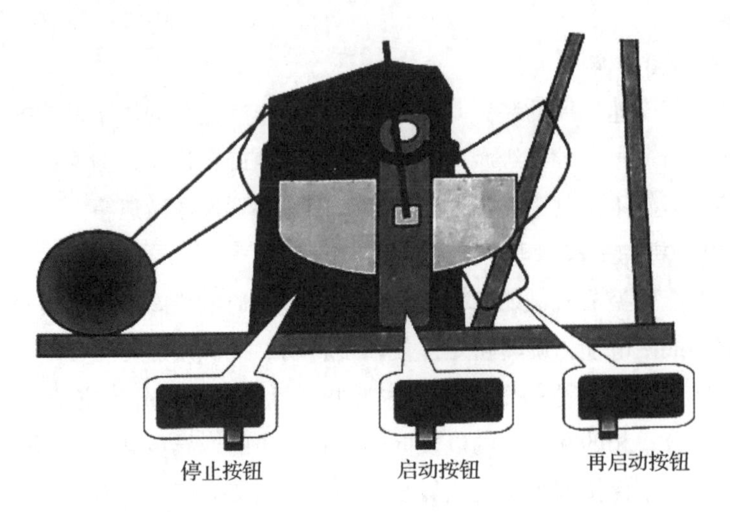

图 8 - 1 - 2　启动抽油机操作程序示意图

2. 停止游梁式抽油机

实施步骤一：准备工作。设备：游梁式抽油机井 1 口；材料、工具：擦布适量、记录单 1 张，500 V 试电笔 1 支，2 500 V 绝缘手套 1 副，警示牌 1 块；人员：1 人操作，持证上岗，劳动保护用品穿戴齐全。

实施步骤二：检查工作。检查（观看）抽油机运转情况，明确要停机的位置和操作要点，检查井口流程及生产状态。

实施步骤三：调试刹车（除停机上死点外，其余的停机位置，特别是维修调整时，必须调试刹车）。通常方法是在曲柄由最低位置刚向上运行约 20°时，左手按停止按钮，并同时右手拉回刹车，如曲柄立即停止，则说明刹车正常；如一点点下滑，则说明刹车有问题，就要松开刹车查找原因，进行调整，并再试刹车，至正常为止。

实施步骤四：停止抽油机。停抽油机时，左手按停止按钮，右手拉刹车。

①曲柄停在水平位置（后侧），如图 8 - 1 - 3 中的 S 位置。在曲柄由下向上开始上行时，双手就位，当曲柄运行至水平位置或接近水平位置时，按停止按钮，拉回刹车刹住，当确认曲柄不动后，走到抽油机侧面仔细观察停机位置是否符合要求。如果抽油机冲次较高（9 次以上的），此操作可能会使曲柄略过水平位置，还可通过松刹车微调，即双手一起缓慢松刹车，看到曲柄刚要下摆，迅速拉回刹车，这样重复一两次，就能停到较理想的位置。

②曲柄停在正上方（驴头下死点），如图 8 - 1 - 3 所示中的 G 位置。在曲柄接近正上方时按停止按钮、拉刹车，如冲次高可略微提前一点，停稳后观察，如位置不到或过了，则可能松开刹车，启抽重来。

③曲柄运行到最低位置（即驴头上死点），如图 8 - 1 - 3 所示中的 D 位置，过一点或提

前一点均可，按停止按钮，刹车，停稳后观察情况。如位置过了，则可通过松刹车下放（靠曲柄配重的重力下摆）来调整，停在下死点。此时，如果曲柄不回摆，则为配重过轻所致。

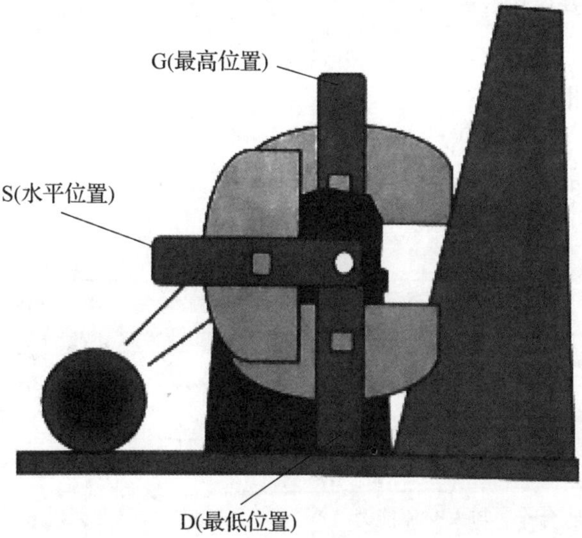

图 8－1－3 抽油机井停机的不同位置

实施步骤五：在到达应停位置，停稳了抽油机后，应马上拉下空气开关（在常规停机操作中除测试示功图时可不拉下开关，其余都必须拉下开关）断电。

实施步骤六：抽油机停机后要及时对连接部分、曲柄销、悬绳器、方卡子、毛辫子和油井出油情况等进行检查。

实施步骤七：抽油机井冬季停机时间长应进行扫线。停止抽油机后一定要挂牌警示。如关井或发现有问题需要处理，操作者离开井时必须挂警示牌，并要注明原因。

注意

（1）检查电源时要防止触电。

（2）盘车（皮带）时不要手握（抓住）皮带。

（3）合、拉空气开关时要侧开身体。

（4）二次启动时（按启动按钮）要等到曲柄回摆方向与启动方向一致，否则会烧坏电动机熔断器或严重烧坏电动机等。

（5）若按启动按钮后电动机“嗡嗡”响而不转（缺相），要迅速按下停止按钮，并通知专业电工检修。

（6）刹车必须灵活好用。

（7）停机操作与关井是两个不同的概念。

（8）微调停机位置时，松刹车必须缓慢，不要有一次就停到位的想法。

（9）对冲次较高的抽油机进行停机，对要停的位置必须有提前量。

【评价反馈】

学生自我评价表

1. 学生自我评价

学生扫码完成自我评价。

学生互评表

2. 互相评价

学生扫码完成互相评价。

3. 教师评价

教师根据学生表现，填写表 8－1－3 进行评价。

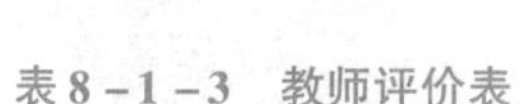
表 8－1－3　教师评价表

<table>
<tr><th>项目名称</th><th colspan="2">评价内容</th><th>分值</th><th>得分</th></tr>
<tr><td rowspan="6">职业素养
考核项目</td><td colspan="2">穿戴规范、整洁</td><td>6 分</td><td></td></tr>
<tr><td colspan="2">安全意识、责任意识、服从意识</td><td>6 分</td><td></td></tr>
<tr><td colspan="2">积极参加教学活动，按时完成学生工作手册</td><td>10 分</td><td></td></tr>
<tr><td colspan="2">团队合作、与人交流能力</td><td>6 分</td><td></td></tr>
<tr><td colspan="2">劳动纪律</td><td>6 分</td><td></td></tr>
<tr><td colspan="2">生产现场管理 8S 标准</td><td>6 分</td><td></td></tr>
<tr><td rowspan="4">专业能力
考核项目</td><td colspan="2">抽油机的相关专业知识查找及时、准确</td><td>12 分</td><td></td></tr>
<tr><td colspan="2">启、停抽油机时操作符合规范标准</td><td>18 分</td><td></td></tr>
<tr><td colspan="2">操作熟练、工作效率高</td><td>12 分</td><td></td></tr>
<tr><td colspan="2">完成质量</td><td>18 分</td><td></td></tr>
<tr><td colspan="4">总分</td><td></td></tr>
<tr><td rowspan="2">总评</td><td rowspan="2">自评（20%）＋互评（20%）＋师评（60%）</td><td colspan="2">综合等级</td><td rowspan="2">教师签名</td></tr>
<tr><td colspan="2"></td></tr>
</table>

子任务 8.1.2　游梁式抽油机曲柄平衡测量和调整

【任务描述】

抽油机的工作特点是承受交变负荷，上冲程时，抽油机驴头承受作用在活塞截面上的液柱重力和抽油杆柱在液体中的重力以及摩擦、惯性、振动等负荷；下冲程时，抽油机驴头只承受抽油杆柱在液体中的重力。当上、下冲程的负荷差别很大时，抽油机无法正常工作，耗电增加，电动机也容易烧坏。为了清除上述弊病，必须采用平衡装置使上、下冲程时的负荷差异减小，保证设正常运转。调平衡就是通过调整平衡块在曲柄上的位置及重力，改善平衡

资源35 抽油机的平衡

效果，使电动机在上、下冲程中所承受的负荷尽量相等，以达到提高平衡度的目的。本任务需要在了解抽油机的平衡方式和检查方法的基础上，调整抽油机曲柄平衡。要求：正确穿戴劳动保护用品；工具、量具、用具准备齐全，正确使用；操作应符合安全文明操作规程；按规定完成操作项目，质量达到技术要求；任务实施过程中能够主动查阅相关资料、互相配合、团队协作。

【任务分组】

学生填写表8－1－4，进行分组。

表8－1－4 任务分组情况表

<table>
<tr><td>班级</td><td></td><td>组号</td><td></td><td>指导教师</td><td></td></tr>
<tr><td>组长</td><td></td><td>学号</td><td></td><td></td><td></td></tr>
<tr><td rowspan="3">组员</td><td>姓名</td><td>学号</td><td>姓名</td><td colspan="2">学号</td></tr>
<tr><td></td><td></td><td></td><td colspan="2"></td></tr>
<tr><td></td><td></td><td></td><td colspan="2"></td></tr>
<tr><td colspan="6">任务分工</td></tr>
<tr><td colspan="6"></td></tr>
</table>

【知识准备】

（一）抽油机平衡装置的作用与组成

平衡装置安装在抽油机游梁尾部或曲柄上，是通过增加平衡重块的位能来存储能量的。当抽油机在上冲程时，平衡装置向下运转，帮助克服驴头上的负荷；在下冲程时，电动机使平衡装置向上运动，储存能量，从而减小抽油机上、下冲程的负荷差别。

链条式抽油机的平衡系统是由平衡气缸、平衡活塞、平衡链轮、储能气包和压缩机组成的。

（二）抽油机的平衡方式

抽油机平衡方式有游梁平衡、曲柄平衡、复合平衡、气动平衡。前置型抽油机的平衡方式仅有曲柄平衡和气动平衡两种。

(1) 游梁平衡：游梁的尾部装设一定重力的平衡块，以达到平衡。这是一种简单的平衡方式，适用于轻型（3 型）抽油机。

(2) 曲柄平衡：将平衡块安装在曲柄上，适用于重型抽油机。这种平衡方式减少了游梁平衡引起的抽油机摆动，调整比较方便。但是，曲柄上有很大的负荷和离心力。

(3) 复合平衡：在一台抽油机上同时使用游梁平衡和曲柄平衡。小范围调整时可调整游梁平衡板，大范围调整时则调整曲柄平衡块。这种平衡方式适用于中小型抽油机。

(4) 气动平衡：利用气体的可压缩性来储存和释放能量，达到平衡的目的，可用于 10 型以上的抽油机。这种平衡方式减少了抽油机的动负荷及振动，但其装置精度要求高，加工麻烦。

(三) 抽油机平衡状况的检查方法

抽油机平衡状况检查方法主要有三种：观察法、测时法、测电流法。

1. 观察法

听：听抽油机运转时电动机的运转声音，如电动机声音平稳，说明抽油机平衡；若上下冲程过程中电动机发出异响，则说明抽油机不平衡。

看：在抽油机运转过程中的任一时间停抽，观察曲柄和驴头位置，若停抽后驴头迅速向下位于下死点，曲柄位于上死点，则说明井下负荷重，需调大曲柄平衡半径；若停抽后曲柄迅速向下摆动，驴头处于上死点，说明抽油机井平衡偏重，平衡块平衡半径过大，应调小曲柄平衡半径。

2. 测时法

准确测得上、下冲程时间。若上、下冲程时间相等，则说明抽油机平衡；若上冲程快，下冲程慢，则说明该机平衡偏重，应调小曲柄平衡半径；若上冲程慢，下冲程快，则说明该机平衡偏轻，应调大曲柄平衡半径。

3. 测电流法

抽油机运转过程中，若上、下冲程所测电流比值大于 100% 或小于 85%，则抽油机不平衡；当上、下冲程所测电流比值大于 100% 时，说明井下负荷大于平衡块重力，需加大平衡块半径；当上、下冲程所测电流比值小于 85% 时，说明平衡偏重，应调小曲柄平衡半径。

【任务实施】

调整曲柄平衡

实施步骤一：准备工作。设备：游梁式抽油机井 1 口；材料、工具：砂纸 1 张，黄油适量，擦布适量，固定扳手 1 把（规格按平衡块固定螺栓直径选定），套筒扳手 1 把（规格按锁块固定螺栓直径选定）、375 mm 活动扳手 1 把，专用齿轮摇把 1 把，3.75 kg 大锤 1 把，300 mm 钢板尺 1 把，护目镜 2 副，安全帽 1 顶，钳形电流表 1 块，50 V 试电笔 1 支，2 500 V 绝缘手套 1 副，量角尺 1 把，计算器 1 个，记号笔 1 支，记录笔 1 支，记录纸，警示牌 1 块；人员：2 人操作，持证上岗，劳动保护用品穿戴齐全。

实施步骤二：测平衡。

（1）验电：用试电笔对配电箱箱体进行验电。使用验电笔时禁止戴手套，要求手指与触点充分接触，确认箱体无电。

（2）测电流：检查钳形电流表校验合格，钳口闭合完好，挡位灵活好用，表盘清晰。测量抽油机上、下冲程电流峰值，测量过程中，背侧导线应垂直于钳口中央，记录上、下冲程电流峰值。上、下冲程分别测量三次，取平均值。

（3）计算平衡率：平衡率计算公式为

$$I=(I_{下}/I_{上})\times 100\%$$

当85%≤平衡率≤100%时为合格，则不调整；当平衡率大于100%时，平衡块向靠近曲柄轴方向移动；当平衡率小于85%时，平衡块向远离曲柄轴方向移动。

（4）计算调整距离：根据调整距离计算公式 $H=|1-平衡率|\times 100$，确定平衡块的调整距离。

实施步骤三：调平衡。

（1）停机：根据调整方向确定停机位置，平衡块向靠近曲柄轴方向移动时，使曲柄末端上翘5°左右；平衡块向远离曲柄轴方向移动时，使曲柄下倾5°左右，如图8－1－4所示。刹车，切断电源。

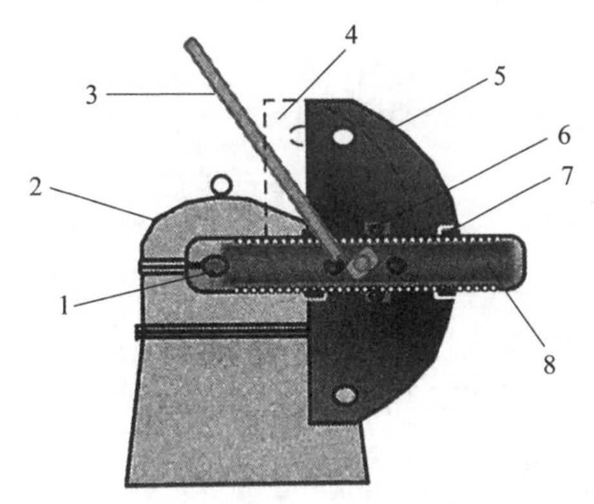

1—输出轴；2—减速箱；3—连杆；4—要调的位置；5—配重块原位置；6—锁块；7—固定螺钉；8—曲柄。

图8－1－4 抽油机调平衡（向内调）

（2）擦净平衡块调整方向的曲柄面，并做好调整标记。

（3）卸掉锁块螺栓，拿掉锁块。

（4）从低到高依次卸松平衡块的固定螺栓，有备帽或开口销的螺栓应先卸松备帽或拔掉开口销，不准全部卸掉螺帽，以防滑脱。

（5）用撬杠或专用工具平稳移动平衡块到预定位置，装上锁块，上紧锁块螺栓。

（6）按从高到低的顺序上紧配重块的紧固螺栓及备帽或开口销。

（7）启抽：检查抽油机周围无障碍物后松刹车，送电，启动抽油机。

（8）待运转平稳一段时间后测电流，核对85%≤平衡率≤100%，如平衡率不合格，应重新进行调整；检查有无刮碰、松动现象，如有异常，应立即停机进行处理。

注意

(1) 将曲柄停在水平位置，刹紧刹车，不要重复启动抽油机。

(2) 清理曲柄面，卸锁块时注意站位，平衡块前进方向不许站人。

(3) 使用大锤时不准戴手套。

(4) 固定螺栓不能卸掉，曲柄要擦净，移动平衡块时用力不要过猛。

(5) 先紧锁块螺栓，锁块螺栓与曲柄牙咬合良好。

(6) 先低后高卸松固定螺栓，紧固时先高后低紧固固定螺栓，注意顺序。

(7) 调完一侧再调另一侧，要求四块平衡块的中心在一个刻度上。

(8) 利用惯性启动抽油机，严禁强制启动。

(9) 启动抽油机后要检查紧固情况。

【评价反馈】

1. 学生自我评价

学生扫码完成自我评价。

学生自我评价表

2. 互相评价

学生扫码完成互相评价。

学生互评表

3. 教师评价

教师根据学生表现，填写表8-1-5进行评价。

表8-1-5 教师评价表

<table>
<tr><td>项目名称</td><td colspan="2">评价内容</td><td>分值</td><td>得分</td></tr>
<tr><td rowspan="6">职业素养
考核项目</td><td colspan="2">穿戴规范、整洁</td><td>6分</td><td></td></tr>
<tr><td colspan="2">安全意识、责任意识、服从意识</td><td>6分</td><td></td></tr>
<tr><td colspan="2">积极参加教学活动，按时完成学生工作手册</td><td>10分</td><td></td></tr>
<tr><td colspan="2">团队合作、与人交流能力</td><td>6分</td><td></td></tr>
<tr><td colspan="2">劳动纪律</td><td>6分</td><td></td></tr>
<tr><td colspan="2">生产现场管理8S标准</td><td>6分</td><td></td></tr>
<tr><td rowspan="4">专业能力
考核项目</td><td colspan="2">抽油机平衡状况判断及时、准确</td><td>12分</td><td></td></tr>
<tr><td colspan="2">检测平衡和调整平衡操作符合规范操作</td><td>18分</td><td></td></tr>
<tr><td colspan="2">操作熟练、工作效率高</td><td>12分</td><td></td></tr>
<tr><td colspan="2">完成质量</td><td>18分</td><td></td></tr>
<tr><td colspan="4">总分</td><td></td></tr>
<tr><td rowspan="2">总评</td><td rowspan="2">自评（20%）+互评（20%）+师评（60%）</td><td colspan="2">综合等级</td><td rowspan="2">教师签名</td></tr>
<tr><td colspan="2"></td></tr>
</table>

子任务 8.1.3　更换抽油机皮带

【任务描述】

抽油机井电动机传动皮带的作用是将电动机的动力传递给减速箱，带动抽油机运行。由于皮带长期处于承载状态，运转时受力逐渐被拉伸，导致摩擦力降低、传动性能变差，因此需要及时调整松紧度。如果发生老化、磨损严重，甚至断裂时，需要及时更换。本任务需要在了解抽油机皮带“四点一线”调整方法的基础上，更换抽油机皮带。要求：正确穿戴劳动保护用品；工具、量具、用具准备齐全，正确使用；操作应符合安全文明操作规程；按规定完成操作项目，质量达到技术要求；任务实施过程中能够主动查阅相关资料、互相配合、团队协作。

【任务分组】

学生填写表 8－1－6，进行分组。

表 8－1－6　任务分组情况表

<table>
<tr><td>班级</td><td colspan="2"></td><td>组号</td><td colspan="2"></td><td>指导教师</td><td></td></tr>
<tr><td>组长</td><td colspan="2"></td><td>学号</td><td colspan="2"></td><td></td><td></td></tr>
<tr><td rowspan="3">组员</td><td colspan="2">姓名</td><td colspan="2">学号</td><td colspan="2">姓名</td><td>学号</td></tr>
<tr><td colspan="2"></td><td colspan="2"></td><td colspan="2"></td><td></td></tr>
<tr><td colspan="2"></td><td colspan="2"></td><td colspan="2"></td><td></td></tr>
<tr><td colspan="8">任务分工</td></tr>
<tr><td colspan="8"></td></tr>
</table>

【知识准备】

（一）抽油机皮带“四点一线”的概念

减速器输入轴与电动机轴相互平行，通过电动机轮与减速器皮带轮的中心引一条直线，与电动机轮和减速器皮带轮的边缘相交成四个点，这四个点在一条直线上，称为“四点一线”，其摆动差不超过 1 mm。抽油机皮带频繁断裂与“四点一线”有关。

调整抽油机皮带“四点一线”就是调整电动机位置，抽油机皮带“四点一线”调整后误差不能超过 5 mm。

（二）抽油机安装皮带的要求

松开刹车，安装电动机轮皮带，上紧电动机顶丝，调整好皮带松紧度（皮带松紧应合适，以在皮带中点用一手压 0.05～0.20 kN，皮带下垂 30～50 mm 为合格）及“四点一线”，如图 8－1－5 所示。

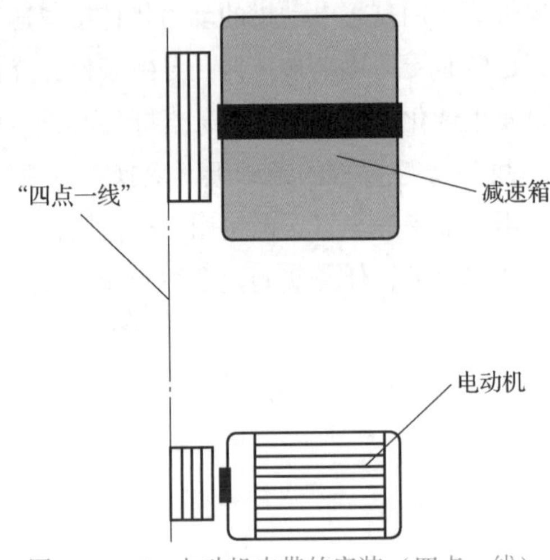

图 8－1－5　电动机皮带的安装（四点一线）

【任务实施】

更换抽油机井电动机传动皮带

实施步骤一：准备工作。设备：游梁式抽油机井 1 口；材料、工具：规格型号相同的皮带一组，1 000 mm 撬杠 1 根，30 mm×32 梅花扳手 2 把，300×36 mm 活扳手 1 把，“四点一线”检测器 1 个，绝缘手套 1 副，验电笔 1 支，警示牌 1 块，润滑纸擦布若干；人员：由 2 人配合完成，其中 1 人负责安全监护。操作前，正确穿戴好劳动保护用品。

实施步骤二：用验电笔对配电箱箱体进行验电，使用验电笔时禁止戴手套，要求手指和触点充分接触，确认箱体无电。如配电箱具有延时启动功能，需将启动挡位置于手动位置，防止操作过程中抽油机自行启动，造成人身伤害。按“停止”按钮停机。

实施步骤二：刹紧刹车，将抽油机驴头停在上死点位置，戴绝缘手套，侧身位断电，二次验电，确认空气开关出线端三项无电。检查刹车行程合理，牙块落入槽内，且牙块应在刹车行程的 1/2～2/3 之间。监护人检查刹车状态，防止操作过程中溜车伤人，挂上警示牌，合上安全锁块，确保挂机牢靠。

实施步骤二：拆卸抽油机安全防护栏。

实施步骤三：卸松电动机顶丝背帽，卸松电动机顶丝。选出适当长度，预留出电动机前移位置。卸松电动机滑轨固定螺栓，应按照先卸前部再卸后部的顺序，卸至留有 5～10 mm 的余量为宜，防止电动机移动时出现卡阻现象。

实施步骤四：向前移动电动机，使用撬杠撬动电动机时要选好支点，使皮带完全松弛，能够顺利取下旧皮带，先取电动机一侧，再取输入轴一侧。

实施步骤五：安装新皮带，先安装输入轴一侧，再安装电动机一侧。安装时，要确保皮带对应入槽，向后移动电动机，使皮带拉伸受力紧，用电动机顶丝调整皮带松紧适度。

注意

调整皮带松紧时，可用双手下压的方法检查松紧度，下压位置在两轮中间，下压力在90 N左右为宜，单根皮带下压量不超过两指，联组皮带下压量不超过20 mm。

实施步骤六：检查调整“四点一线”，“四点一线”是指从减速箱皮带轮外边缘向电动机皮带轮外边缘拉一条通过两轴中心的线，且通过两皮带轮边缘的四点在一条直线上。当误差大于5 mm时，调整电动机左右位置，再用顶丝调整前后位置。

实施步骤七：扶正垫铁，使垫铁与抽油机底座接触面充分接触，紧固电动机滑轨、固定螺栓。应先紧固后部两个螺栓，再紧固前部两个螺栓，然后紧固顶丝背帽。

实施步骤八：安装抽油机安全防护栏。

实施步骤九：在顶丝及电动机滑轨、固定螺栓上涂油防腐。

实施步骤十：打开安全锁块，检查抽油机两侧无障碍物，准备启动抽油机，松刹车，摘下警示牌。

实施步骤十一：戴绝缘手套，侧身位送电，按“启动”按钮启动抽油机（利用惯性启动抽油机，不可逆向启动抽油机），将延时启动装置切换至自动位置。

实施步骤十二：检查皮带松紧合适，无打滑跳动现象。

实施步骤十三：抽油机运转正常，收拾工具，清理现场。

注意

（1）监护人应负责监督操作人员正确执行操作规程，确保安全防护措施齐全。

（2）启机和停机时，应戴绝缘手套，侧身位操作，防止出现触电、电弧和烧伤等人身伤害。

（3）刹车必须刹紧锁上的安全锁块，防止溜车。

（4）安装拆卸皮带时，要避开皮带与皮带轮的接合部位，防止夹伤手指。

（5）上下减速箱平台时要站稳，防止滑落。

【评价反馈】

1. 学生自我评价

学生扫码完成自我评价。

学生自我评价表

2. 互相评价

学生扫码完成互相评价。

学生互评表

3. 教师评价

教师根据学生表现，填写表 8－1－7 进行评价。

表 8－1－7 教师评价表

项目名称	评价内容	分值	得分
职业素养考核项目	穿戴规范、整洁	6 分	
	安全意识、责任意识、服从意识	6 分	
	积极参加教学活动，按时完成学生工作手册	10 分	
	团队合作、与人交流能力	6 分	
	劳动纪律	6 分	
	生产现场管理 8S 标准	6 分	
专业能力考核项目	皮带“四点一线”检测准确	12 分	
	更换皮带操作符合规范	18 分	
	操作熟练、工作效率高	12 分	
	完成质量	18 分	
总分			
总评	自评（20%）＋互评（20%）＋师评（60%）	综合等级	教师签名

子任务 8.1.4 抽油机一级保养

【任务描述】

抽油机是 24 h 连续运转的机械设备，维护保养工作是使抽油机能正常运转的基础。由于各地区的情况不同，故应根据具体情况结合岗位责任制制定检泵修井周期，建立定期保养制度。抽油机一级保养每月进行一次，其保养工作应按“十字作业法”进行。本任务主要学习抽油机的一级保养内容、操作程序及注意事项。

资源 36 抽油机保养

【任务分组】

学生填写表 8-1-8，进行分组。

表 8-1-8 任务分组情况表

班级		组号		指导教师	
组长		学号			
组员	姓名	学号	姓名	学号	
任务分工					

【知识准备】

依据机械保养“紧固、润滑、调整、清洗、防腐”的“十字作业法”进行施工。一级保养的内容如下。

（1）进行例行保养的全部内容。

（2）检查减速箱的齿轮：打开减速箱上部视孔，检查齿轮啮合情况，并检查齿轮磨损和损坏情况，分析损坏和磨损原因。检查、清洗呼吸器，应卸开清洗。

（3）检查减速箱的油面：上液面不高于2/3 位置，下液面不低于1/3 位置，即中间轴齿轮齿刚浸没为宜，并加足机油到规定位置。检查减速箱是否有渗漏，判断渗漏原因，并进行维修或控制。

（4）检查抽油机的润滑情况：对各部轴承加注黄油，要加足、加满，如果油脂变质应全部更换。如中央轴承座需要更换黄油，则将黄油枪装在加油孔上，放开泄油孔，打黄油时应直至将旧黄油排出泄油孔并挤出新黄油时为加满。

（5）检查抽油机的平衡情况。

（6）查抽油机的紧固情况。

（7）检查刹车装置使用情况：清洗刹车片，检查刹车片的磨损情况，如磨损严重、断裂，应更换刹车片；检查刹车行程与刹车间隙，并调节刹车的松紧度；刹车销锁死牙块应卡在刹车槽的1/3~2/3 之间；检查拉杆、刹车转向轴。

(8) 检查皮带磨损情况。

(9) 检查驴头中心与井口中心对中情况，如不对中，应及时进行调整。

(10) 检查毛辫子，有起刺、断股现象应更换（毛辫子的断股在同部位断三丝的钢丝绳就需要更换）；检查悬绳器，上、下夹板应完好；检查时发现钢丝绳粗细不均匀，应更换；检查时发现钢丝绳锈很多，应加油润滑钢丝绳或在其外部抹黄油润滑。

(11) 检查电气设备使用情况：检查电动机运行声音及温升，检查电动机轴和风扇；检查配电箱线路、启动器、过电流保护装置及仪表，检查接地装置及电缆等。

【任务实施】

抽油机一级保养

实施步骤一：工具、用具准备。

实施步骤二：检查井口流程情况。

实施步骤三：使用试电笔对配电箱验电，将抽油机停在上死点，刹紧刹车，戴绝缘手套分开空气开关。

实施步骤四：清除抽油机外部油污、泥土，旋转部位挂警示牌。

实施步骤五：检查抽油机紧固情况。对减速箱、底座、中轴承、尾轴承、支架、平衡块、电动机等各部位的紧固螺栓应逐一检查紧固，关键部位划好新的安全检查线。检查时安全检查线应无错位，用手锤击打螺帽，无空洞声响为合格；电动机、中轴顶丝应无缺损并顶紧；补齐缺失的螺栓、垫片、销钉、斜铁；水泥基础严重损坏或倾斜应上报。

实施步骤六：检查悬绳器。检查毛辫子有无起刺、断股现象，起刺、断股应更换（毛辫子的断股在同部位断三丝的钢丝绳要更换）。检查时发现钢丝绳粗细不均匀，细的地方说明钢丝绳内的麻芯断，应更换。检查时发现钢丝绳锈蚀很多，说明麻芯中的机油已经用尽，应当加油润滑钢丝绳或在其外部涂黄油润滑。检查悬绳器上下夹板应完好。

实施步骤七：检查减速箱齿轮情况。打开减速箱视孔，松开刹车，盘动皮带，检查齿轮啮合情况及齿轮磨损和损坏情况，分析磨损和损坏原因。检查输入轴与中间轴左右旋齿轮的啮合情况，左右旋齿轮应无松动。检查中间轴齿轮与输出轴齿轮的啮合情况，以及齿轮的带油情况。

实施步骤八：检查减速箱油面及油质。开箱时如果闻到异味说明油变质，机油本身颜色变白说明油被乳化，应立即更换。冬季由于机油中的水不能沉降，可能会有冰块，如机油未变质，可清除后使用。夏季保养时应从减速箱的放油丝堵孔中将水放掉，以免冬季出现问题。液面在视窗的1/3~2/3之间为油量充足，即齿轮齿刚浸没为宜，不足时应补加。检查减速箱检视孔的密封圈垫是否完好，不能用的应立即更换。检查减速器是否有渗漏，判断渗漏原因，并维修或控制。

实施步骤九：清洗减速箱呼吸阀（减速箱有呼吸阀的），用管钳卸掉呼吸阀上盖进行清洗。

实施步骤十：对中轴承、尾轴承、曲柄销子轴承、驴头固定销子、减速箱轴承、刹车支座轴承等处加注黄油。

实施步骤十一：检查刹车装置。检查刹车是否灵活好用、可靠，必要时进行调整。检查刹车片是否有油污，有油污应清洗。检查刹车片的磨损情况，磨损严重应更换。刹车行程不得超过1/2～2/3之间，即刹车处于刹死位置时刹车销锁死牙块应卡在刹车槽的1/3～2/3之间，不在此范围时应调整。通过调整刹车拉杆的滑点螺栓来实现刹车行程的调节，如横向拉杆调整不到位，可考虑调整纵向拉杆，如果两拉杆都不能调整到位，则可在刹车的凸轮处进行调整。刹车的锁死弹簧应无自动复位现象，以免刹车后自行滑落而出现事故。

实施步骤十二：检查皮带。检查皮带松紧程度，“四点一线”是否合适，不合适应进行调整。检查皮带磨损情况，有无露线。

实施步骤十三：检查驴头中心与井口中心是否对正，如不对正应进行调整。

实施步骤十四：检查电气设备。检查电气设备绝缘是否良好，有无接地线，各触点接触是否良好。检查电动机运行声音是否正常。检查抽油机的平衡情况，平衡率为85%～115%合格，如达不到需调整。电气设备应由维修班电工同步进行一级保养。

实施步骤十五：检查抽油机周围有无障碍物，松开刹车，合上空气开关，按启动按钮启动抽油机。

实施步骤十六：检查抽油机运行情况，填写保养记录。

注意

(1) 一级保养是当抽油机运行720～800 h时，由维修班进行保养，并配合进行，要求每次保养间隔为25 d以上。

(2) 合、分空气开关时必须戴绝缘手套，要侧开身体。

(3) 用手锤检查螺栓紧固情况时必须敲击螺栓正面，严禁敲击棱角。

(4) 检查电动机和设备温度时，要去掉手套，用手背触摸。

(5) 抽油机曲柄销子注黄油时，可将轴承盖卸下，直接加注黄油。

(6) 高空作业时脚下要站稳，登高作业超过2 m以上时必须系安全带，悬挂高度以高于身高拉紧为原则，所用工具必须拴牢，以免造成高空坠落事故。

(7) 启动抽油机时，曲柄旋转范围内严禁站人或有障碍物。

(8) 在现场操作必须有监护人，在抽油机上进行的任何操作都必须在停机刹车的状态下进行。

(9) 使用工具时要轻拿轻放，避免敲击和碰撞；操作要平稳，规格型号要配套，防止打滑。

(10) 风力大于5级（含5级）时严禁进行高空作业，雨雪天禁止进行一级保养，以免发生安全事故。

(11) 操作结束后，必须确认流程是否正确，观察压力正常后方可离开。

【评价反馈】

1. 学生自我评价

学生扫码完成自我评价。

学生自我评价表

2. 互相评价

学生扫码完成互相评价。

学生互评表

3. 教师评价

教师根据学生表现，填写表 8-1-9 进行评价。

表 8-1-9 教师评价表

<table>
<tr><th>项目名称</th><th colspan="2">评价内容</th><th>分值</th><th>得分</th></tr>
<tr><td rowspan="6">职业素养
考核项目</td><td colspan="2">穿戴规范、整洁</td><td>6 分</td><td></td></tr>
<tr><td colspan="2">安全意识、责任意识、服从意识</td><td>6 分</td><td></td></tr>
<tr><td colspan="2">积极参加教学活动，按时完成学生工作手册</td><td>10 分</td><td></td></tr>
<tr><td colspan="2">团队合作、与人交流能力</td><td>6 分</td><td></td></tr>
<tr><td colspan="2">劳动纪律</td><td>6 分</td><td></td></tr>
<tr><td colspan="2">生产现场管理 8S 标准</td><td>6 分</td><td></td></tr>
<tr><td rowspan="4">专业能力
考核项目</td><td colspan="2">一级保养项目查找及时、准确</td><td>12 分</td><td></td></tr>
<tr><td colspan="2">一级操作各项操作符合规范</td><td>18 分</td><td></td></tr>
<tr><td colspan="2">操作熟练、工作效率高</td><td>12 分</td><td></td></tr>
<tr><td colspan="2">完成质量</td><td>18 分</td><td></td></tr>
<tr><td colspan="4">总分</td><td></td></tr>
<tr><td rowspan="2">总评</td><td rowspan="2">自评（20%）+互评（20%）+师评（60%）</td><td colspan="2">综合等级</td><td rowspan="2">教师签名</td></tr>
<tr><td colspan="2"></td></tr>
</table>

任务8.2 抽油泵和抽油杆的使用与维护

【任务简介】

典型的有杆泵抽油设备主要由三部分组成：一是地面驱动设备，即抽油机；二是安装在油管下部的抽油泵；三是抽油杆，它把地面设备的运动和动力传递给井下抽油泵活塞，使其上下往复运动，油管中的液体增压，将油层产液抽汲至地面。本任务要求能够正确对抽油泵和抽油杆进行使用与维护，具体由5个子任务组成，分别为抽油机井碰泵、更换抽油机井光杆密封圈、调整游梁式抽油机冲程、调整游梁式抽油机冲次和调整游梁式抽油机防冲距。

小贴士

工作中需要秉持团队协作能力及良好的职业道德，认同石油企业文化，发扬铁人精神及爱国创业精神。

资源37 抽油泵

资源38 抽油杆

【任务目标】

1. 知识目标

（1）掌握抽油泵的结构、工作原理及抽油杆的类型，熟悉冲程、冲次和防冲距的概念。

（2）掌握碰泵、更换光杆密封圈的操作步骤及要求。

（3）掌握调整冲程、冲次和防冲距的操作步骤及要求。

2. 技能目标

（1）能对抽油泵和抽油杆进行保养。

（2）能熟练地进行碰泵、更换光杆密封圈的操作。

（3）能熟练调整冲程、冲次和防冲距。

3. 素质目标

（1）具有良好的职业道德及爱国创业精神，发扬铁人精神。

（2）树立学油爱油、为油献身的职业道德观念。

（3）具有安全生产能力及环境保护意识。

子任务 8.2.1　抽油机井碰泵

【任务描述】

抽油机井碰泵是在生产过程中油井出现故障时进行处理的一种手段，当抽油机井结蜡或出砂时，会使阀球关闭不严，造成泵的漏失或砂堵，需要进行碰泵操作，即人为造成深井泵柱塞与固定阀罩的碰撞，使抽油管柱受到振动，以解除故障，消除深井泵阀球结蜡所黏附的杂物，保证阀严密，恢复油井生产能力。本任务需要在了解抽油泵结构及工作原理的基础上，进行抽油机井碰泵操作。要求：必须穿戴好劳动保护用品；工具用具准备齐全，正确使用；操作应符合安全文明操作规程；按规定完成操作项目，质量达到技术要求；操作完毕，做到工完、料净、场地清。

【任务分组】

学生填写表 8－2－1，进行分组。

表 8－2－1　学生分组表

<table>
<tr><td>班级</td><td colspan="2"></td><td colspan="2">组号</td><td colspan="2"></td><td>指导教师</td><td></td></tr>
<tr><td>组长</td><td colspan="2"></td><td colspan="2">学号</td><td colspan="2"></td><td></td><td></td></tr>
<tr><td rowspan="3">组员</td><td colspan="2">姓名</td><td colspan="2">学号</td><td colspan="2">姓名</td><td colspan="2">学号</td></tr>
<tr><td colspan="2"></td><td colspan="2"></td><td colspan="2"></td><td colspan="2"></td></tr>
<tr><td colspan="2"></td><td colspan="2"></td><td colspan="2"></td><td colspan="2"></td></tr>
<tr><td colspan="9">任务分工</td></tr>
<tr><td colspan="9"></td></tr>
</table>

【知识准备】

（一）抽油泵的工作要求

在抽油装置中抽油杆是中间部分，起连接抽油机与抽油泵，并把抽油机的动力传递给抽油泵的作用。抽油泵是有杆泵抽油设备的井下部分，也是其最重要的部分，下入深度从几百米到几千米，所抽汲的液体中常含有砂、蜡、水、气及有腐蚀性的物质，其工作环境恶劣，所以要求抽油泵的结构简单，便于起下，制造泵的材料耐磨，抗腐蚀性能好，使用寿命长，加工安装质量高，以降低使用故障率。

（二）抽油泵的基本组成、分类和结构特点

1. 抽油泵的基本组成

抽油泵主要由泵筒、吸入阀、活塞、排出阀四大部分组成。

2. 抽油泵的分类

按照抽油泵在井下的固定方式，可分为管式泵和杆式泵。

3. 抽油泵的特点

1）管式泵的结构特点

管式泵是把外筒、衬套和吸入阀在地面组装好并接在油管下部先下入井中，然后把装有排出阀的活塞用抽油杆柱通过油管下入泵中。管式泵的特点是结构简单、成本低，在相同油管直径下允许下入的泵径较杆式泵大，因而排量大。但检泵时必须起下管柱，修井工作量大，故适用于下泵深度不大、产量较高的井。

2）杆式泵的结构特点

杆式泵有内、外两个工作筒，外工作筒上端装有锥体座及卡簧，下泵时把外工作筒随油管先下入井中，然后把装有衬套、活塞的内工作筒接在抽油杆的下端下入到外工作筒中并由卡簧固定。杆式泵的特点是检泵时不需要起下油管，检泵方便，但结构复杂、制造成本高、允许下入的泵径小，适用于下泵深度大、产量较小的油井。

（三）抽油泵的工作原理

1. 上冲程

抽油杆柱带着活塞向上运动，活塞上的游动阀受阀球自重和管内压力的作用而关闭，泵内由于容积增大而压力降低，固定阀在环形空间液柱压力与泵内压力之差的作用下被打开，井中原油进泵，同时在井口排出液体。

2. 下冲程

抽油杆柱带着活塞向下运动，固定阀关闭，活塞挤压泵中液体使泵内压力升高到高于活塞上方压力时，游动阀被顶开，泵中液体排到活塞上方的油管中去。

【任务实施】

抽油机井碰泵操作

实施步骤一：准备工作。工具、用具、材料准备：600 mm 管钳 1 把，300 mm 活动扳手 1 把，方卡子 1 副，榔头 1 把，测量尺 1 把，粉笔 1 支，电笔 1 支，绝缘手套 1 副，锉刀 1 把；劳保用品准备齐全，穿戴整齐。

实施步骤二：计算预调到的位置，确定上提下放距离。

实施步骤三：停机。抽油机接近下死点位置时，侧身按“停机”按钮，刹紧刹车，侧身拉下空气开关。

实施步骤四：卸载荷。将方卡子固定在光杆密封盒上，松刹车，卸掉驴头负荷，刹死刹车。

实施步骤五：调整方卡子位置。测量位置，光杆做记号，松悬绳器，上方卡子，移到预定位置，打紧方卡子，松刹车。

实施步骤六：碰泵。松刹车，吃负荷，刹紧刹车，卸密封盒上方卡子，启动抽油机，碰泵3～5次。

实施步骤七：调防冲距。碰泵完毕，停机，卸载荷，恢复原防冲距位置，上紧方卡子，松刹车，吃负荷，卸方卡子。

实施步骤八：启动抽油机检查。松刹车，侧身合上空气开关，按“启动”按钮利用曲柄惯性启动抽油机，检查有无碰泵声。

实施步骤九：收拾工具、用具，清理现场，填写班报表。

【评价反馈】

学生自我评价表

1. 学生自我评价

学生扫码完成自我评价。

学生互评表

2. 互相评价

学生扫码完成互相评价。

3. 教师评价

教师根据学生表现，填写表8－2－2进行评价。

表8－2－2　教师评价表

<table>
<tr><td>项目名称</td><td colspan="2">评价内容</td><td>分值</td><td>得分</td></tr>
<tr><td rowspan="6">职业素养
考核项目</td><td colspan="2">穿戴规范、整洁</td><td>6分</td><td></td></tr>
<tr><td colspan="2">安全意识、责任意识、服从意识</td><td>6分</td><td></td></tr>
<tr><td colspan="2">积极参加教学活动，按时完成学生工作手册</td><td>6分</td><td></td></tr>
<tr><td colspan="2">团队合作、与人交流能力</td><td>8分</td><td></td></tr>
<tr><td colspan="2">劳动纪律</td><td>8分</td><td></td></tr>
<tr><td colspan="2">生产现场管理8S标准</td><td>6分</td><td></td></tr>
<tr><td rowspan="6">专业能力
考核项目</td><td colspan="2">抽油泵相关专业知识查找及时、准确</td><td>10分</td><td></td></tr>
<tr><td colspan="2">计算上提下放距离</td><td>10分</td><td></td></tr>
<tr><td colspan="2">停机操作</td><td>10分</td><td></td></tr>
<tr><td colspan="2">卸负荷操作</td><td>10分</td><td></td></tr>
<tr><td colspan="2">碰泵操作</td><td>10分</td><td></td></tr>
<tr><td colspan="2">调防冲距操作</td><td>10分</td><td></td></tr>
<tr><td colspan="4">总分</td><td></td></tr>
<tr><td rowspan="2">总评</td><td rowspan="2">自评（20%）＋互评（20%）＋师评（60%）</td><td colspan="2">综合等级</td><td rowspan="2">教师签名</td></tr>
<tr><td colspan="2"></td></tr>
</table>

子任务 8.2.2 更换抽油机井光杆密封圈

【任务描述】

抽油机井的光杆是采用密封圈来密封的，光杆密封圈是密封光杆运动时密封盒与油井连通部分的密封件。抽油机光杆运动时，密封件会发生磨损，油井内的压力使井中的油气从光杆密封盒处冒出来，污染井口或井场，造成原油浪费及污染环境，更换光杆密封圈是保证油井正常生产、维护井场卫生的重要措施之一。更换抽油机井光杆密封圈（又称盘根）是采油工经常性的操作。本任务需要在了解抽油杆作用及类型的基础上，进行更换抽油机井光杆密封圈操作。要求：必须穿戴好劳动保护用品；工具、用具准备齐全，正确使用；操作应符合安全文明操作规程；按规定完成操作项目，质量达到技术要求；操作完毕，做到工完、料净、场地清。

【任务分组】

学生填写表 8－2－3，进行分组。

表 8－2－3 学生分组表

<table>
<tr><td>班级</td><td></td><td>组号</td><td></td><td>指导教师</td><td></td></tr>
<tr><td>组长</td><td></td><td>学号</td><td></td><td></td><td></td></tr>
<tr><td rowspan="3">组员</td><td>姓名</td><td colspan="2">学号</td><td>姓名</td><td>学号</td></tr>
<tr><td></td><td colspan="2"></td><td></td><td></td></tr>
<tr><td></td><td colspan="2"></td><td></td><td></td></tr>
<tr><td colspan="6">任务分工</td></tr>
<tr><td colspan="6"></td></tr>
</table>

【知识准备】

（一）抽油杆的作用

在抽油装置中抽油杆是中间部分，起连接抽油机与抽油泵，并把抽油机的动力传递给抽油泵的作用。

（二）抽油杆的类型

根据抽油杆在杆柱中起的作用不同，抽油杆又可分为光杆、普通抽油杆和加重杆。

1. 光杆

光杆是抽油杆柱中最上端的一根抽油杆，通过井口光杆密封圈，上端通过悬绳器、绳辫子与抽油机驴头相连，下端与井下抽油杆相连，并同井口光杆密封圈配合密封井口，对其强度和表面粗糙度要求较高。

常用的光杆直径有四种，分别为 ϕ25 mm、ϕ28 mm、ϕ32 mm、ϕ38 mm。常用的光杆长度有五种，分别为 3 500 mm、4 500 mm、5 000 mm、6 000 mm、8 000 mm。

2. 抽油杆

抽油杆的结构如图 8－2－1 所示。抽油杆主要有钢制实心抽油杆、玻璃纤维抽油杆、空心抽油杆和连续抽油杆几种类型，其钢制抽油杆是常规有杆泵抽油系统常用的类型。常用的抽油杆直径有四种，分别为 ϕ16 mm、ϕ19 mm、ϕ22 mm、ϕ25 mm。

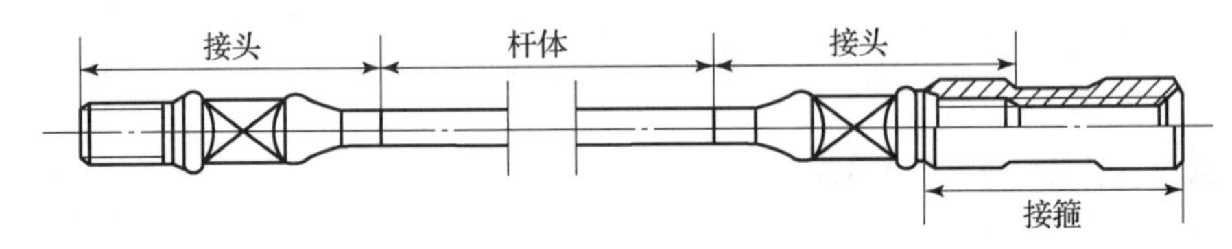

图 8－2－1　抽油杆的结构

3. 加重杆

抽油杆柱在向下运动时，原油通过游动阀阻力作用向上顶托活塞，使与泵连接处的几根抽油杆受到压缩力作用而发生弯曲，进而加速这部分抽油杆的疲劳破坏。为延长抽油杆柱的工作寿命，通常将在泵以上几十米杆柱的直径加粗，这段加粗的抽油杆即为加重杆。加重杆的结构如图 8－2－2 所示。常用的加重杆直径有三种，分别为 ϕ35 mm、ϕ38 mm、ϕ51 mm。

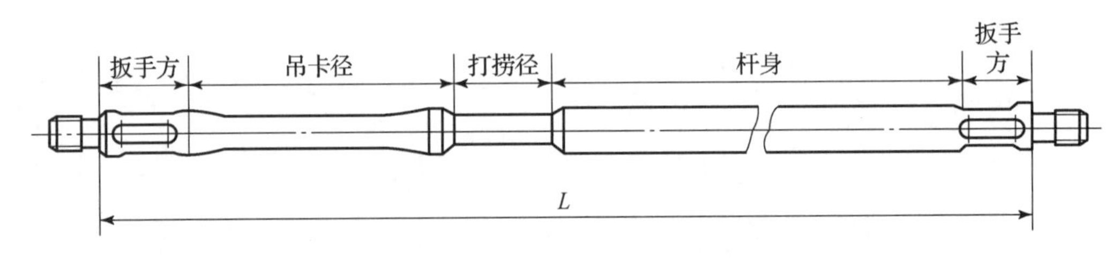

图 8－2－2　加重杆的结构

【任务实施】

<u>更换抽油机井光杆密封圈</u>

实施步骤一：工具、用具、材料准备：600 mm 管钳 1 把，250 mm 活动扳手 1 把，150 mm 平口螺丝刀 1 把，同型号密封圈若干，铁丝挂钩 1 个，切割刀 1 把，电笔 1 支，绝缘手套 1 副，黄油 1 袋，棉纱若干；劳保用品准备齐全，穿戴整齐。

实施步骤二：用切割刀沿顺时针方向切割密封圈，密封圈切口平齐无毛边，切口呈30°～45°。

实施步骤三：用电笔检测配电箱门是否带电，按“停止”按钮停机，使驴头停在距下死点30～40 cm便于操作的位置，刹紧刹车，侧身拉闸断电。

实施步骤四：交替关闭胶皮阀门，使光杆处于密封盒中心位置。用管钳缓慢稍打开密封盒压盖，停顿卸压，待压力完全放掉后，卸下密封盒压盖，用铁丝挂钩将密封盒压盖、格兰挂在悬绳器上。

实施步骤五：用螺丝刀沿逆时针方向旋转，将旧密封圈取下，并将切好的新密封圈涂抹少许黄油，用螺丝刀沿顺时针方向加入密封盒内，密封圈切口错开90°～120°，如图8－2－3所示。

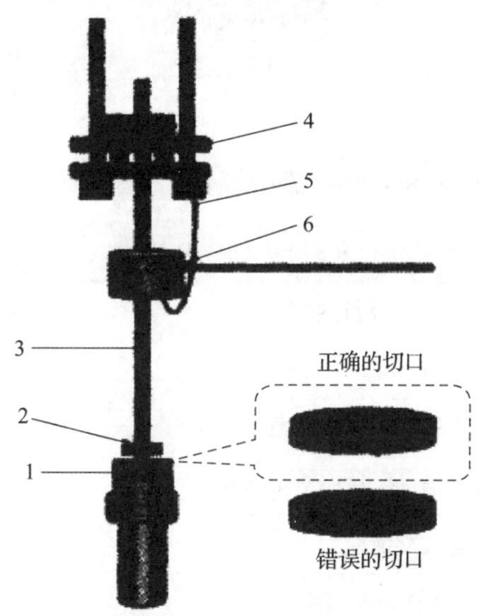

1—密封盒；2—密封圈；3—光杆；4—悬绳器；5—挂钩；6—密封盒压盖。

图8－2－3 更换抽油机光杆密封圈的步骤

实施步骤六：取下格兰、密封盒压盖，对正上紧密封盒压盖，取下铁丝挂钩。

实施步骤七：缓慢稍打开一侧胶皮阀门1～2圈试压，不渗不漏后完全打开两侧胶皮阀门，关放空阀门。

实施步骤八：检查抽油机周围无障碍物，缓慢松开刹车，侧身合闸送电，利用曲柄惯性启动抽油机。

实施步骤九：检查光杆密封圈是否发热、漏油，以手背摸光杆不热、不带油、不漏气为宜，否则根据情况调整。光杆下行时，在密封盒压盖与光杆之间加少许黄油。

实施步骤十：收拾工具、用具，清理现场，填写班报表。

【评价反馈】

1. 学生自我评价

学生扫码完成自我评价。

学生自我评价表

2. 互相评价

学生扫码完成互相评价。

学生互评表

3. 教师评价

教师根据学生表现，填写表 8-2-4 进行评价。

表 8-2-4 教师评价表

<table>
<tr><td>项目名称</td><td colspan="2">评价内容</td><td>分值</td><td>得分</td></tr>
<tr><td rowspan="6">职业素养
考核项目</td><td colspan="2">穿戴规范、整洁</td><td>6 分</td><td></td></tr>
<tr><td colspan="2">安全意识、责任意识、服从意识</td><td>6 分</td><td></td></tr>
<tr><td colspan="2">积极参加教学活动，按时完成学生工作手册</td><td>6 分</td><td></td></tr>
<tr><td colspan="2">团队合作、与人交流能力</td><td>8 分</td><td></td></tr>
<tr><td colspan="2">劳动纪律</td><td>8 分</td><td></td></tr>
<tr><td colspan="2">生产现场管理 8S 标准</td><td>6 分</td><td></td></tr>
<tr><td rowspan="6">专业能力
考核项目</td><td colspan="2">抽油泵相关专业知识查找及时、准确</td><td>10 分</td><td></td></tr>
<tr><td colspan="2">切割密封圈</td><td>10 分</td><td></td></tr>
<tr><td colspan="2">停机操作</td><td>10 分</td><td></td></tr>
<tr><td colspan="2">取旧密封圈</td><td>10 分</td><td></td></tr>
<tr><td colspan="2">启机操作</td><td>10 分</td><td></td></tr>
<tr><td colspan="2">检查密封效果</td><td>10 分</td><td></td></tr>
<tr><td colspan="4">总分</td><td></td></tr>
<tr><td rowspan="2">总评</td><td rowspan="2">自评（20%）+互评（20%）+师评（60%）</td><td colspan="2">综合等级</td><td rowspan="2">教师签名</td></tr>
<tr><td colspan="2"></td></tr>
</table>

子任务 8.2.3 调整游梁式抽油机冲程

【任务描述】

抽油机驴头上死点和下死点之间的垂直距离为冲程。为了使冲程与其他参数的配合达到最佳效果，而对冲程进行的调节工作称为调冲程。调整游梁式抽油机冲程是一项操作程序复杂、劳动强度大、要求严格的操作技能，是体现采油工综合能力的操作内容。本任务需要在了解抽油泵理论排量计算及调冲程原理的基础上，进行调整游梁式抽油机冲程操作。要求：必须穿戴好劳动保护用品；工具、用具准备齐全，正确使用；操作应符合安全文明操作规程；按规定完成操作项目，质量达到技术要求；操作完毕，做到工完、料净、场地清。

【任务分组】

学生填写表 8-2-5，进行分组。

表 8-2-5 学生分组表

<table>
<tr><td>班级</td><td colspan="2"></td><td>组号</td><td></td><td>指导教师</td><td></td></tr>
<tr><td>组长</td><td colspan="2"></td><td>学号</td><td></td><td></td><td></td></tr>
<tr><td rowspan="3">组员</td><td>姓名</td><td colspan="2">学号</td><td colspan="2">姓名</td><td>学号</td></tr>
<tr><td></td><td colspan="2"></td><td colspan="2"></td><td></td></tr>
<tr><td></td><td colspan="2"></td><td colspan="2"></td><td></td></tr>
<tr><td colspan="7">任务分工</td></tr>
<tr><td colspan="7"></td></tr>
</table>

【知识准备】

（一）抽油泵理论排量的计算

1. 理论排量的概念

假设活塞冲程等于光杆冲程，上冲程吸入泵内的全是液体，并且其体积等于活塞的让出容积，而这些液体全部都能排到地面没有漏失，在这种理想条件下，抽油泵一天抽出的液体体积称为抽油泵的理论排量。

2. 理论排量的计算

$$Q_t = 1\ 440 f_p s n \qquad (8-2-1)$$

式中：Q_t——泵的体积理论排量，m^3/d；

f_p——活塞截面积，m^2；

s——光杆冲程，m；

n——冲次，min^{-1}。

通过调整理论排量计算公式中的三个参数，调整抽汲参数。根据油层供液能力和配产方案，将冲程调至合适的大小，以达到提高产量及减少电耗和机械磨损的目的。

（二）调整冲程的原理

曲柄上通常有4~8个孔，专门为调节冲程所用，称为冲程孔。通过理论计算得知，光杆冲程约等于2倍的曲柄半径，曲柄销子在冲程孔的位置决定抽油机冲程的大小，并可通过调整曲柄销的位置来调整冲程。

【任务实施】

调整游梁式抽油机冲程

实施步骤一：工具、用具、材料准备：300 mm、375 mm活动扳手各1把，1 000 mm撬杠2根，40 cm×30 mm铜棒1根，0.75 kg、3.5 kg手锤各1把，3~5 t导链2副，200 mm手钳1把，150 mm平口螺丝刀1把，方卡子1副，冕形螺母套筒扳手1把，1.5 m×2.0 m操作平台1个，安全带2副，直尺1把，钳形电流表1块，绝缘手套1副，15 mm钢丝绳10 m，15 mm钢丝绳套2副，20 mm棕绳1根，砂纸2张，钢刷子1把，锉刀1把，黄油、棉纱、纸、笔若干。

实施步骤二：检查刹车是否灵活，刹车销是否完好。

实施步骤三：停止抽油机，将驴头停在下死点的位置，刹紧刹车，两人站在操作平台上，将导链挂在抽油机驴头上。

实施步骤四：慢松刹车，将抽油机曲柄停在右上方接近45°~60°或操作方便的右下方45°~60°位置处，刹紧刹车，切断电源。

实施步骤五：一人用光杆方卡子卡紧光杆，另一人略松刹车，二次启动抽油机，使光杆方卡子坐在光杆密封盒上，卸掉驴头负荷，刹紧刹车，切断电源，两人配合锁好刹车锁块。由两名操作人员站在操作平台上调整导链，挂上钢丝绳，将尾轴承与变速箱、驴头与井口分别拴住，并使其绷紧，防止曲柄销撬出后造成驴头下坠或上升。

实施步骤六：用手钳拔掉两边曲柄销上的开口销或用活动扳手卸掉盖板螺栓后拿下盖板。

实施步骤七：用冕形螺母套筒扳手卸掉备帽和冕形螺母，取下垫片，再将冕形螺母上到曲柄销上，上到与销子螺纹平扣为止。

实施步骤八：用活动扳手将两边连杆销拉紧螺栓松开，用铜棒垫在曲柄销上，用手锤打松曲柄销总成。

实施步骤九：用棕绳将连杆绑住固定（驴头偏重的抽油机可用导链将尾轴承与变速箱

相连并拉紧，防止曲柄销撬出后驴头下坠），用撬杠撬出两边曲柄销总成，将两边连杆与曲柄销总成拉出，并绑在抽油机支架上，用铜棒垫在衬套上，将衬套打出。

实施步骤十：检查打出的曲柄销和衬套有无磨损，如有磨损则进行更换。将选定的衬套和冲程孔用棉纱擦拭干净，并涂上黄油，将涂上黄油的衬套装入已选定且清洗干净的冲程孔内，清理曲柄销表面并加黄油。

实施步骤十一：一人用导链调整曲柄销位置，另两人分别松左、右钢丝绳，使曲柄销对准孔中心慢慢推进去。一人控制刹车，其他人用专用工具盘动皮带轮，要缓慢松动刹车，此处要特别注意安全，防止游梁下滑，造成人身事故；冲程由小调大，松动刹车；由大调小可盘皮带轮，使曲柄销对准孔中心，双手推进孔内。

实施步骤十二：卸去连杆上的棕绳，放好垫片，用套筒扳手上紧冕形螺母及备帽，装好开口销或上好盖板。

实施步骤十三：卸下导链下部钢丝绳，取下尾轴承与变速箱、驴头与井口两副导链和钢丝绳。取出刹车锁块，慢松刹车，使驴头吃上负荷，卸去井口光杆密封盒上的光杆方卡子，锉光毛刺。

实施步骤十四：送电，启动抽油机，检查抽油机工作是否正常，油井有无碰泵现象。将驴头停在抽油机下死点，卡死光杆方卡子，根据计算好的数值调整防冲距。

实施步骤十五：检查防冲距是否合适、运转有无异常响声，运转正常后用钳形电流表测抽油机电流，检查平衡状况，不平衡时要进行调整。

实施步骤十六：收拾工具用具，清理现场，填写班报表。

【评价反馈】

1. 学生自我评价

学生扫码完成自我评价。

学生自我评价表

2. 互相评价

学生扫码完成互相评价。

学生互评表

3. 教师评价

教师根据学生表现，填写表8-2-6进行评价。

表8-2-6　教师评价表

<table>
<tr><th>项目名称</th><th colspan="2">评价内容</th><th>分值</th><th>得分</th></tr>
<tr><td rowspan="6">职业素养考核项目</td><td colspan="2">穿戴规范、整洁</td><td>6分</td><td></td></tr>
<tr><td colspan="2">安全意识、责任意识、服从意识</td><td>6分</td><td></td></tr>
<tr><td colspan="2">积极参加教学活动，按时完成学生工作手册</td><td>8分</td><td></td></tr>
<tr><td colspan="2">团队合作、与人交流能力</td><td>6分</td><td></td></tr>
<tr><td colspan="2">劳动纪律</td><td>6分</td><td></td></tr>
<tr><td colspan="2">生产现场管理8S标准</td><td>8分</td><td></td></tr>
<tr><td rowspan="6">专业能力考核项目</td><td colspan="2">冲程的概念、调整原理专业知识查找及时、准确</td><td>10分</td><td></td></tr>
<tr><td colspan="2">停机操作</td><td>10分</td><td></td></tr>
<tr><td colspan="2">卸负荷操作</td><td>10分</td><td></td></tr>
<tr><td colspan="2">碰泵操作</td><td>10分</td><td></td></tr>
<tr><td colspan="2">调防冲距操作</td><td>10分</td><td></td></tr>
<tr><td colspan="2">安装质量</td><td>10分</td><td></td></tr>
<tr><td colspan="4">总分</td><td></td></tr>
<tr><td rowspan="2">总评</td><td rowspan="2">自评（20%）+互评（20%）+师评（60%）</td><td colspan="2">综合等级</td><td rowspan="2">教师签名</td></tr>
<tr><td colspan="2"></td></tr>
</table>

子任务8.2.4　调整游梁式抽油机冲次

【任务描述】

冲次是抽油机驴头每分钟上、下往复运行的次数。冲次是抽油机采油的一个重要生产参数，主要决定了抽油机驴头上下往复运动的快慢。调整冲次是针对抽油机抽汲参数的调整，调整冲次的依据是油井供液能力，有时也是抽油机负荷。调整冲次主要通过更换不同直径的电动机皮带轮来实现，电动机皮带轮直径越小冲次越小，直径越大冲次越大。本任务需要在了解抽油机工作参数及选择原则的基础上，进行调整游梁式抽油机冲次操作。要求：必须穿戴好劳动保护用品；工具、用具准备齐全，正确使用；操作应符合安全文明操作规程；按规定完成操作项目，质量达到技术要求；操作完毕，做到工完、料净、场地清。

【任务分组】

学生填写表8－2－7，进行分组。

表8－2－7 学生分组表

<table>
<tr><td>班级</td><td></td><td>组号</td><td></td><td>指导教师</td><td></td></tr>
<tr><td>组长</td><td></td><td>学号</td><td></td><td></td><td></td></tr>
<tr><td rowspan="3">组员</td><td>姓名</td><td>学号</td><td>姓名</td><td colspan="2">学号</td></tr>
<tr><td></td><td></td><td></td><td colspan="2"></td></tr>
<tr><td></td><td></td><td></td><td colspan="2"></td></tr>
<tr><td colspan="6">任务分工</td></tr>
<tr><td colspan="6"></td></tr>
</table>

【知识准备】

(一) 调整抽油机工作参数

抽油机工作参数调整主要是调整冲程、调整冲次、更换泵的型号。在采油生产管理中，定期分析各井的抽汲参数状况，判断抽汲参数对泵效、产量的影响，针对抽汲参数的变化，结合油藏整体情况，提出合理的工作制度和抽汲参数的调整措施，是保证油田稳定生产、提高采收率和经济效益的一项重要工作。

(二) 选择抽汲参数应遵循的原则

(1) 对于黏度不太大的常规抽油机井应选用大冲程、小冲次和较小泵径，这样既可减小气体影响，又可减小悬点的交变载荷。

(2) 对于原油比较稠的井，一般选用大冲程、大泵径、小冲次，可以减小原油经过阀座孔的阻力和原油与杆柱与管柱之间的阻力。

(3) 对于连喷带抽的井，则采用大冲程、大冲次、大泵径，快速抽汲可增大对井的诱喷能力。

【任务实施】

调整游梁式抽油机冲次

实施步骤一：工具、用具、材料准备：300 mm、375 mm、450 mm 活动扳手各 1 把，450 mm 管钳 1 把，5 kg 铁锤 1 把，撬杠 1 根，三角锉刀 1 把，铜棒 1 根，卡尺 1 把，秒表 1 个，扒轮器 1 个，皮带轮、键（或锥套）若干。

实施步骤二：检查刹车是否灵活好用。

实施步骤三：按“停止”按钮停止抽油机，拉下空气开关。

实施步骤四：松开电动机固定螺钉和顶丝。

实施步骤五：取下皮带。

实施步骤六：将扒轮器装在皮带轮中心。

实施步骤七：旋转扒轮器丝杠，将皮带轮卸下，以防伤人。

实施步骤八：测量电动机轴外径和新皮带轮的内径，使配合间隙达到要求。

实施步骤九：清洗电动机轴和皮带轮内径，装好键。

实施步骤十：装皮带轮，一人手握铜棒，一人用铁锤打进（或上紧锁紧螺母）。

实施步骤十一：装上皮带，使皮带松紧适度。

实施步骤十二：重新调抽油机“四点一线”。

实施步骤十三：紧固电动机固定螺钉和顶丝。

实施步骤十四：按启动规程启动抽油机，观察运行情况。

实施步骤十五：用秒表测出新的冲次，将相关数据填入报表。

【评价反馈】

1. 学生自我评价

学生扫码完成自我评价。

学生自我评价表

2. 互相评价

学生扫码完成互相评价。

学生互评表

3. 教师评价

教师根据学生表现，填写表 8-2-8 进行评价。

表 8-2-8 教师评价表

<table>
<tr><td>项目名称</td><td colspan="2">评价内容</td><td>分值</td><td>得分</td></tr>
<tr><td rowspan="6">职业素养
考核项目</td><td colspan="2">穿戴规范、整洁</td><td>6 分</td><td></td></tr>
<tr><td colspan="2">安全意识、责任意识、服从意识</td><td>6 分</td><td></td></tr>
<tr><td colspan="2">积极参加教学活动，按时完成学生工作手册</td><td>10 分</td><td></td></tr>
<tr><td colspan="2">团队合作、与人交流能力</td><td>6 分</td><td></td></tr>
<tr><td colspan="2">劳动纪律</td><td>6 分</td><td></td></tr>
<tr><td colspan="2">生产现场管理 8S 标准</td><td>6 分</td><td></td></tr>
<tr><td rowspan="6">专业能力
考核项目</td><td colspan="2">工作参数的相关专业知识查找及时、准确</td><td>10 分</td><td></td></tr>
<tr><td colspan="2">停机操作</td><td>10 分</td><td></td></tr>
<tr><td colspan="2">取皮带操作</td><td>8 分</td><td></td></tr>
<tr><td colspan="2">卸皮带轮操作</td><td>12 分</td><td></td></tr>
<tr><td colspan="2">调抽油机“四点一线”</td><td>12 分</td><td></td></tr>
<tr><td colspan="2">紧固电机固定螺钉和顶丝</td><td>8 分</td><td></td></tr>
<tr><td colspan="4">总分</td><td></td></tr>
<tr><td rowspan="2">总评</td><td rowspan="2">自评（20%）+互评
（20%）+师评（60%）</td><td colspan="2">综合等级</td><td rowspan="2">教师签名</td></tr>
<tr><td colspan="2"></td></tr>
</table>

子任务 8.2.5 调整游梁式抽油机防冲距

【任务描述】

驴头带动抽油杆和深井泵活塞下行到达下死点时，为防止活塞与深井泵固定阀罩发生碰撞而预留的长度，即固定阀和泵柱塞之间的距离称为防冲距。调整游梁式抽油机防冲距是一项操作程序复杂、劳动强度大、要求严格的生产技能，是采油工经常性的操作项目。本任务需要在了解防冲距及其对生产影响的基础上，进行调整游梁式抽油机防冲距操作。要求：必须穿戴好劳动保护用品；工具、用具准备齐全，正确使用；操作应符合安全文明操作规程；按规定完成操作项目，质量达到技术要求；操作完毕，做到工完、料净、场地清。

【任务分组】

学生填写表 8-2-9，进行分组。

表 8－2－9　学生分组表

<table>
<tr><td>班级</td><td colspan="2"></td><td>组号</td><td></td><td>指导教师</td><td></td></tr>
<tr><td>组长</td><td colspan="2"></td><td>学号</td><td></td><td></td><td></td></tr>
<tr><td rowspan="3">组员</td><td>姓名</td><td colspan="2">学号</td><td colspan="2">姓名</td><td>学号</td></tr>
<tr><td></td><td colspan="2"></td><td colspan="2"></td><td></td></tr>
<tr><td></td><td colspan="2"></td><td colspan="2"></td><td></td></tr>
<tr><td colspan="7">任务分工</td></tr>
<tr><td colspan="7"></td></tr>
</table>

【知识准备】

（一）防冲距对油井生产的影响

防冲距过小，会引起下冲程时发生抽油泵柱塞碰到固定阀，即碰泵现象；防冲距过大，会使大量气体进入泵内，造成泵效降低，甚至气锁。当防冲距不合适时，就需要调整防冲距，防冲距尽量调小，以不碰泵为原则，即在不发生碰泵现象的前提下最大限度地提高泵效。

（二）确定防冲距的原则

确定防冲距的一般原则是 100 m 泵挂深度，其防冲距为 50 ~ 100 mm。现场施工经验：泵挂深度为 500 m，防冲距约为 300 mm；泵挂深度为 600 ~ 800 m，防冲距约为 800 mm；泵挂深度为 800 ~ 1 000 m，防冲距约为 900 mm。

【任务实施】

调整游梁式抽油机防冲距

实施步骤一：工具、用具、材料准备：300 mm、375 mm 活动扳手各 1 把，36 mm 套筒扳手 1 把，冕形螺母套筒扳手 1 把，1 000 mm 撬杠 1 根，200 mm 钢丝手钳 1 把，150 mm ×

7 mm 一字形螺钉旋具 1 把，200 mm 平板锉 1 把，3. 75 kg 大锤 1 把，300 mm 铜棒 1 根，5 t 手拉葫芦 1 副，5 m 钢丝绳套 2 根，光杆卡子 1 副，钢丝刷 1 把，10 m 棕麻绳 2 根，2 m 钢卷尺 1 个，石笔 1 支，安全带 4 副，安全帽 4 顶，500 V 试电笔 1 支，2 500 V 绝缘手套 1 副，黄油、擦布适量。

实施步骤二：检查皮带松紧度是否合适，刹车是否灵活好用。

实施步骤三：用试电笔检查控制箱是否带电，将抽油机曲柄停在合适位置，刹紧刹车，切断电源。

实施步骤四：在井口密封盒上方打紧光杆卡子。

实施步骤五：检查抽油机铭牌冲程数据、结构不平衡重情况，核实该井实际的冲程大小、要调的冲程值、原防冲距的大小、调整后的防冲距大小。根据抽油机的结构不平衡情况，确定挂环链手拉葫芦的位置。

实施步骤六：以结构不平衡重为负值时为例，介绍调整操作步骤。将钢丝绳套跨过横梁系好，倒环链手拉葫芦在钢丝绳套上，另一根钢丝绳套系在减速器的合适位置上，减速器上的钢丝绳套挂在环链手拉葫芦的吊钩上，拉动启动链，使环链手拉葫芦刚好受力为止。

实施步骤七：拔出连杆上部固定螺栓的开口销，卸松连杆上部固定螺栓。

实施步骤八：卸下曲柄销挡片固定螺栓，取下挡片，卸下曲柄销固定冕形螺母，取下垫片，用相同步骤卸下另一侧备帽及冕形螺母。

实施步骤九：用棕绳系住连杆下部，把铜棒垫在曲柄销头上，用大锤往外打，此时注意观察曲柄销整体受力方向，适当拉紧或调松环链手拉葫芦来活动曲柄销。

实施步骤十：与拉棕绳人员配合，打出曲柄销，把曲柄销拔出销孔，用铜棒把衬套打出来，将另一侧的曲柄销拔出销孔，取出衬套。此时环链手拉葫芦已受结构不平衡力的作用。

实施步骤十一：检查衬套是否有损坏，用刮刀清理预调曲柄孔内的污物，用蘸有清洗油的擦布将销孔清理干净，检查两曲柄销和螺纹是否有损坏情况。

实施步骤十二：用铜棒将衬套打入销孔内，调整环链手拉葫芦，使曲柄销对准预调的销孔，并将曲柄销子穿入销套内，安装曲柄销垫片，上紧冕形螺母，用大锤打至冕形螺母不转为止，安装曲柄销挡片，紧固固定螺栓。用同样方法安装另一侧曲柄销。

实施步骤十三：紧固连杆上部固定螺栓，将开口销插入连杆上部固定螺栓孔内。松开环链手拉葫芦链，摘下环链手拉葫芦，取下钢丝绳套。

实施步骤十四：划曲柄销安全线。卸松悬绳器上部光杆卡子，将光杆卡子调到预调防冲距位置（如果是往大调冲程，则从原位置上提 15 ~ 20 cm，反之应下放 15 ~ 20 cm）。缓慢松开刹车，使驴头承上负荷，刹紧刹车。

实施步骤十五：卸掉密封盒上的方卡子，用锉刀将光杆毛刺锉净。接通电源，按照操作规程启动抽油机。检查抽油机运转是否正常，到井口检查有无刮、碰现象。

实施步骤十六：收拾工具用具，清理现场，填写班报表。

【评价反馈】

学生自我评价表

1. 学生自我评价

学生扫码完成自我评价。

学生互评表

2. 互相评价

学生扫码完成互相评价。

3. 教师评价

教师根据学生表现，填写表 8－2－10 进行评价。

表 8－2－10　教师评价表

项目名称	评价内容	分值	得分
职业素养考核项目	穿戴规范、整洁	6 分	
	安全意识、责任意识、服从意识	6 分	
	积极参加教学活动，按时完成学生工作手册	10 分	
	团队合作、与人交流能力	6 分	
	劳动纪律	6 分	
	生产现场管理 8S 标准	6 分	
专业能力考核项目	防冲距相关专业知识查找及时、准确	8 分	
	检查、验电、停机操作	12 分	
	卸下曲柄销	10 分	
	更换曲柄孔操作	10 分	
	紧固连杆上部螺栓	10 分	
	启机操作	10 分	
总分			
总评	自评（20%）＋互评（20%）＋师评（60%）	综合等级	教师签名

任务 8.3　无杆泵抽油设备的使用与维护

【任务简介】

随着油田进入中后期开采，井深、产量增加，以及油井开采条件复杂化（高黏、多砂、多气、水淹和高腐蚀环境等），使有杆抽油机的重力增大、抽油杆的事故增加和抽油泵的排量下降的问题越来越突出。因此，必须采用无杆泵抽油设备。常用无杆泵抽油设备有电动螺杆泵和电动潜油泵。本任务是无杆泵抽油设备使用与维护基本操作，具体分为四个子任务，分别是启、停电动螺杆泵，启、停电动潜油泵，更换电动潜油泵井油嘴和更换电动螺杆泵光杆密封盒动密封。

小贴士

无杆泵抽油设备事故时有发生，为了他人和自身的安全，必须用标准化操作对无杆泵抽油设备进行维护和保养。

【任务目标】

1. 知识目标

（1）了解电动螺杆泵和电动潜油泵的结构及特点、电动螺杆泵井光杆密封装置的形式及特点。

（2）掌握电动螺杆泵和电动潜油泵的组成及工作原理、电动潜油泵井油嘴的分类与作用、电动螺杆泵井参数的调整方法。

（3）掌握启、停电动螺杆泵和电动潜油泵的操作步骤，更换电动潜油泵井油嘴的操作步骤，更换电动螺杆泵光杆密封盒动密封的操作步骤。

2. 技能目标

（1）能正确使用电动螺杆泵和电动潜油泵，分析电动螺杆泵井光杆密封装置的特点。

（2）能维护保养电动螺杆泵和电动潜油泵，分析电动潜油泵井油嘴的作用，调整电动螺杆泵井的参数。

（3）能规范启、停电动螺杆泵和电动潜油泵，更换电动潜油泵井油嘴，更换电动螺杆泵光杆密封盒动密封。

3. 素质目标

（1）增强安全意识，规范操作流程，排除安全隐患。

（2）培养不怕苦不怕累的拼搏精神。

（3）培养执着专注、精益求精、一丝不苟、追求卓越的工匠精神。

子任务8.3.1 启、停电动螺杆泵

【任务描述】

螺杆泵是按回转啮合的容积式泵，其主要工作部件是偏心螺杆（转子）和固定的衬套（定子），由于定子和转子的特殊几何形状，分别形成单独的密封容腔，介质在轴向被均匀推行流动，内部流速低，容积保持不变，压力稳定，因而不会产生涡流和搅动。除此之外，

螺杆泵的定子选用多种弹性材料糅合制成，在高黏度流体、含有硬质悬浮颗粒介质或含有纤维介质的输送方面，与一般泵种相比具有明显优势，因此螺杆泵被广泛应用在出砂井和稠油井当中。本任务需要在了解电动螺杆泵结构、组成和工作原理的基础上，进行启、停电动螺杆泵的操作。要求：必须穿戴好劳动保护用品；工具、用具准备齐全，正确使用；操作应符合安全文明操作规程；按规定完成操作项目，质量达到技术要求；操作完毕，做到工完、料净、场地清。

资源 39　螺杆泵

【任务分组】

学生填写表 8 -3 -1，进行分组。

表 8 -3 -1　任务分组情况表

<table>
<tr><td>班级</td><td colspan="2"></td><td>组号</td><td></td><td>指导教师</td><td></td></tr>
<tr><td>组长</td><td colspan="2"></td><td>学号</td><td></td><td></td><td></td></tr>
<tr><td rowspan="3">组员</td><td>姓名</td><td colspan="2">学号</td><td colspan="2">姓名</td><td>学号</td></tr>
<tr><td></td><td colspan="2"></td><td colspan="2"></td><td></td></tr>
<tr><td></td><td colspan="2"></td><td colspan="2"></td><td></td></tr>
<tr><td colspan="7">任务分工</td></tr>
<tr><td colspan="7"></td></tr>
</table>

【知识准备】

（一）电动螺杆泵的结构及特点

1. 电动螺杆泵的结构

目前电动螺杆泵正在各油田被逐步推广使用，这主要取决于它自身的技术特点和采油者在实践中对它的认识。电动螺杆泵采油系统按不同驱动形式分为地面驱动和井下驱动两大类，这里只介绍地面驱动电动螺杆泵。电动螺杆泵上部与抽油杆连接，其唯一运动的部件是转子；电动螺杆泵的动力源是电动机；电动螺杆泵有单吸式和双吸式两种结构；电动螺杆泵的定子就是泵筒，是由一种坚固、耐油、抗腐蚀的合成橡胶精磨成型；电动螺杆泵井的配套

工具有常规及简易井口装置、专用井口、正扣及反扣油管、实心及空心抽油杆、抽油杆扶正器、油管扶正器、抽油杆防倒转装置、油管防脱装置、防抽空装置、防脱工具、防蜡器、泵与套管锚定装置、泄油阀、封隔器等。

2. 电动螺杆泵的特点

电动螺杆泵是一种容积式泵，它运动部件少，没有阀件和复杂的流道，排量均匀。缸体转子在定子橡胶衬套内表面运动，带有滑动和滚动的性质，使油液中砂粒不易沉积，同时转子与定子间容积均匀变化而产生的抽汲、推挤作用使油气混输效果好，在开采高黏度、高含砂量和高含气量的原油时应用效果较好。电动螺杆泵可应用于黏度为0～2 000 mPa·s，含砂量小于5%，下入深度为1 400～1 600 m，环境温度低于120 ℃的高黏度原油开采。

（1）优点：一是节省投资；二是地面装置结构简单，安装方便；三是泵效高，节能，管理费用低；四是适应性强，可举升稠油；五是适用于高含砂量、高含气量的井。

（2）缺点（电动螺杆泵的局限性）：一是定子寿命短，检泵次数多；二是泵需要润滑；三是操作技术要求较高。

（二）电动螺杆泵的组成

根据地面驱动电动螺杆泵的传动形式可分为皮带传动（见图8－3－1）和直接传动两种，其系统主要包括地面驱动装置、井下螺杆泵、电控部分、配套工具及井下管柱等。

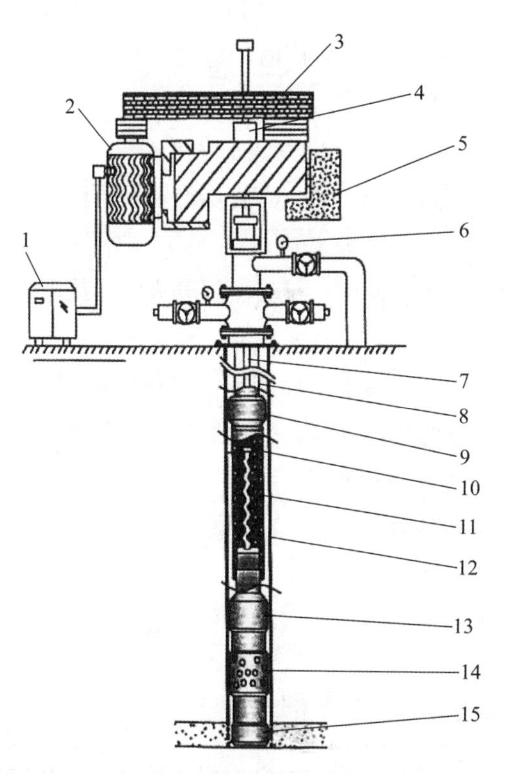

1—启动柜；2—电动机；3—皮带；4—方卡子；5—平衡重；6—压力表；7—抽油杆；8—油管；9—扶正器；10—动液面；11—螺杆泵；12—套管；13—防转锚；14—筛管；15—丝堵。

图8－3－1 采用皮带传动的地面驱动电动螺杆泵

1. 地面驱动装置

地面驱动装置包括减速箱、皮带传动、电动机、密封填料盒、支撑架、方卡子等。地面驱动装置是螺杆泵采油系统的主要地面设备，是把动力传递给井下螺杆泵转子，实现抽汲原油的机械装置。地面驱动装置可采用机械传动和液压传动两种形式，机械传动的地面驱动装置有无级变速和分级变速两种类型。无级变速又可分为机械式和变频式两种：机械式无级变速器的成本低，但传动比受限制，不便于遥控；变频式无级变速器利用改变电流频率的方式进行变速，允许电动机低速启动，在完全平衡的情况下将转速平滑地增加到最大值，可遥控调节转速。

减速箱：主要作用是传递动力。它将电动机的动力由输入轴通过齿轮传递到输出轴，输出轴连接光杆，由光杆通过抽油杆将动力传递到井下螺杆泵转子。减速箱除了具有传递动力的作用外，还可将抽油杆的轴向负荷传递到采油树上。

电动机：螺杆泵的动力源，将电能转化为机械能，多采用防爆型三相异步电动机。

密封盒：主要作用是密封井口，防止井液流出。

方卡子：主要作用是将减速箱输出轴与光杆连接起来。

2. 井下螺杆泵

井下螺杆泵主要由抽油杆、接头、转子、导向头和油管、接箍、定子、尾管等组成。

3. 电控部分

电控部分包括电控箱、电缆等。电控箱是螺杆泵井的控制部分，控制电动机的启、停。该装置能自动显示、记录螺杆泵井正常生产时的电流、累计运行时间等，有过载、欠载保护功能，以确保生产井的正常生产。

4. 配套工具

配套工具包括防脱工具、防蜡器、泵与套管锚定装置、泄油阀、封隔器等。

5. 井下管柱

专用井口：简化了的采油树，使用、维修、保养方便，同时增加了井口强度，减少了地面驱动装置的振动，起到保护光杆和更换密封盒时密封井口的作用。

特殊光杆：强度大，防断裂，表面粗糙度小，有利于井口密封。

抽油杆扶正器：避免或减缓抽油杆与油管的磨损。

油管扶正器：减小油管柱振动和磨损。

抽油杆防倒转装置：防止抽油杆倒扣。

油管防脱装置：防止油管脱落。

防抽空装置：安装井口流量式或压力式抽空保护装置，可有效地避免因地层供液能力不足造成的螺杆泵损坏。

（三）电动螺杆泵的工作原理

由地面电源配电箱供给电动机电能，电动机把电能转换为机械能并通过皮带带动减速装置来转动光杆，进而把动力再通过光杆传递给井下螺杆泵转子。电动螺杆泵是在转子和定子的一个个密闭、独立的腔室基础上工作的。当电动螺杆泵井的转子转动时，封闭空腔沿轴线方向由吸入端向排出端运移，在吸入端形成新的低压空腔将原油吸入。井中的原油不断地被吸入，封闭腔在排出端消失，空腔内的原油也随之由吸入端均匀地挤到排出端，通过油管将原油举升到井口。与此同时，井底压力流压降低。

【任务实施】

1. 启动电动螺杆泵

实施步骤一：准备工作。材料、工具：擦布适量，500 V 试电笔 1 支，2 500 V 绝缘手套 1 副。人员：1 人操作，持证上岗，劳动保护用品穿戴齐全。

实施步骤二：检查防反转装置是否牢固可靠。可用管钳逆时针旋转光杆（俯视），如转不动，则表明工作可靠。

实施步骤三：检查皮带松紧度是否合适。皮带紧固后，在皮带中间施加 30 N 的压力，皮带变形量小于 6.0 mm，此时的张紧力为合适。

实施步骤四：检查减速箱中的齿轮油是否到位。从箱体油标处可以看清齿轮油的多少，油位在 1/3～1/2 处为宜。

实施步骤五：检查专用井口的清蜡阀门（阻杆封井器），应处于开启状态，且两边手轮的开启圈数应基本一致。

实施步骤六：检查密封是否完好无泄漏。

实施步骤七：检查井口流程是否正确。

实施步骤八：检查电压是否正常、三相电压是否平衡。

实施步骤九：检查配电柜空气开关、继电器等关键部件是否动作灵活，电控箱接地是否可靠。

实施步骤十：检查光杆方卡子及法兰盘螺栓等部件的紧固情况。

实施步骤十一：按启动按钮启动螺杆泵。

实施步骤十二：检查螺杆泵启动后转动方向，保证正转。

实施步骤十三：检查驱动装置是否有异常响声及渗漏。

实施步骤十四：观测运转电流是否正常、平稳。

实施步骤十五：若电流波动或地面设备振动过大，要马上停机查明原因，整改之后方可再启动。

实施步骤十六：运转 5 min 后，螺杆泵机组运转正常方可离开。

2. 停止电动螺杆泵

实施步骤一：检查油井周围是否有障碍物。

实施步骤二：按下电控箱停机按钮，即可实现停机。

实施步骤三：现场停机后处理问题前要将配电箱总闸刀拉下。

实施步骤四：按下电控箱上的停机按钮，待光杆完全停止转动时方可到井口进行各项作业，否则严禁到井口进行作业。

注意

(1) 电动螺杆泵启动前需要对减速箱、电动机、井口、电控箱进行检查。

(2) 电动螺杆泵防反转装置释放反扭矩时，操作人员头顶必须低于方卡子高度。如防反转装置失效，抽油杆柱高速反转，应立即关闭生产阀门，以延缓杆柱的反转速度。

(3) 电动螺杆泵井启机时过载保护电流一般按正常运行电流的 1.2～1.5 倍设置。

(4) 如果井下管柱有问题，待修停机要关闭生产阀门，冬季要保证井口保温设备正常工作。

(5) 若故障停机，问题没有处理完要挂停机警示牌，防止其他人误操作。

【评价反馈】

学生自我评价表

1. 学生自我评价

学生扫码完成自我评价。

学生互评表

2. 互相评价

学生扫码完成互相评价。

3. 教师评价

教师根据学生表现，填写表 8－3－2 进行评价。

表 8－3－2　教师评价表

项目名称	评价内容	分值	得分
职业素养考核项目	穿戴规范、整洁	6 分	
	安全意识、责任意识、服从意识	6 分	
	积极参加教学活动，按时完成学生工作手册	10 分	
	团队合作、与人交流能力	6 分	
	劳动纪律	6 分	
	生产现场管理 8S 标准	6 分	
专业能力考核项目	螺杆泵相关专业知识查找及时、准确	12 分	
	启、停电动螺杆泵操作符合规范	18 分	
	操作熟练、工作效率高	12 分	
	完成质量	18 分	
总分			
总评	自评（20%）＋互评（20%）＋师评（60%）	综合等级	教师签名

子任务 8.3.2 启、停电动潜油泵

【任务描述】

电动潜油泵在油田开采中也是被广泛应用的采油方式，它是人工举升采油的一种方法，其特点是抽油排量大、操作方便，有些特殊井如斜井、水平井、超深井等也采用电动潜油泵抽油。电动潜油泵是机械采油中相对排量较大的一种无杆泵采油方式，它是很多油田不可缺少的采油设备。本任务需要在了解电动潜油泵的结构、组成和工作原理的基础上，进行电动潜油泵的启、停操作。要求：必须穿戴好劳动保护用品；工具、用具准备齐全，正确使用；操作应符合安全文明操作规程；按规定完成操作项目，质量达到技术要求；操作完毕，做到工完、料净、场地清。

资源40 电动潜油泵

【任务分组】

学生填写表8-3-3，进行分组。

表8-3-3 任务分组情况表

班级		组号		指导教师	
组长		学号			
组员	姓名	学号	姓名	学号	
任务分工					

【知识准备】

（一）电动潜油泵的结构

电动潜油泵由三大部分组成，其结构如图8-3-2所示。

（1）井下部分：多级离心泵、潜油电动机、保护器、单流阀、油气分离器。

（2）中间部分：电缆。

（3）地面部分：变压器、控制屏、接线盒。

多级离心泵的主要作用是给井液增加压头并将井液举升到地面。它由上泵头、键、叶轮、轴套、导壳、泵壳、泵轴、轴承外套、下泵头组成，其中泵轴、键、叶轮及轴套等为转动部分，而导壳、泵壳、轴承外套等为固定部分。

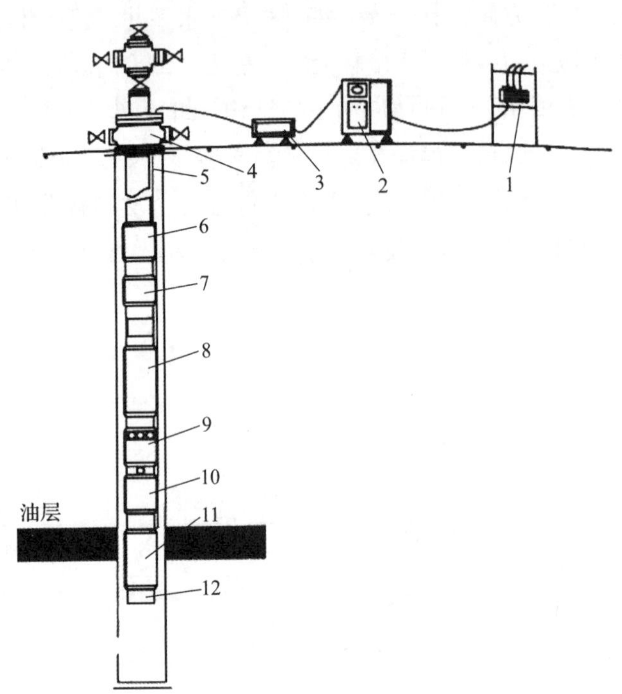

1—变压器；2—控制屏；3—接线盒；4—井口（特殊采油树）；5—电缆（动力线）；6—泄油阀；7—单流阀；8—多级离心泵；9—油气分离器；10—保护器；11—潜油电动机；12—测试装置。

图 8－3－2　电动潜油泵的结构

它与普通多级离心泵相比，具有以下特点：

（1）受套管内径限制，泵外形呈细长状，直径小、长度大、级数多，主要满足压头高的要求。例如，550 m^3/d 的雷达泵，扬程（压头）为 1 000 m，多级离心泵有 5 节 394 级，总长度为 18.63 m。

（2）垂直悬挂运转，轴向卸载、径向扶正，主要是消除轴向力引起的泵轴弯、偏摆及叶轮振动等现象。

（3）泵的吸入口装有特殊装置，如油气分离器。

（4）泵出口上部装有单流阀和泄油阀。

电动潜油泵井多级离心泵沉降式保护器的作用是密封潜油电动机，防止井液进入电动机，还要补偿电动机内润滑油的损失、平衡电动机内外腔的压力，其结构包括保护器头、放气阀、机壳、机械密封和轴。

电动潜油泵井油气分离器的作用是使井液通过时进行气液分离，防止井液中的气体进入多级离心泵，减少气体对多级离心泵的影响，以提高泵效。油气分离器由上接头、油气分离

头、分离轮、壳体、轴、吸入口、下接头组成。目前各油田所使用的油气分离器有沉降式和旋转式两种。

（二）电动潜油泵的工作原理

电动潜油泵的工作原理：地面高压电源通过变压器、控制屏把符合标准电压要求的电能，通过接线盒及电缆输给井下潜油电动机，潜油电动机再把电能转换成机械能传递给多级离心泵，油气分离器经吸入口将井内液体吸入，将气液分离后，把井液举入多级离心泵，从而使经油气分离器进入多级离心泵内的液体被加压举升到地面。与此同时，井底流压降低，进而使油层液体流入井底。其还可叙述为两大流程：

（1）电动潜油泵供电流程：地面电源→变压器→控制屏→潜油电缆→潜油电动机。

（2）电动潜油泵抽油流程：油气分离器→多级离心泵→单流阀→泄油阀→井口。

（三）电动潜油泵的主要参数及型号含义

电动潜油泵的主要参数如下。

（1）排量：电动潜油泵的最大额定排量，单位为 m^3/d。

（2）扬程：电动潜油泵机组抽水时的最大扬程，单位为 m。

（3）功率：潜油电动机输出额定功率，单位为 kW。

（4）效率：排量效率，即油井实际产液量与额定排量之比。

电动潜油泵的型号含义如图 8－3－3 所示。

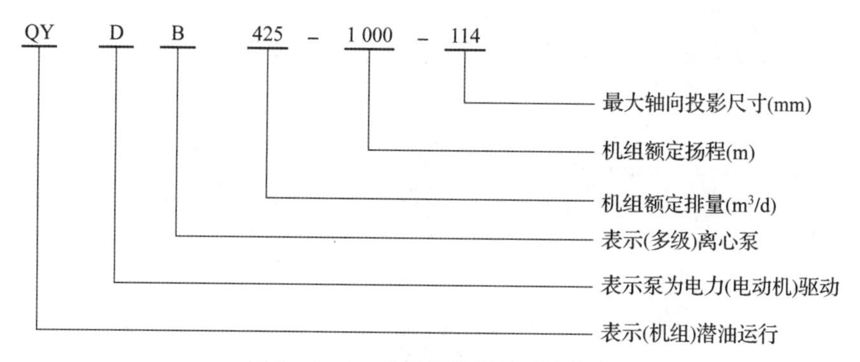

图 8－3－3 电动潜油泵的型号含义

【任务实施】

1. 启动电动潜油泵

实施步骤一：材料、工具准备：擦布适量，电流卡片 1 张，2 500 V 绝缘手套 1 副，碳素笔（蓝黑或黑）1 支；人员：1 人操作，持证上岗，劳动保护用品穿戴齐全。

实施步骤二：电动潜油泵启动就是指怎样准确、合理地把具备运行（投产、恢复生产）条件的井下机组启动起来。电动潜油泵具备了启机的条件（如果该井是初次下泵投产，应由专业人员进行机组电性检测确认无误并把过欠载保护值调整设定好），就可进行正式启机。

实施步骤三：控制屏是电动潜油泵井下机组的核心装置，屏面包括主控部分（主机电压仪表）、控制电压仪表、熔断器及选择开关。首先把控制部分的选择开关由停止（off）位置拨到手动（hand）位置，此时欠载灯（黄色的）应亮。

实施步骤四：用手指按下启动按钮，运行灯（绿色的）亮，欠载灯灭。

实施步骤五：查看电流表的数值与卡片上的数值是否基本相同，若相同则启动成功。

实施步骤六：到井口听出液流声、看压力表（油压）压力上升情况，待有液流声且压力逐渐稳定后，再回到控制屏前观察机组运行电流，并记录下稳定的电流值、油压值，启动结束。

2. 停止电动潜油泵

实施步骤一：停止电动潜油泵就是把正常运行的井下机组停下来（检修、更换油嘴、测压、供电线路通知停电等）。根据生产指令或发现的生产问题确定停泵时，把控制部分的选择开关由手动（hand）位置拨到停止（off）位置。

实施步骤二：此时欠载灯（黄色的）应亮，记录仪表电流均应归零，井下机组已停止。

实施步骤三：检查井口压力，检查干线热水循环情况。

注意

（1）电动潜油泵启泵时，如启动一次未成功，必须由专业人员查明原因后再启动。主机电压一般为900～1 100 V，控制电压为110 V。记录仪装有合格的电流卡片、井口流程正确就已具备启机条件了。

（2）电动潜油泵启泵前，要观察指示灯状态，应为黄色指示灯亮。

【评价反馈】

1. 学生自我评价

学生扫码完成自我评价。

学生自我评价表

2. 互相评价

学生扫码完成互相评价。

学生互评表

3. 教师评价

教师根据学生表现，填写表 8-3-4 进行评价。

表 8-3-4 教师评价表

项目名称	评价内容		分值	得分
职业素养考核项目	穿戴规范、整洁		6分	
	安全意识、责任意识、服从意识		6分	
	积极参加教学活动，按时完成学生工作手册		10分	
	团队合作、与人交流能力		6分	
	劳动纪律		6分	
	生产现场管理8S标准		6分	
专业能力考核项目	电动潜油泵相关专业知识查找及时、准确		12分	
	启、停电动潜油泵操作符合规范		18分	
	操作熟练、工作效率高		12分	
	完成质量		18分	
总分				
总评	自评（20%）+互评（20%）+师评（60%）	综合等级		教师签名

子任务 8.3.3 更换电动潜油泵井油嘴

【任务描述】

本任务学习电动潜油泵井油嘴的分类与作用，更换电动潜油泵井油嘴的操作步骤。要求：必须穿戴好劳动保护用品；工具、用具准备齐全，正确使用；操作应符合安全文明操作规程；按规定完成操作项目，质量达到技术要求；操作完毕，做到工完、料净、场地清。

【任务分组】

学生填写表 8-3-5，进行分组。

表 8-3-5 任务分组情况表

班级		组号		指导教师	
组长		学号			
组员	姓名	学号		姓名	学号

续表

任务分工

【知识准备】

（一）电动潜油泵井油嘴的分类

电动潜油泵井单管生产井口流程：油井产出的油水混合物→油嘴→出油管线。油嘴有井口简易油嘴、可调节油嘴、滤网式油嘴、井下油嘴四种。电动潜油泵井油嘴孔直径的单位是毫米（mm）。正常调整电动潜油泵井油嘴不是电动潜油泵井增产的措施。若电动潜油泵井缩小油嘴，则结蜡点上移。如果油嘴孔尺寸过小，卡尺测不了，则可用直尺测交叉十字取平均值。

（二）电动潜油泵井油嘴的作用

井油嘴电动潜油泵井在生产过程中，油嘴起着控制油井生产压差的作用，改变油嘴的大小就可以控制与调节油井生产压差和产量。电动潜油泵井生产时，原油通过油嘴后能量减小。如果电动潜油泵井油嘴堵塞，则油井产量会减少。地层压力较高的电动潜油泵井，一般能够自喷生产，应装较大的油嘴。电动潜油泵井压裂后效果较好，应放大油嘴生产。

【任务实施】

更换电动潜油泵井油嘴

实施步骤一：准备工作。设备：电动潜油泵井 1 口；材料、工具：擦布适量，生料带 1 卷，可调整油嘴 1 个，F 形扳手 1 把，375 mm 活动扳手 1 把，油嘴扳手 1 把，通针 1 根，放空桶 1 只，0 ~ 150 mm 游标卡尺 1 把，2 500 V 绝缘手套 1 副；人员：1 人操作，持证上岗，劳动保护用品穿戴齐全。

实施步骤二：携带准备好的工具、用具到现场，检查井口流程及控制屏状态（在运行），如图 8 - 3 - 4 所示，记录好油压、工作电流。

实施步骤三：停泵（双翼流程应改另一翼生产，关直通阀门，再关套管放气阀；单翼流程应停泵关井，此操作以单翼流程为例）。把控制屏的选择开关拨于“O”位置，机组运行指示灯由绿色变为黄色及卡片记笔归零，说明机组已停止运行，记录停泵时间。

实施步骤四：关井倒流程。到井口关严生产阀门、回油阀门，打开取样阀门，放空，泄压，并用放空桶接好污油。

实施步骤五：卸油嘴丝堵。待丝堵卸松并要卸掉时，把放空桶准备好，卸掉丝堵，把油嘴装置内残余油接入桶内，用棉纱擦净油嘴装置边缘，用通针通油嘴，防止油嘴有脏物堵塞。

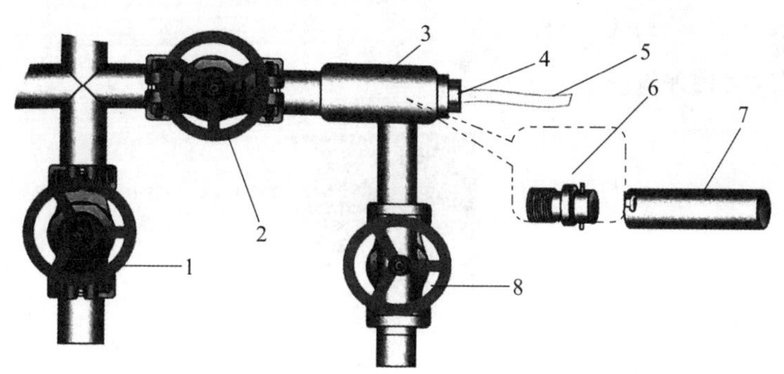

1—生产总阀门；2—生产一次阀门；3—油嘴装置；4—丝堵；
5—接套管放气阀；6—油嘴；7—油嘴扳手；8—生产二次（回压）阀门。

图8-3-4 电动潜油泵井井口流程

实施步骤六：卸油嘴。将专用油嘴扳手轻轻插进油嘴装置内，确认对准油嘴双耳，然后用力逆时针方向卸扣，油嘴就被卸掉，并随油嘴扳手一起取出来，清理旧油嘴及油嘴孔内的脏物，并擦拭干净；清理保温套内的蜡及脏物，用游标卡尺检查测量原油嘴内径，并记录。

实施步骤七：装油嘴。用游标卡尺核实油嘴内径（油嘴一定要擦干净，更换油嘴一定要测量准确，孔径误差小于0.1 mm），将油嘴双耳卡在油嘴扳手内，双手端住油嘴扳手缓慢送人油嘴保温套内，顺时针旋转上扣（装卸油嘴不能用力过猛，防止双耳被扭掉），最后用管钳轻带紧扣。

实施步骤八：装丝堵。把丝堵螺纹用棉纱擦干净，按顺时针方向缠好生料带，用手对正扣，再用管钳或扳手上紧。

实施步骤九：倒回原流程。关放空阀门，开回油阀门，观察有无渗漏，开生产阀门。

实施步骤十：启动电动潜油泵，到井口检查，待生产正常后录取油压、套压值。

实施步骤十一：收拾工具、用具，清理操作现场，将有关资料填入报表。

注意

（1）卸下油嘴后，油嘴保温套内不能有脏物、异物。

（2）卸油嘴时注意方向和操作空间，操作要平稳。

【评价反馈】

1. 学生自我评价

学生扫码完成自我评价。

学生自我评价表

2. 互相评价

学生扫码完成互相评价。

学生互评表

3. 教师评价

教师根据学生表现，填写表 8-3-6 进行评价。

表 8-3-6 教师评价表

<table>
<tr><td>项目名称</td><td colspan="2">评价内容</td><td>分值</td><td>得分</td></tr>
<tr><td rowspan="6">职业素养
考核项目</td><td colspan="2">穿戴规范、整洁</td><td>6 分</td><td></td></tr>
<tr><td colspan="2">安全意识、责任意识、服从意识</td><td>6 分</td><td></td></tr>
<tr><td colspan="2">积极参加教学活动，按时完成学生工作手册</td><td>10 分</td><td></td></tr>
<tr><td colspan="2">团队合作、与人交流能力</td><td>6 分</td><td></td></tr>
<tr><td colspan="2">劳动纪律</td><td>6 分</td><td></td></tr>
<tr><td colspan="2">生产现场管理 8S 标准</td><td>6 分</td><td></td></tr>
<tr><td rowspan="4">专业能力
考核项目</td><td colspan="2">潜油泵井油嘴相关专业知识查找及时、准确</td><td>12 分</td><td></td></tr>
<tr><td colspan="2">更换电动潜油泵井油嘴操作符合规范</td><td>18 分</td><td></td></tr>
<tr><td colspan="2">操作熟练、工作效率高</td><td>12 分</td><td></td></tr>
<tr><td colspan="2">完成质量</td><td>18 分</td><td></td></tr>
<tr><td colspan="4">总分</td><td></td></tr>
<tr><td rowspan="2">总评</td><td rowspan="2">自评（20%）+互评（20%）+师评（60%）</td><td colspan="2">综合等级</td><td rowspan="2">教师签名</td></tr>
<tr><td colspan="2"></td></tr>
</table>

子任务 8.3.4 更换电动螺杆泵光杆密封盒动密封

【任务描述】

螺杆泵地面驱动装置中需要密封装置来隔离其中的介质，其主要密封形式有油封密封、O 形环密封和填料密封。本任务主要学习电动螺杆泵井参数的调整方法和更换电动螺杆泵光杆密封盒动密封的操作步骤。要求：必须穿戴好劳动保护用品；工具、用具准备齐全，正确使用；操作应符合安全文明操作规程；按规定完成操作项目，质量达到技术要求；操作完毕，做到工完、料净、场地清。

【任务分组】

学生填写表 8－3－7，进行分组。

表 8－3－7 任务分组情况表

<table>
<tr><td>班级</td><td></td><td>组号</td><td></td><td>指导教师</td><td></td></tr>
<tr><td>组长</td><td></td><td>学号</td><td></td><td></td><td></td></tr>
<tr><td rowspan="3">组员</td><td>姓名</td><td colspan="2">学号</td><td>姓名</td><td>学号</td></tr>
<tr><td></td><td colspan="2"></td><td></td><td></td></tr>
<tr><td></td><td colspan="2"></td><td></td><td></td></tr>
<tr><td colspan="6">任务分工</td></tr>
<tr><td colspan="6"></td></tr>
</table>

【知识准备】

（一）电动螺杆泵井光杆密封装置

电动螺杆泵地面驱动装置中需要密封装置来隔离其中介质，其主要密封形式有油封密封、O 形环密封和填料密封。

1. 油封密封

油封密封的原理是靠油封刃口的过盈量产生对轴的压力，另外自紧弹簧也产生收缩力，使油封刃口对轴产生的一定抱紧力，遮断泄漏间隙，达到密封的目的。其优点是安装位置小，轴向尺寸小，紧凑，密封性能好，使用寿命长，对机器的振动及被封轴的偏心都有一定的适应性，拆卸和检修方便，加工低廉；缺点是不能承受高压介质。油封分骨架式和无骨架式。

2. O 形环密封

在电动螺杆泵抽油系统中 O 形环密封多用作静密封，如驱动变速箱中的密封。这种密封的原理是将 O 形环装入密封槽中，密封件将其压缩变形，在介质压力的作用下，O 形环移至密封槽压力低的一侧，并变形（这种变形是介质压力沿轴向作用引起的）填充被密封间隙，从而达到密封作用。其优点是结构紧凑，拆装方便，便于维修，寿命长；缺点是有的密封材料受热收缩严重，在冷却不良的条件下寿命及密封效果均受到影响。

3. 填料密封

电动螺杆泵井动密封处用得较多的是填料密封，多用于密封光杆。密封原理是在轴和壳体之间充填软填料（称密封填料），用压盖将填料压紧，以起到密封的作用。填料压紧力在轴向分布不均匀，在靠近压盖处压力大，因此轴在该处磨损严重。填料密封的寿命与轴的转速及填料的冷却关系极为密切。在转速低、冷却好的情况下，寿命长。填料密封装置由于摩擦功耗比较大，所以密封部位温升比较高，为了降低温度，可以将填料函设计成水套冷却形式，有时若水套冷却在结构上不允许，则也可将填料函设计成润滑脂润滑的形式。

（二）电动螺杆泵井参数的调整方法

电动螺杆泵井参数是指转数。转数的调整可以通过更换电动机皮带轮来实现，对于安装变频控制柜的井，也可通过调整电源频率来调整。但为保证节能效果，电动螺杆泵井工作电源频率应尽可能不超过 50 Hz，如需调大转数，应尽可能通过更换电动机皮带轮来实现。而对于直接驱动电动螺杆泵井，只能通过调整电源频率来调整转数。

应用变频装置的螺杆泵井，在调整参数过程中，根据单井产量及泵型采取逐级调整的办法进行上调或下调频率，避免频率调整间隔过大，从而降低电动机输出功率，达到节能及保护电动机的作用。电动螺杆泵井可以通过放大电动机皮带轮直径，同时降低电源频率，在不改变转数的情况下获得节能效果。对于调大参数的井，要加密录取产量、动液面、电流、扭矩、系统效率等资料，防止参数调大后油井供液能力不足发生泵抽空现象。

【任务实施】

更换电动螺杆泵光杆密封盒动密封

实施步骤一：准备工作。设备：常规型电动螺杆泵井 1 口；材料、工具：填料密封垫 5 个（规格按光杆直径选定），黄油适量，擦布适量，450 mm 管钳 1 把，300 mm 活动扳手 1 把，套筒扳手（阻杆封井器专用）2 把，500 V 试电笔 1 支，2 500 V 绝缘手套 1 副；人员：1 人操作，持证上岗，劳动保护用品穿戴齐全。

实施步骤二：用试电笔对电控箱验电，确认无漏电现象。

实施步骤三：按停止按钮，停止电动螺杆泵，分开空气开关。

实施步骤四：关闭生产阀门（或回油阀门）后泄压，关闭阻杆封井器。

实施步骤五：松开密封盒上压盖。

实施步骤六：取出旧填料密封垫，看上、下垫片是否有损坏。检查密封盒处光杆的磨损情况，如光杆磨损严重，要适当调整一下防冲距，改变密封位置。

实施步骤七：将新填料密封垫涂上少许黄油加入密封盒中。

实施步骤八：上好并压紧密封盒上压盖。

实施步骤九：缓慢打开阻杆封井器，打开生产阀门（或回压阀门）。

实施步骤十：检查周围无障碍物。

实施步骤十一：合上空气开关，按“启动”按钮，启动电动螺杆泵。

实施步骤十二：检查密封盒压盖松紧度，应达到不渗不漏。

注意

（1）严禁不分空气开关操作，分、合空气开关需戴绝缘手套侧身操作。

（2）密封盒压盖不要压得过紧，以免启机后填料过热烧坏而迅速失效。

（3）加入的新填料应涂抹黄油，可增加密封性能，还可避免填料过热烧坏。

（4）运转24 h后应调整一下密封盒的松紧度。

【评价反馈】

学生自我评价表

1. 学生自我评价

学生扫码完成自我评价。

2. 互相评价

学生扫码完成互相评价。

学生互评表

3. 教师评价

教师根据学生表现，填写表8－3－8进行评价。

表8－3－8 教师评价表

项目名称	评价内容	分值	得分
职业素养考核项目	穿戴规范、整洁	6分	
	安全意识、责任意识、服从意识	6分	
	积极参加教学活动，按时完成学生工作手册	10分	
	团队合作、与人交流能力	6分	
	劳动纪律	6分	
	生产现场管理8S标准	6分	
专业能力考核项目	螺杆泵光杆密封盒动密封相关专业知识查找及时、准确	12分	
	更换电动螺杆泵光杆密封盒动密封操作符合规范	18分	
	操作熟练、工作效率高	12分	
	完成质量	18分	
总分			
总评	自评（20%）＋互评（20%）＋师评（60%）	综合等级	教师签名

模块9　数字化采油设备的使用与维护

【模块简介】

2020—2023年，国家发布了一系列关于企业数字化转型的文件与通知，以促进企业数字化转型、智能化升级，实现高质量发展。油田企业在政策的引领下，均已加速数字化转型，在提质增效的同时，实现绿色低碳生产。当前，中国石油股份有限公司（中石油）的数字化建设程度较高，在国内和国际上具有一定的代表性，因此，本项目以中石油的数字化建设、使用和维护为例，在完成钻采机械设备的常规使用和维护的基础上，进一步进行数字化采油设备使用与维护的讲解，为企业提供更多优秀的数字化复合型人才。本模块共包含八个任务，分别为远程启、停抽油机，远程调配注水井注水量，安装压力变送器，安装温度变送器，利用变频器调整抽油机冲次，安装载荷传感器，安装井口数据采集器，安装磁浮子液位计。

任务9.1　远程启、停抽油机

【任务描述】

在总貌图界面单击某站井场，可进入到某站油井监控界面，该界面重点以油井的冲程、冲次、最大载荷、最小载荷、状态、井场回压等实时数据为显示内容。当井场回压值超过零点值时，显示为红色背景报警，单击“启停井”按钮会弹出油井控制界面，可对抽油机进行启、停操作；如果单击“示功图分析”按钮，则进入该油井的示功图分析界面，可对油井工况进一步分析处理。本任务需要在了解远程启、停设备原理的基础上，正确进行抽油机远程启、停操作。要求：正确穿戴劳动保护用品；操作应符合安全文明操作规范；按照规定和流程完成操作。

小贴士

抽油机的远程启、停是油田数字化最基本的操作。通过远程启、停抽油机，采油工不必去到井场进行操作，操作安全等级得到了提升，同时减少了人员去现场的次数，实现了低碳绿色发展。

【任务目标】

1. 知识目标

（1）了解 RTU 的概念、功能和特点。

（2）熟悉井场主 RTU 的功能与构成。

（3）掌握远程启、停抽油机的操作步骤。

2. 技能目标

（1）会配置井场主 RTU。

（2）能远程启、停抽油机。

3. 素质目标

（1）具备安全生产意识，能够认同石油企业文化。

（2）具有崇高的职业理想和爱岗敬业的精神。

（3）具有数字化思维和创新意识。

【任务分组】

学生填写表 9－1－1，进行分组。

表 9－1－1 任务分组情况表

<table>
<tr><td>班级</td><td></td><td>组号</td><td></td><td>指导教师</td><td></td></tr>
<tr><td>组长</td><td></td><td>学号</td><td></td><td></td><td></td></tr>
<tr><td rowspan="3">组员</td><td>姓名</td><td>学号</td><td>姓名</td><td colspan="2">学号</td></tr>
<tr><td></td><td></td><td></td><td colspan="2"></td></tr>
<tr><td></td><td></td><td></td><td colspan="2"></td></tr>
<tr><td colspan="6">任务分工</td></tr>
<tr><td colspan="6"></td></tr>
</table>

【知识准备】

（一）RTU 的概念

RTU（Remote Terminal Unit，远程终端控制系统）是构成企业综合自动化系统的核心装置，通常由信号输入/输出模块、微处理器、有线/无线通信设备、电源及外壳等组成，由微处理器控制，并支持网络系统。它通过自身的软件（或智能软件）系统，可实现企业中央监控与调度系统对生产现场“一次”仪表的遥测、遥控、遥信和遥调等功能。

RTU 是一种耐用的现场智能处理器，它支持 SCADA（Supervisory Control And Data Acquisition，数据采集与监视控制）系统与现场器件间的通信，是一个独立的数据获取与控制单元。它的作用是在远端控制现场设备，获得设备数据，并将数据传给 SCADA 系统的调度中心。

RTU 的发展历程是与“三遥”（遥测、遥控、遥调）工程技术相联系的。“三遥”系统工程是多学科、多专业的高新技术系统工程，涉及计算机、机械、无线电、自动控制等技术，还涉及传感器技术、仪器仪表技术、非电量测量技术、软件工程技术、条码技术、无线电通信技术、数据通信技术、网络技术、信息处理技术等高新技术。在我国，随着国内工业企业 SCADA 系统的应用与发展，RTU 产品生产也相应地受到了重视。进入 21 世纪以来，由于一批新兴的高新技术产业的出现与发展，国内 RTU 产品正在形成应有的市场。RTU 有两种基本类型：单板 RTU 和模块 RTU。单板 RTU 在一个板子中集中了所有的 I/O 接口；模块 RTU 有一个单独的 CPU 模块，同时也可以有其他的附加模块，通常这些附加模块是通过加入一个通用的“backplane”（底板）来实现的（像在 PC 的主板上插入附加板卡）。

（二）RTU 的功能

RTU 能控制对输入的扫描，且通常具有很快的速度。它还可以对过程进行一些处理，如改变过程的状态、存储等待 SCADA 系统查询的数据等。一些 RTU 能够主动向 SCADA 系统进行报告，但多数情况下还是 SCADA 系统对 RTU 进行选择。RTU 还有报警功能。当 RTU 收到 SCADA 系统的选择时，它需要对如“把所有数据上传”这样的要求进行响应，来完成一个控制功能。

RTU 的主要功能如下：

（1）使用远端地址进行数据的安全传输，对数据的异常变化进行报告，以及高效地通过一种媒介与多个远端进行通信。

（2）对数字状态输入进行监控并在受到轮询时向监控中心汇报状态的变化。

（3）检测、存储并迅速汇报某一状态点的突发状态变化。

（4）监控模拟量输入，当其变化超过事先规定的比例时，向监控中心汇报。

（5）在可编程的执行过程中对每个基点在选择—核对—执行的安全模式下进行执行控制。

（三）RTU 的特点

RTU 的特点如下：

（1）通信距离较长。

（2）适用于各种恶劣的工业现场。

（3）模块结构化设计，便于扩展。

（四）井场主 RTU 的组成

井场主 RTU 由主控模块、电源模块、通信模块及保护箱等组成，如图 9－1－1 所示。它主要负责井口采集单元、井场配水间 RTU 的数据采集、控制和传输，以及井场的视频监控，并通过无线网桥或者光缆与调度中心通信。

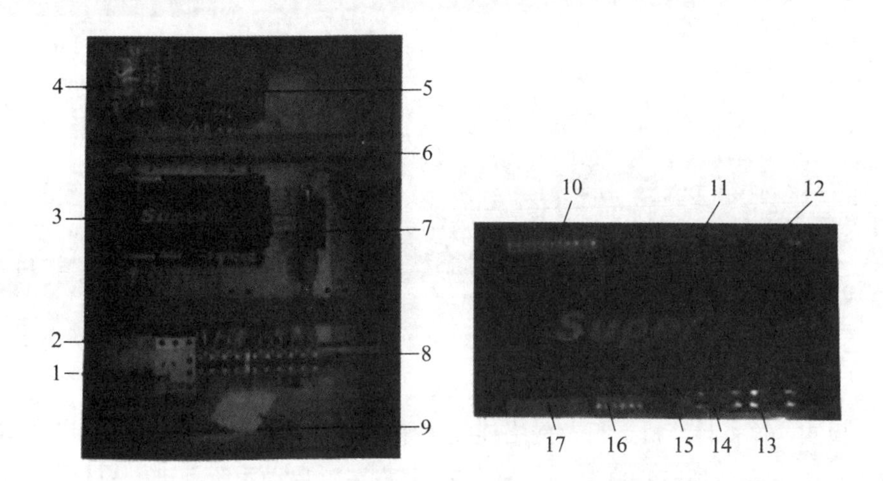

1—插座；2—空气开关；3—主控制模块；4—变压器；5—电源；6—保护箱；7—无线通信模块；8—接线端子；9—接地汇流条；10—DI 量；11—指示灯；12—网口；13—A 量；14—DD 量；15—RS485 端口；16—COM1 端口；17—COM2 端口。

图 9－1－1　井场主 RTU 的组成

（五）井场主 RTU 的功能

井场主 RTU 的功能如下：

（1）检测功能：检测管汇压力、套管气压力、红外报警、视频信号、井口 RTU 数据、配水间 RTU 数据等。

（2）通信功能：与井口采集单元、配水间 RTU、井场视频监控进行远程通信。

（3）现场操作功能：通过便携式计算机现场显示检测数据，现场读取、设定工作参数。

（4）错误判断功能：自动判断控制器及现场仪表错误，给出错误信息。

（5）自检功能：具有控制器自检功能，使用此功能可检查控制器的硬件故障。

（6）初始化功能：可对控制器进行初始化，取默认的设定参数。

（六）远程启、停抽油机操作

远程启、停抽油机界面如图 9－1－2 所示。

【任务实施】

远程启、停抽油机

实施步骤一：准备工作。系统：SCADA 系统 1 套；人员：1 人操作，持证上岗，劳动保护用品穿戴齐全。

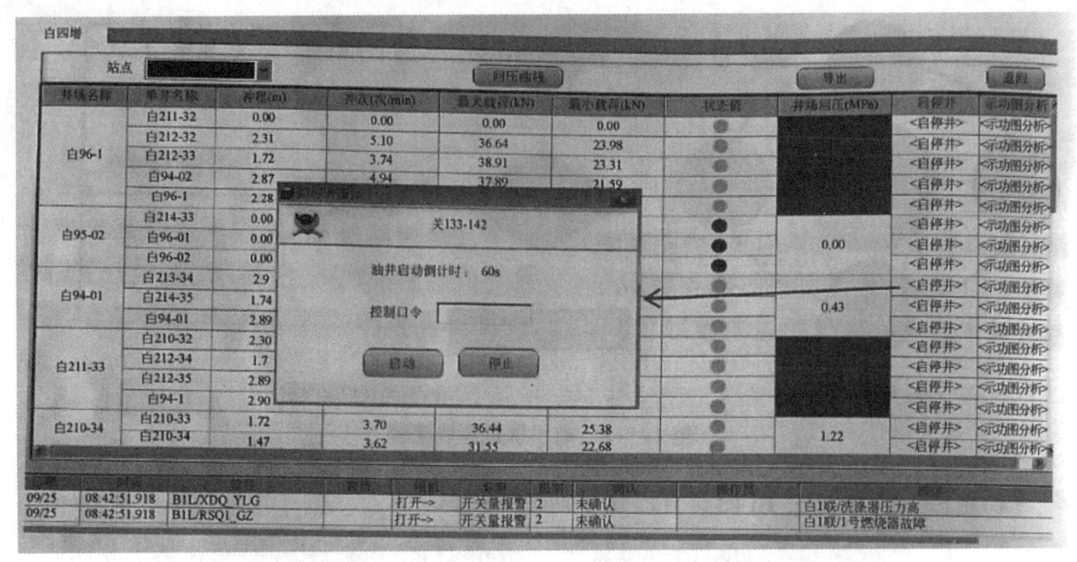

图 9-1-2　远程启、停抽油机界面

实施步骤二：检查计算机运行及网络连接正常，双击计算机桌面 SCADA 客户端快捷方式或单击“开始”→“所有程序”→“SCADA 客户端”启动系统，进入用户登录界面。

实施步骤三：单击“用户切换”选择相应生产单元，输入用户名及密码，单击“登录”按钮，显示“登录成功，进入系统”。

实施步骤四：单击“原油集输模块”按钮，进入原油集输总貌图。

实施步骤五：在总貌图中单击某站井场，进入到该站的油井监控界面。

实施步骤六：远程启动。单击对应油井的“启停井”按钮，弹出油井控制界面，在查看现场视频确认油井周围无人且安全的情况下，输入控制口令，单击“启动”按钮，等待 60 s 倒计时后，抽油机启动。

实施步骤七：远程停止。单击对应油井的“启停井”按钮，弹出油井控制界面，在查看现场视频确认油井周围无人且安全的情况下，输入控制口令，单击“停止”按钮，等待 60 s 倒计时后，抽油机停止。

实施步骤八：返回首页界面，单击“关闭”按钮，退出系统。

注意

（1）启动抽油机时应通过视频监控观察井场，如果有施工人员在场，操作人员可以通过程序中的视频喊话功能，及时提示施工人员远离油井，然后选择需要执行操作的油井名称，单击“启动”按钮即可执行油井的启动操作。

（2）如果油井处于运行状态，则“启动”命令失效。

（3）当抽油机启动命令发送成功后，现场 RTU 会用语音再次警示井场施工人员远离被控抽油机，提示语言分为警铃及真人发音。警示音最后为“10”“9”…“1”的倒数提示，整个语音警示时间为 60 s，提示完成后，抽油机自动启动。单击“停止”按钮，则执行停机操作，停机操作没有提示。

【评价反馈】

学生自我评价表

学生互评表

1. 学生自我评价

学生扫码完成自我评价。

2. 互相评价

学生扫码完成互相评价。

3. 教师评价

教师根据学生表现，填写表 9－1－2 进行评价。

表 9－1－2　教师评价表

项目名称	评价内容	分值	得分
职业素养考核项目	穿戴规范、整洁	5 分	
	安全意识、责任意识、服从意识	5 分	
	数字化思维、创新意识	5 分	
	积极参加教学活动，按时完成工作任务	10 分	
	团队合作、与人交流能力	5 分	
	劳动纪律	5 分	
	生产现场管理 8S 标准	5 分	
专业能力考核项目	抽油机结构，启、停设备等专业知识查找及时、准确	12 分	
	抽油机远程启、停操作符合规范	18 分	
	操作熟练、工作效率高	12 分	
	完成质量	18 分	
总分			
总评	自评（20%）＋互评（20%）＋师评（60%）	综合等级	教师签名

任务 9.2　远程调配注水井注水量

【任务描述】

远程调配注水井注水量是通过软件系统输入指令，对注水井的工作状态进行监测、远程控制和远程调配，主要操作在注水站完成。本任务需要在了解远程调配注水井注水量设备的原理及注水站控制界面的基础上，正确地进行了注水井注水量的远程调配操作。要求：正确穿戴劳动保护用品；操作应符合安全文明操作规范；按照规定和流程完成操作。

小贴士

油田注水环节属于高压生产环节，需要操作人员具有强大的专注力、责任心和安全意识。远程调配注水井注水量的培训可以保证操作人员远离风险点，在提升安全等级的同时，强化操作人员的专注力和责任心。

【任务目标】

1. 知识目标

（1）了解远程注水站控制界面和监控界面。

（2）熟悉远程调配注水井的注水量操作。

2. 技能目标

（1）能使用远程注水站的控制功能和监控功能。

（2）会进行远程注水井注水量调配。

3. 素质目标

（1）具有崇高的职业理想和爱岗敬业的精神。

（2）具有安全生产和环保意识。

（3）能够认识工作任务内容，具有及时发现问题、分析问题和解决问题的能力。

【任务分组】

学生填写表9－2－1，进行分组。

表9－2－1　任务分组情况表

<table>
<tr><td>班级</td><td colspan="2"></td><td>组号</td><td></td><td>指导教师</td><td></td></tr>
<tr><td>组长</td><td colspan="2"></td><td>学号</td><td></td><td></td><td></td></tr>
<tr><td rowspan="3">组员</td><td>姓名</td><td colspan="2">学号</td><td colspan="2">姓名</td><td>学号</td></tr>
<tr><td></td><td colspan="2"></td><td colspan="2"></td><td></td></tr>
<tr><td></td><td colspan="2"></td><td colspan="2"></td><td></td></tr>
<tr><td colspan="7">任务分工</td></tr>
<tr><td colspan="7"></td></tr>
</table>

【知识准备】

(一) 注水流程界面

注水流程界面以水源井、注水站、注水干线为总体流程，所有参数如水源井流量状态、注水站水罐液位、干线压力、瞬时流量、累计流量等参数都设有界面链接按钮，可单击进入到相应的监控界面，如图 9 - 2 - 1 所示。

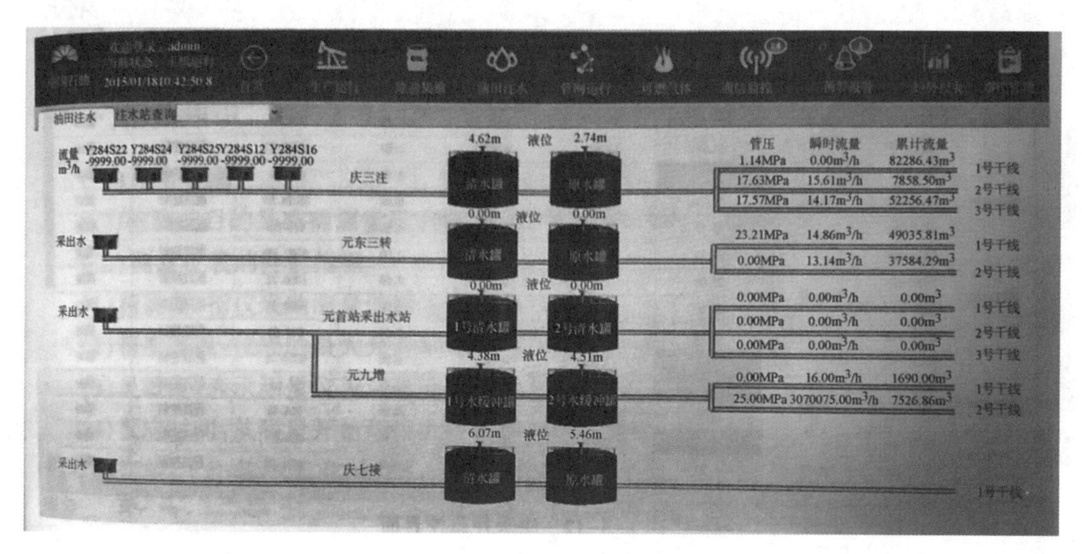

图 9 - 2 - 1 注水流程界面

(二) 注水站监控界面

在注水流程界面上单击各站的罐体即可进入该站的注水监控界面，如图 9 - 2 - 2 所示。注水监控界面上的数据值出现报警时会闪红色背景，单击参数值即出现实时曲线。

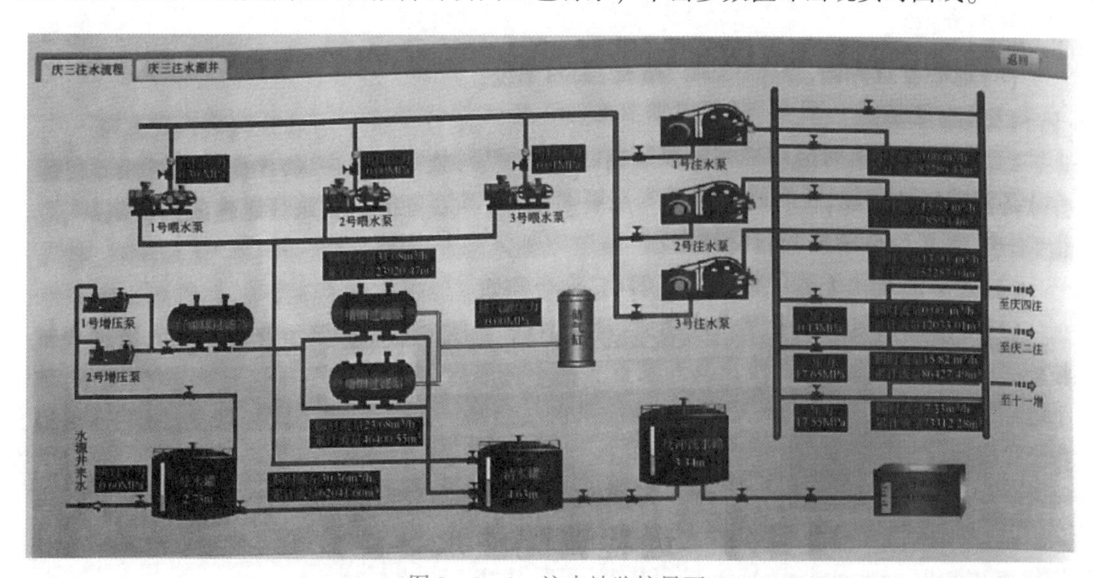

图 9 - 2 - 2 注水站监控界面

（三）注水井监控界面

在注水流程界面上单击注水站查询下拉框，根据判断不同用户权限，可切换至用户查询权限内站点的注水井监控界面，主要对该站所管辖阀组与注水井的关键参数进行实时监控，如分水器压力、管压等，如果出现报警会有闪红色背景，同时显示日注水量、配注量、瞬时流量、累计流量和所属干线等数据，如图 9－2－3 所示。

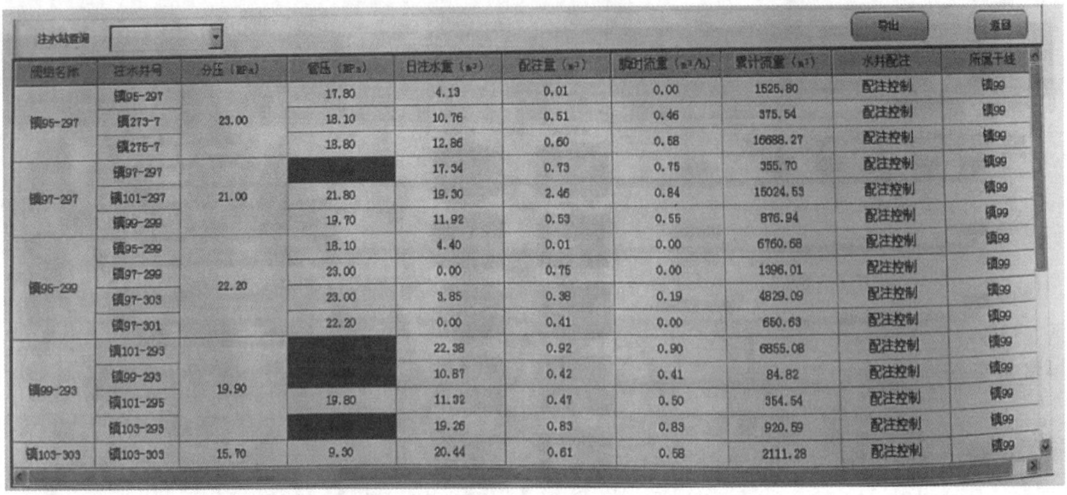

注水站查询 导出 返回

阀组名称	注水井号	分压（MPa）	管压（MPa）	日注水量（m^3）	配注量（m^3）	瞬时流量（m^3/h）	累计流量（m^3）	水井配注	所属干线
镇95-297	镇95-297	23.00	17.80	4.13	0.01	0.00	1525.80	配注控制	镇99
	镇273-7		18.10	10.76	0.51	0.46	375.54	配注控制	镇99
	镇275-7		18.80	12.86	0.60	0.58	16688.27	配注控制	镇99
镇97-297	镇97-297	21.00		17.34	0.73	0.75	355.70	配注控制	镇99
	镇101-297		21.80	19.30	2.46	0.84	15024.53	配注控制	镇99
	镇99-299		19.70	11.92	0.53	0.55	876.94	配注控制	镇99
镇95-299	镇95-299	22.20	18.10	4.40	0.01	0.00	6760.68	配注控制	镇99
	镇97-299		23.00	0.00	0.75	0.00	1396.01	配注控制	镇99
	镇97-303		23.00	3.85	0.38	0.19	4829.09	配注控制	镇99
	镇97-301		22.20	0.00	0.41	0.00	650.63	配注控制	镇99
镇99-293	镇101-293	19.90		22.38	0.92	0.90	6855.08	配注控制	镇99
	镇99-293			10.87	0.42	0.41	84.82	配注控制	镇99
	镇101-295		19.80	11.32	0.47	0.50	354.54	配注控制	镇99
	镇103-293			19.26	0.83	0.83	920.59	配注控制	镇99
镇103-303	镇103-303	15.70	9.30	20.44	0.61	0.58	2111.28	配注控制	镇99

图 9－2－3　注水井监控界面

【任务实施】

远程调配注水井注水量

实施步骤一：准备工作。设备：SCADA 系统 1 套；人员：1 人操作，持证上岗，劳动保护用品穿戴齐全。

实施步骤二：检查计算机运行及网络连接正常，双击计算机桌面 SCADA 客户端快捷方式或单击“开始”→“所有程序”→“SCADA 客户端”启动系统，进入用户登录界面。

实施步骤三：单击“用户切换”选择相应生产单元，输入用户名及密码，单击“登录”按钮，显示“登录成功，进入系统”。

实施步骤四：单击“原油集输模块”按钮，进入原油集输总貌图。

实施步骤五：单击“油田注水模块”按钮，进入油田注水流程监控界面。

实施步骤六：单击需要调配注水量的注水站，进入注水站监控界面。

实施步骤七：单击注水站查询下拉框，切换至注水井监控界面。

实施步骤八：单击“配注控制”按钮进入远程配注界面，按配注要求输入设定配注量（m^3/h），单击“确认”按钮。

实施步骤九：返回首页界面，单击“关闭”按钮，退出系统。

注意

（1）输入的设定配注水量，应为瞬时流量。

（2）分压、管压等参数背景闪红色报警时，应及时上报并处理。

【评价反馈】

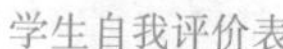

学生自我评价表

学生互评表

1. 学生自我评价

学生扫码完成自我评价。

2. 互相评价

学生扫码完成互相评价。

3. 教师评价

教师根据学生表现，填写表9－2－2进行评价。

表9－2－2 教师评价表

项目名称	评价内容	分值	得分
职业素养考核项目	穿戴规范、整洁	5分	
	安全意识、责任意识、服从意识	5分	
	积极参加教学活动，按时完成工作任务	10分	
	环境保护意识	5分	
	团队合作、与人交流能力	5分	
	劳动纪律	5分	
	生产现场管理8S标准	5分	
专业能力考核项目	注水设备、远程调配设备等专业知识查找及时、准确	12分	
	远程调配注水量操作符合规范	18分	
	操作熟练、工作效率高	12分	
	完成质量	18分	
总分			
总评	自评（20%）＋互评（20%）＋师评（60%）	综合等级	教师签名

任务9.3　安装压力变送器

【任务描述】

变送器是把传感器的输出信号转变为可被控制器识别的信号，或将传感器输入的非电量转换成电信号同时放大的转换器。传感器和变送器一同构成自动控制的监测信号源。不同的物理量需要不同的传感器和相应的变送器。本任务需要在了解压力变送器工作原理、结构的基础上，正确地安装压力变送器。要求：正确穿戴劳动保护用品；操作应符合安全文明操作规程；质量达到技术要求；按照规定和流程完成操作；实施过程中能主动查阅相关资料、互相配合、团队协作。

小贴士

压力变送器在油田应用范围广泛，通过学习该设备的安装，可以巩固学生的理论基础，并将理论与油田生产结合起来进行应用，请思考油田生产中有哪些环节需要用到压力变送器？

【任务目标】

1. 知识目标

（1）了解压力变送器的分类、工作原理和结构组成。

（2）掌握安装压力变送器的操作步骤。

2. 技能目标

（1）能识别压力变送器的结构组成。

（2）会安装压力变送器。

3. 素质目标

（1）具备安全生产意识，能够认同石油企业文化。

（2）具备工程质量意识。

（3）具备吃苦耐劳的风险精神。

（4）具有崇高的职业理想和爱岗敬业的精神。

【任务分组】

学生填写表9-3-1，进行分组。

表 9-3-1 任务分组情况表

<table>
<tr><td>班级</td><td></td><td>组号</td><td></td><td>指导教师</td><td></td></tr>
<tr><td>组长</td><td></td><td>学号</td><td></td><td></td><td></td></tr>
<tr><td rowspan="3">组员</td><td>姓名</td><td>学号</td><td>姓名</td><td colspan="2">学号</td></tr>
<tr><td></td><td></td><td></td><td colspan="2"></td></tr>
<tr><td></td><td></td><td></td><td colspan="2"></td></tr>
<tr><td colspan="6">任务分工</td></tr>
<tr><td colspan="6"></td></tr>
</table>

【知识准备】

（一）压力变送器的概念

所谓“变”，是指将各种从传感器来的物理信号，转变为一种电信号。例如，利用热电偶，将温度转变为电势；利用电流互感器，将大电流转换为小电流。由于电信号最容易处理，所以现代变送器均将各种物理信号转变成电信号。

所谓“送”，是指对各种已变成的电信号，为了便于其他仪表或控制装置接收和传送，又一次通过电子线路，将传感器传来的电信号实现统一化（比如4-20MA/RS485）。方法是通过多个运算放大器来实现。

这种“变”+“送”，就组成了现代最常用的变送器。

变送器的种类很多，用在工控仪表上的变送器主要有温度变送器、压力变送器、流量变送器、电流变送器、电压变送器。压力变送器是一种将压力变量转换为可传送的标准输出信号的仪表，而且输出信号与压力变量之间有一定的连续函数关系（通常为线性函数）。压力变送器主要用于工业过程压力参数的测量和控制。压力变送器具有以下保护功能：

（1）输入过载保护。

（2）输出过流限制保护。

(3) 输出电流长时间短路保护。

(4) 两线制端口瞬态感应雷与浪涌电流瞬态二极管（TVS）保护电路抑制保护。

(5) 工作电源过压极限保护（≤35 V）。

(6) 工作电源反接保护。

(二) 压力变送器的分类

按照传感器类型的不同，压力变送器可分为以下类型。

(1) 应变片式变送器：将电阻应变片黏合在基体上，当基体受力变化时，电阻应变片产生形变使阻值改变，导致加在电阻上的电压发生变化。

(2) 压电式变送器：利用压电晶体的压电效应。

(3) 压阻式变送器：利用半导体的压阻效应。

(4) 电阻、电感式变送器：压力引起弹性元件的变形，转换为电阻、电感，通过测量电路转换为电压、电流输出。

(5) 电容式变送器：把弹性模片作为测量电容的一个极板，动态特性好。

(三) 压力变送器的工作原理

压力变送器的基本工作原理（见图9-3-1）：工作状态下被测介质通入压力室，作用于敏感元件的隔离膜片，通过隔离膜片和元件内的填充液传递到传感膜片。传感膜片与两侧绝缘片上的电极各组成一个电容器。当两侧压力不一致时，测量膜片产生位移，其位移量和压力差成正比，因此两侧电容量就不相等，通过振荡和解调环节，转换成与压力成正比的电流、电压或数字信号。

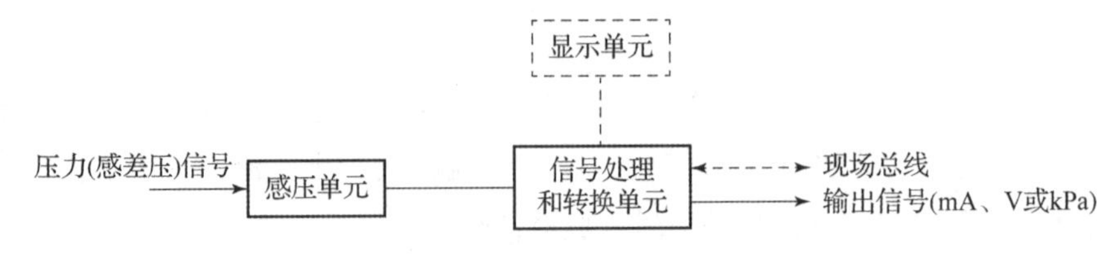

图9-3-1 压力变送器工作原理示意图

电容式压力变送器工作原理：当压力直接作用在测量膜片的表面，使膜片产生微小的形变时，测量膜片上的高精度电路将这个微小的形变变换成为与压力成正比、与激励电压也成正比的高度线性电压信号，然后采用专用芯片将这个电压信号转换为工业标准的4~20 mA电流信号或者1~5 V电压信号。

应变片式压力变送器工作原理：电阻应变片是一种将被测件上的应变变化转换成为一种电信号的敏感器件，它是压阻式变送器的主要组成部分之一。电阻应变片应用最多的是金属电阻应变片和半导体应变片两种。金属电阻应变片又有丝状应变片和箔状应变片两种。通常是将应变片通过特殊的黏合剂紧密地黏合在产生力学应变的基体上，当基体受力发生应力变化时，电阻应变片也一起产生形变，使应变片的阻值发生改变，从而使加在电阻上的电压发生变化。

（四）压力变送器的结构组成

压力变送器通常由两部分组成：感压单元、信号处理和转换单元。有些变送器增加了显示单元，还有些具有现场总线功能。

（1）应变片式压力变送器：利用弹性敏感元件和应变计将被测压力转换为相应电阻值变化的压力变送器。

（2）压电式压力变送器：大多是利用正压电效应制成的。它的种类和型号繁多，按弹性敏感元件和受力机构的形式可分为膜片式和活塞式两类。膜片式主要由本体、膜片和压电元件组成。

（3）电容式变送器：其最常用的形式是由两个平行电极组成、极间以空气为介质的电容器。因此，电容式变送器可分为极距变化型、面积变化型和介质变化型三类。

压力变送器的结构分解图如图 9－3－2 所示。

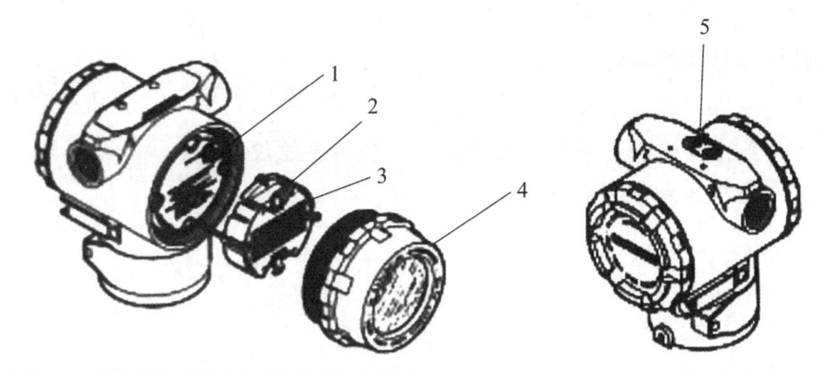

1—电子线路板；2—报警及安全保护跳线插针（顶部与底部）；3—液晶表头；4—表盖；5—零点和量程调整按钮。

图 9－3－2　压力变送器的结构分解图

【任务实施】

安装压力变送器

实施步骤一：准备工作。设备：校验合格的压力变送器 1 个，数字式万用表 1 块（MF500）；工具、材料：活动扳手 2 把（200 mm、300 mm 各 1 把），十字形螺丝刀 1 把（150 mm），尖嘴钳 1 把（150 mm），生料带若干；人员：1 人操作，持证上岗，劳动保护用品穿戴齐全。

实施步骤二：打开配电柜，切断 PLC 上的 24 V 直流电。

实施步骤三：关闭压力变送器控制阀门，卸下压力变送器后盖，拆除 24 V 直流电源连线及信号线，卸下防爆软管接头，卸下旧压力变送器。

实施步骤四：在校验合格的压力变送器接头处逆时针方向缠绕生料带，安装压力变送器并紧固。

实施步骤五：稍开压力变送器控制阀门，检查无泄漏。

实施步骤六：打开新装压力变送器后盖，安装防爆管，接通配电柜 PLC 上的 24 V 直流电，用万用表在压力变送器的接线端子处测量电源正负极，断开配电柜 PLC 上的 24 V 直流电。

实施步骤七：连接 24 V 直流电源连线及信号线，接通配电柜 PLC 上的 24 V 直流电，用万用表在压力变送器的接线端子处测量信号正常。

实施步骤八：安装防爆软管接头、压力变送器后盖。

实施步骤九：填写更换记录，收拾工具，清理现场。

注意

（1）压力变送器应尽量安装在温度梯度和温度波动小的地方，应尽量避免振动和冲击。

（2）腐蚀性的或过热的介质不应与压力变送器直接接触。

（3）防止固体颗粒或黏度很大的介质在引压管内沉积。

（4）引压管应尽可能短些。

（5）现场有气体泄漏时不得打开表盖。

（6）压力变送器表盖必须完全旋合，以达到防爆要求。

（7）应避免信号线和表壳相接触，否则会烧坏自控设备。

（8）不要将信号线正、负极接反。

【评价反馈】

1. 学生自我评价

学生扫码完成自我评价。

学生自我评价表

2. 互相评价

学生扫码完成互相评价。

学生互评表

3. 教师评价

教师根据学生表现，填写表 9－3－2 进行评价。

表 9－3－2 教师评价表

<table>
<tr><td>项目名称</td><td colspan="2">评价内容</td><td>分值</td><td>得分</td></tr>
<tr><td rowspan="7">职业素养
考核项目</td><td colspan="2">穿戴规范、整洁</td><td>5 分</td><td></td></tr>
<tr><td colspan="2">安全意识、责任意识、服从意识</td><td>5 分</td><td></td></tr>
<tr><td colspan="2">积极参加教学活动，按时完成工作任务</td><td>10 分</td><td></td></tr>
<tr><td colspan="2">团队合作、与人交流能力</td><td>5 分</td><td></td></tr>
<tr><td colspan="2">工程质量意识</td><td>5 分</td><td></td></tr>
<tr><td colspan="2">劳动纪律</td><td>5 分</td><td></td></tr>
<tr><td colspan="2">生产现场管理 8S 标准</td><td>5 分</td><td></td></tr>
<tr><td rowspan="4">专业能力
考核项目</td><td colspan="2">压力变送器相关专业知识查找及时、准确</td><td>12 分</td><td></td></tr>
<tr><td colspan="2">安装压力变送器操作符合规范</td><td>18 分</td><td></td></tr>
<tr><td colspan="2">操作熟练、工作效率高</td><td>12 分</td><td></td></tr>
<tr><td colspan="2">完成质量</td><td>18 分</td><td></td></tr>
<tr><td colspan="4">总分</td><td></td></tr>
<tr><td rowspan="2">总评</td><td rowspan="2">自评（20%）＋互评（20%）＋师评（60%）</td><td colspan="2">综合等级</td><td rowspan="2">教师签名</td></tr>
<tr><td colspan="2"></td></tr>
</table>

任务 9.4 安装温度变送器

【任务描述】

温度变送器是将温度变量转换为可传送的标准化输出信号的仪表，主要用于工业过程温度参数的测量和控制。本任务需要在了解温度变送器工作原理、结构的基础上，正确地安装温度变送器。要求：正确穿戴劳动保护用品；操作应符合安全文明操作规范；质量达到技术要求；按照规定和流程完成操作；实施过程中能主动查阅相关资料、互相配合、团队协作。

小贴士

温度变送器主要应用于油田管输业务，其安装过程中可与压力变送器相结合，提升操作人员的业务综合能力、专注能力和敬业意识，实现油田的安全生产。

【任务目标】

1. 知识目标

（1）熟悉温度变送器的分类和工作原理。

（2）熟悉安装温度变送器的操作步骤。

2. 技能目标

（1）能掌握温度变送器的工作原理。

（2）会安装温度变送器。

3. 素质目标

（1）具有崇高的职业理想和爱岗敬业的精神。

（2）具备艰苦奋斗的延安精神、安全生产和工程质量意识。

【任务分组】

学生填写表9－4－1，进行分组。

表9－4－1　任务分组情况表

<table>
<tr><td>班级</td><td></td><td>组号</td><td></td><td>指导教师</td><td></td></tr>
<tr><td>组长</td><td></td><td>学号</td><td></td><td></td><td></td></tr>
<tr><td rowspan="3">组员</td><td>姓名</td><td>学号</td><td colspan="2">姓名</td><td>学号</td></tr>
<tr><td></td><td></td><td colspan="2"></td><td></td></tr>
<tr><td></td><td></td><td colspan="2"></td><td></td></tr>
<tr><td colspan="6">任务分工</td></tr>
<tr><td colspan="6"></td></tr>
</table>

【知识准备】

（一）温度变送器的概念

温度变送器是将温度变量转换为可传送的标准化输出信号的仪表，主要用于工业过程温度参数的测量和控制。

温度变送器采用热电偶、热电阻作为测温元件，从测温元件输出信号送到变送器模块，经过稳压滤波、运算放大、非线性校正、V/I转换、恒流及反向保护等电路处理后，转换成与温度呈线性关系的4~20 mA 电流信号输出。

工业上最常用的温度检测元件之一为热电偶，热电偶测温的基本原理如图9-4-1所示，是将两种不同材料的导体或半导体A和B焊接起来，构成一个闭合回路。当导体A和B的热端和冷端之间存在温差时，两者之间便产生电动势，因而在回路中形成一个电流，这种现象称为热电效应（塞贝克效应）。

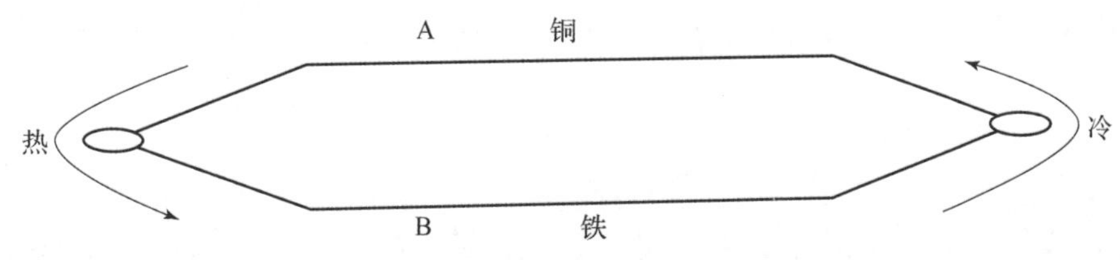

图9-4-1 热电偶测温的基本原理

常用热电偶的种类如下：

（1）标准热电偶：国家标准规定了其热电势与温度的关系、允许误差，并有统一的标准分度表，有与其配套的显示仪表可供选用。

（2）非标准化热电偶：在使用范围或数量级上均不及标准热电偶，一般也没有统一的分度表，主要用于某些特殊场合的测量。

（二）温度变送器的分类

温度变送器按测温元件可分为热电偶温度变送器和热电阻温度变送器，按输出信号可分为电动温度变送器和气动温度变送器。热电偶温度变送器由基准源、冷端补偿、放大单元、线性化处理单元、V/I转换单元、断偶处理单元、反接保护、限流保护等组成。热电阻温度变送器由基准单元、R/V转换单元、线性电路、反接保护、限流保护、V/I转换单元等组成。测温热电阻信号转换放大后，再由线性电路对温度与电阻的非线性关系进行补偿，经V/I转换电路后输出一个与被测温度呈线性关系的4~20 mA的恒流信号。

（三）温度变送器的工作原理及连接方式的工作原理

电动温度变送器工作原理：在被测介质的温度发生变化时，测量元件的电阻值（热电势）将发生相应的变化，此变化经测量线路转化为电信号，再经高稳定性运算放大器放大，线性化校正电路进行精确的线性化补偿，最后输出一个与被测温度呈线性关系的4~20 mA DC电流信号。

气动温度变送器工作原理：把温度改变所产生的充氮温包的压力变化转换为杠杆的位移，使放大器产生气压信号输出，用于连续测量生产流程中气体、蒸汽、液体的温度，并将其转换成20~100 kPa的气压信号，输出到气动显示、调节等单元进行指示、记录或调节。

温度变送器有电压型和电流型。电压型有三线和四线之说，区别就是是否共用零线；电流型有两线和四线之说，区别是串联电源还是单供电源。

（1）两线制：两根线既传输电源又传输信号，即传感器输出的负载和电源串联在一起。

（2）三线制：电源正端和信号输出的正端分离，但它们共用一个COM端。

（3）四线制：电源两根线，信号两根线。电源和信号是分开工作的。

目前大多数变送器均为两线制变送器，其供电电源、负载电阻和变送器是串联的，即两根导线同时传送变送器所需的电源和输出电流信号。

（四）温度变送器的温度测量要求

温度测量时，需保证测温元件与被测介质之间的导热油不缺及未变质。被测介质与测温元件之间的热交换要充分。在进行温度测量时，需保证测温元件与被测介质之间紧密接触。

【任务实施】

安装温度变送器

实施步骤一：准备工作。设备：校验合格的温度变送器 1 个，数字式万用表 1 块；工具、材料：活动扳手 2 把（200 mm、300 mm 各 1 把），十字形螺丝刀 1 把（150 mm），尖嘴钳 1 把（150 mm），生料带、导热油若干；人员：1 人操作，持证上岗，劳动保护用品穿戴齐全。

实施步骤二：打开配电柜，切断 PLC 上的 24 V 直流电。

实施步骤三：打开温度变送器后盖，拆下 24 V 直流电源信息号线，卸下防爆软管接头，使用活动扳手卸下旧温度变送器。

实施步骤四：检查温度变送器底座中的导热油有无变质，如变质则进行更换。

实施步骤五：在校验合格的温度变送器接头处逆时针方向缠绕生料带，安装温度变送器并紧固。

实施步骤六：打开新装温度变送器后盖，安装防爆管。

实施步骤七：接通配电柜 PLC 上的 24 V 直流电，用万用表在温度变送器的接线端子处测量电源正负极，断开配电柜 PLC 上的 24 V 直流电。

实施步骤八：连接 24 V 直流电源连线及信号线，接通配电柜 PLC 上的 24 V 直流电，用万用表在温度变送器的接线端子处测量信号正常。

实施步骤九：安装防爆软管接头、温度变送器后盖。

实施步骤十：填写更换记录，收拾工具，清理现场。

注意

（1）温度测量的要求是物体之间要达到热平衡，因此，需要等待被测介质与测温元件之间的热交换充分进行。

（2）温度测量时，需保证测温元件与被测介质之间的导热油不缺及未变质。

（3）现场有气体泄漏时不得打开表盖。

（4）表盖必须完全旋合，以达到防爆要求。

（5）应避免信号线和表壳相接触，否则会烧坏自控设备。

（6）不要将信号线正、负极接反。

【评价反馈】

学生自我评价表

学生互评表

1. 学生自我评价

学生扫码完成自我评价。

2. 互相评价

学生扫码完成互相评价。

3. 教师评价

教师根据学生表现，填写表 9－4－2 进行评价。

表 9－4－2 教师评价表

项目名称	评价内容	分值	得分
职业素养考核项目	穿戴规范、整洁	5 分	
	安全意识、责任意识、服从意识	5 分	
	积极参加教学活动，按时完成工作任务	10 分	
	工程质量意识	5 分	
	团队合作、与人交流能力	5 分	
	劳动纪律	5 分	
	生产现场管理 8S 标准	5 分	
专业能力考核项目	温度变送器相关专业知识查找及时、准确	12 分	
	安装温度变送器操作符合规范	18 分	
	操作熟练、工作效率高	12 分	
	完成质量	18 分	
总分			
总评	自评（20%）＋互评（20%）＋师评（60%）	综合等级	教师签名

任务 9.5 利用变频器调整抽油机冲次

【任务描述】

变频器（Variable－frequency Drive，VFD）是应用变频技术与微电子技术，通过改变电源频率的方式来控制交流电动机的电力控制设备。变频器靠内部 IGBT 的开断来调整输出电源的电压和频率，根据电动机的实际需要来提供其所需要的电源电压，进而达到节能、调速的目的。另外，变频器还有很多保护功能，如过流、过压、过载保护等。随着工业自动化程度的不断提高，变频器也得到了非常广泛的应用。本任务需要在了解利用变频器调整抽油机冲次工作原理的基础上，正确地利用变频器调整抽油机冲次。要求：正确穿戴劳动保护用品；操作应符合安全文明操作规范，质量达到技术要求；按照规定和流程完成操作；实施过程中能主动查阅相关资料、互相配合、团队协作。

小贴士

根据油井实际工况，利用变频器调整抽油机冲次，可提升油井的生产效率，减少损耗，节约电费，减少碳排放，实现绿色生产和高质量发展。

【任务目标】

1. 知识目标

（1）熟悉抽油机专用变频调速系统的结构。

（2）掌握利用变频器调整抽油机冲次的操作步骤。

2. 技能目标

（1）能掌握抽油机专用变频调速系统的使用方法。

（2）会使用变频器调整抽油机冲次。

3. 素质目标

（1）具有数字化思维和安全生产意识。

（2）具有系统性思维和低碳生产意识。

【任务分组】

学生填写表 9－5－1，进行分组。

表 9－5－1　任务分组情况表

<table>
<tr><td>班级</td><td></td><td>组号</td><td></td><td>指导教师</td><td></td></tr>
<tr><td>组长</td><td></td><td>学号</td><td></td><td></td><td></td></tr>
<tr><td rowspan="3">组员</td><td>姓名</td><td>学号</td><td>姓名</td><td colspan="2">学号</td></tr>
<tr><td></td><td></td><td></td><td colspan="2"></td></tr>
<tr><td></td><td></td><td></td><td colspan="2"></td></tr>
<tr><td colspan="6">任务分工</td></tr>
<tr><td colspan="6"></td></tr>
</table>

【知识准备】

（一）变频器的结构组成

1. 变频器的结构组成按组成单元分类

变频器主要由整流器、中间电路、逆变器、控制电路等组成。

（1）整流器：与三相交流电源相连接，产生脉动的直流电压。

（2）中间电路：使脉动的直流电压变得稳定或平滑，供逆变器使用；通过开关电源为各个控制线路供电；可以配置滤波和制动单元，以提高变频器性能。

（3）逆变器：将固定的直流电压变换成可变电压和频率的交流电压。

（4）控制电路：将信号传送给整流器、中间电路和逆变器，同时接收来自这些部分的信号。其主要组成部分是输出驱动单元、操作控制电路，主要功能是利用信号来开关逆变器的半导体器件；提供操作变频器的各种控制信号；监视变频器的工作状态，提供保护功能。

2. 变频器的结构组成按功能分类

变频器主要由整流单元、高容量电容、逆变器和控制器组成。

（1）整流单元：将工作频率固定的交流电转换为直流电。

（2）高容量电容：存储转换后的电能。

（3）逆变器：由大功率开关晶体管阵列组成电子开关，将直流电转化成不同频率、宽度、幅度的方波。

（4）控制器：按设定的程序工作，控制输出方波的幅度与脉宽，使其叠加为近似正弦波的交流电，驱动交流电动机。

（二）抽油机传统调速方式

油田普遍采用有杆抽油方式，而所用的抽油机普遍存在机采效率低、能耗大等情况。在实际生产过程中，采油井的供液能力随时都有变化，需要对抽油系统运行参数进行及时而合理的调整，其中抽油机冲次的调节尤为重要。一般通过更换电动机皮带轮调节冲次，但不能任意调节抽油机的冲次，以免使采油系统难以处于最佳工作状态，造成泵效普遍降低。

（三）抽油机专用变频调速系统的结构

抽油机专用变频调速系统主要由抽油机、变频控制柜、电动机、传感器、通信模块和监控中心六部分组成，如图 9－5－1 所示。

传感器采集抽油系统地面示功图和电动机输入参数，为变频调速提供依据；变频控制柜提供调速需要的变频电源；电动机接入变频电源，驱动抽油机按需要的冲次运转；通信模块将采集到的数据上传至监控中心，监控中心远程控制启、停机和调速。

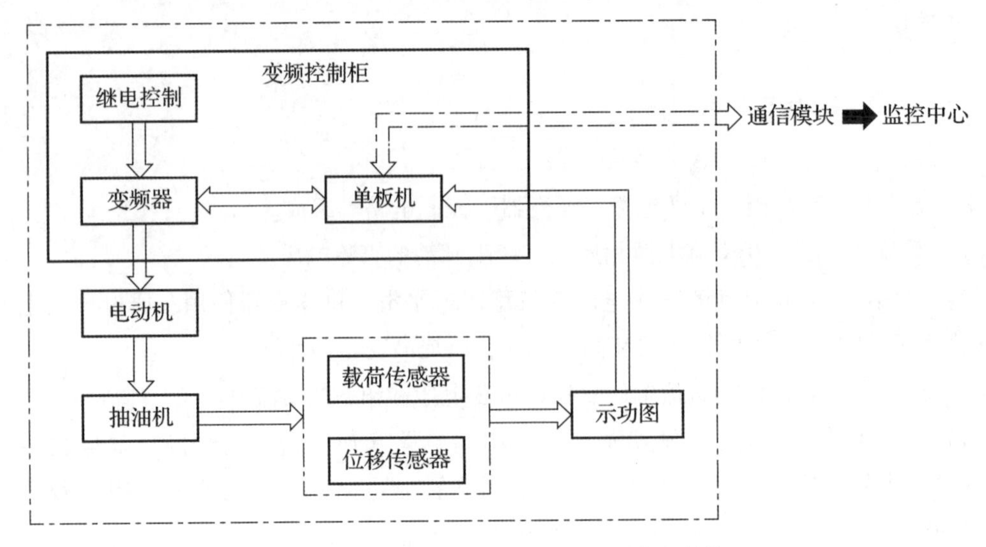

图 9-5-1　抽油机专用变频调速系统的结构

【任务实施】

变频器调整抽油机冲次

实施步骤一：准备工作。设备：数字化抽油机 1 台；工具、材料：单井动态资料 1 份；人员：1 人操作，持证上岗，劳动保护用品穿戴齐全。

实施步骤二：检查抽油机运行状态，根据单井动态资料，选择合理的冲次。

实施步骤三：对变频控制柜验电，确认无电后打开控制柜门。

实施步骤四：将柜内变频器供电断路器和工频供电断路器合闸，关闭控制柜。

实施步骤五：本地控制。将“远程/本地”旋钮旋到“本地”，然后选择“变频/工频”，按下“启动”按钮，“工频”下电动机以额定转速转动，“变频”下可以通过“冲次调节”旋钮调节电动机转速，以达到调节冲次的目的。

实施步骤六：远程控制。将“远程/本地”旋钮旋到“远程”，然后选择变频和工频，变频工况下系统可以通过上位计算机通信进行远程控制调节冲次。

实施步骤七：冲次调节完毕后，检查抽油机运行情况。

实施步骤八：填写记录，清理现场。

注意

(1) 变频器在运行过程中出现故障时，会自动停止运行，同时系统会自动切换到“工频运行”，解除故障需手动按下“故障复位”按钮，待故障消除后，系统恢复到变频运行状态。

(2) 系统检修时，将“本地/远程”旋钮旋到“本地”，按下“停止”按钮，将供电电源切断，然后进行检修。

(3) 变频器断路器断开后，约 10 min 直流母线电压才放电完毕，因此在10 min内严禁打开变频器。

(4) 抽油机变频器驱动三相异步电动机运转时，调速范围控制在 20～50 Hz。

【评价反馈】

1. 学生自我评价

学生扫码完成自我评价。

学生自我评价表

2. 互相评价

学生扫码完成互相评价。

学生互评表

3. 教师评价

教师根据学生表现，填写表 9－5－2 进行评价。

表 9－5－2 教师评价表

项目名称	评价内容	分值	得分
职业素养考核项目	穿戴规范、整洁	5 分	
	安全意识、责任意识、服从意识	5 分	
	积极参加教学活动，按时完成工作任务	10 分	
	团队合作、与人交流能力	5 分	
	系统性思维	5 分	
	劳动纪律	5 分	
	生产现场管理 8S 标准	5 分	

续表

<table>
<tr><th>项目名称</th><th colspan="2">评价内容</th><th>分值</th><th>得分</th></tr>
<tr><td rowspan="4">专业能力考核项目</td><td colspan="2">抽油机结构、工作原理和变频器等相关专业知识查找及时、准确</td><td>12 分</td><td></td></tr>
<tr><td colspan="2">利用变频器调整抽油机冲次操作符合规范</td><td>18 分</td><td></td></tr>
<tr><td colspan="2">操作熟练、工作效率高</td><td>12 分</td><td></td></tr>
<tr><td colspan="2">完成质量</td><td>18 分</td><td></td></tr>
<tr><td colspan="4">总分</td><td></td></tr>
<tr><td rowspan="2">总评</td><td rowspan="2">自评（20%）+互评（20%）+师评（60%）</td><td colspan="2">综合等级</td><td rowspan="2">教师签名</td></tr>
<tr><td colspan="2"></td></tr>
</table>

任务 9.6　安装载荷传感器

【任务描述】

载荷传感器是一种将诸如重力、加速度、压力等所产生的力转换为可传送的标准输出信号的仪表，主要用于工业过程载荷参数的测量和控制。载荷传感器测量试样受力，同时输出电信号，以便精确监视、报告或控制。本任务需要在了解载荷传感器工作原理的基础上，正确地安装载荷传感器。要求：正确穿戴劳动保护用品；操作应符合安全文明操作规范；质量达到技术要求；按照规定和流程完成操作；实施过程中能主动查阅相关资料、互相配合、团队协作。

小贴士

载荷传感器可有效监控抽油机的运行状态，其安装过程中需要操作人员具有较强的专注力、责任心和安全意识。

【任务目标】

1. 知识目标

（1）了解载荷传感器的分类。

（2）熟悉载荷传感器的结构及工作原理。

（3）掌握载荷传感器的安装及使用方法。

2. 技能目标

（1）能识别载荷传感器的分类。

(2) 能识别荷传感器的结构组成。

(3) 会安装载荷传感器。

3. 素质目标

(1) 具备安全生产及环境保护意识，能够认同石油企业文化。

(2) 具有崇高的职业理想和爱岗敬业的精神。

(3) 具有工程质量意识和埋头苦干的延安精神。

【任务分组】

学生填写表9－6－1，进行分组。

表9－6－1 任务分组情况表

<table>
<tr><td>班级</td><td></td><td>组号</td><td></td><td>指导教师</td><td></td></tr>
<tr><td>组长</td><td></td><td>学号</td><td></td><td></td><td></td></tr>
<tr><td rowspan="3">组员</td><td>姓名</td><td>学号</td><td>姓名</td><td colspan="2">学号</td></tr>
<tr><td></td><td></td><td></td><td colspan="2"></td></tr>
<tr><td></td><td></td><td></td><td colspan="2"></td></tr>
<tr><td colspan="6">任务分工</td></tr>
<tr><td colspan="6"></td></tr>
</table>

【知识准备】

(一) 载荷传感器的分类

载荷传感器分为闭口式载荷传感器和开口式载荷传感器，分别如图9－6－1、图9－6－2所示。

图9－6－1 闭口式载荷传感器

图9-6-2 开口式载荷传感器

（二）载荷传感器的结构及工作原理

载荷传感器的结构如图9-6-3所示。载荷传感器的外部结构由弹性体、防水接头、保护外壳、把手组成，内部结构由上压板、壳体、弹性元件、信号接口、应变计、信号调理单元和下压板组成。

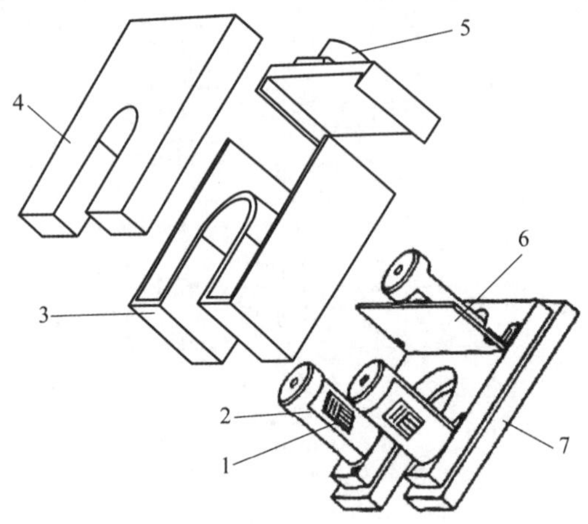

1—应变计；2—弹性元件；3—壳体；4—上压板；5—信号接口；6—信号调理单元；7—下压板。

图9-6-3 载荷传感器的结构

固定式载荷传感器的工作原理：如图9-6-4所示，在两个对称的不锈钢弹性元件表面分别贴了两个应变计。如图9-6-5所示，R_1 和 R_3 两个应变计的敏感栅方向与载荷方向平行，R_2 和 R_4 与载荷方向垂直。其中，R_2 和 R_4 这两个应变计用于消除横向效应，并用于温度补偿。把这四个应变计接成惠斯顿电桥电路形式，如图9-6-6所示，则经过放大后的载荷信号正比于载荷大小，也就是说测得该信号的电压值就得到载荷值。

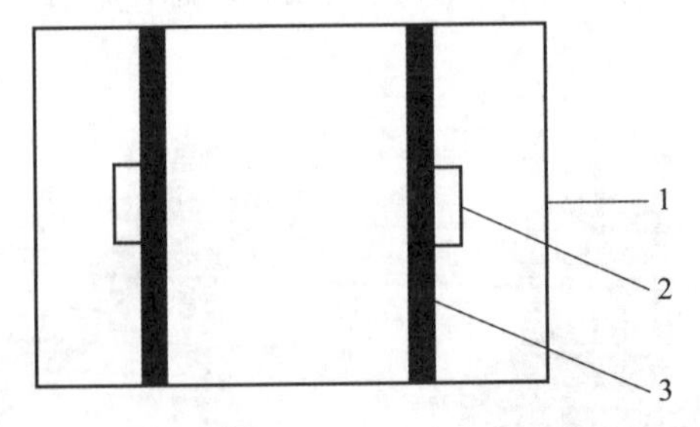

1—密封外壳；2—应变计；3—承载弹性元件。

图9-6-4 固定式载荷传感器的工作原理

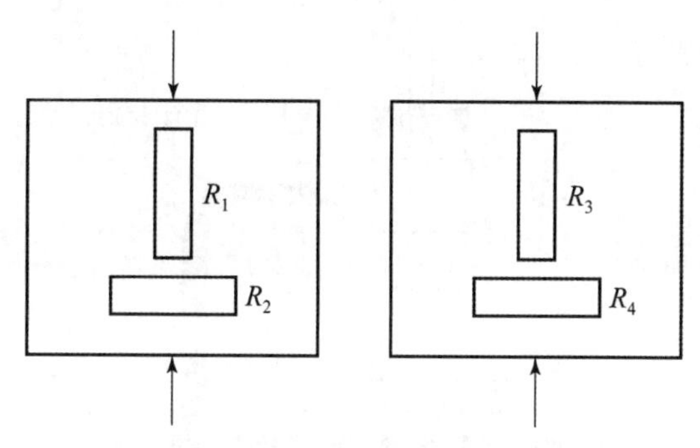

图 9-6-5 应变计位置示意图

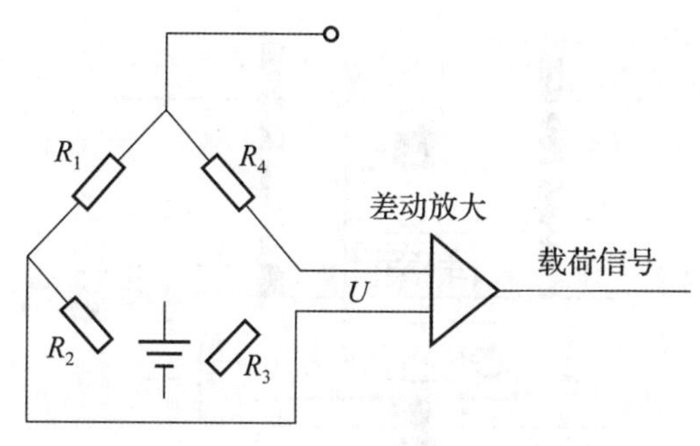

图 9-6-6 惠斯顿电桥电路

（三）载荷传感器的主要性能指标

载荷传感器的主要性能指标如下：

（1）负荷范围：0～150 kN；输出信号：4～20 mA，0～5 V，0～10 V。

（2）过载负荷：200% FS；精度等级：0.5%。

（3）测量范围：0～100 kN，0～150 kN，0～200 kN；供电电压：5～15 V DC。

【任务实施】

安装载荷传感器

实施步骤一：准备工作。设备：校验合格的载荷传感器 1 个、数字式万用表 1 块；工具、材料：活动扳手 2 把（200 mm、300 mm 各 1 把），十字形螺丝刀 1 把（150 mm），尖嘴钳 1 把（150 mm），生料带、导热油若干；人员：1 人操作，持证上岗，劳动保护用品穿戴齐全。

实施步骤二：手动启抽抽油机，将抽油机停在下死点位置。

实施步骤三：拉上手刹，断开电控柜空开。

实施步骤四：将光杆卡子卡在光杆的下部，防止光杆下滑，如图 9-6-7 所示。

实施步骤五：将载荷传感器安装在悬绳器与光杆卡子之间，如图 9-6-8 所示。

实施步骤六：载荷传感器安装好后，安装载荷电缆，并把电缆分别与载荷传感器上的挂钩和抽油机支架固定好，防止被风刮断。

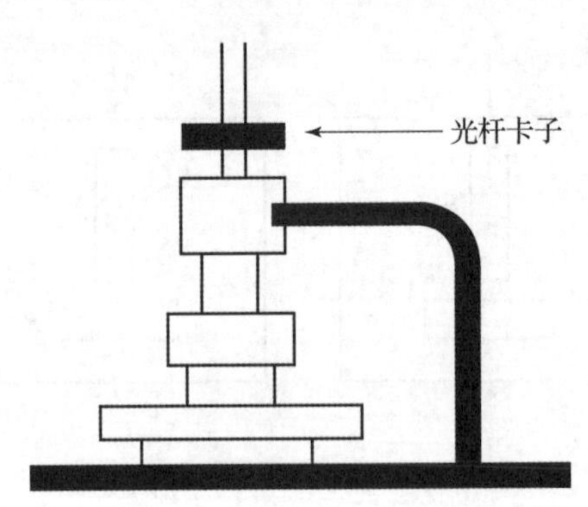

图9－6－7　光杆卡子安装位置示意图

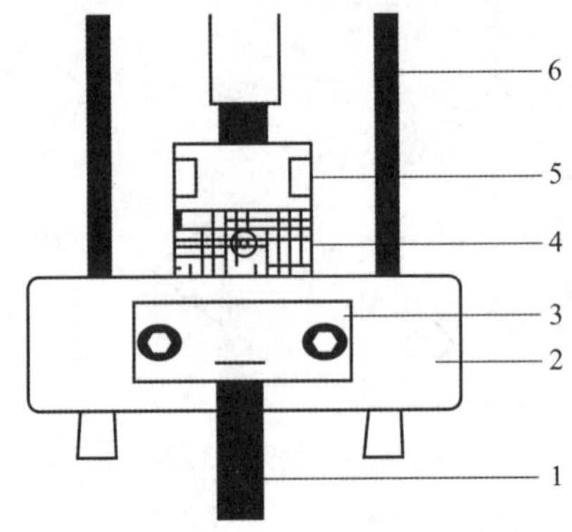

1—光杆；2—悬绳器；3—悬绳器盖板；4—载荷传感器；5—光杆卡子；6—悬绳。

图9－6－8　载荷传感器安装示意图

【评价反馈】

1. 学生自我评价

学生扫码完成自我评价。

学生自我评价表

2. 互相评价

学生扫码完成互相评价。

学生互评表

3. 教师评价

教师根据学生表现，填写表 9－6－2 进行评价。

表 9－6－2 教师评价表

<table>
<tr><td>项目名称</td><td colspan="2">评价内容</td><td>分值</td><td>得分</td></tr>
<tr><td rowspan="7">职业素养
考核项目</td><td colspan="2">穿戴规范、整洁</td><td>5 分</td><td></td></tr>
<tr><td colspan="2">安全意识、责任意识、服从意识</td><td>5 分</td><td></td></tr>
<tr><td colspan="2">积极参加教学活动，按时完成工作任务</td><td>10 分</td><td></td></tr>
<tr><td colspan="2">团队合作、与人交流能力</td><td>5 分</td><td></td></tr>
<tr><td colspan="2">工程质量意识</td><td>5 分</td><td></td></tr>
<tr><td colspan="2">劳动纪律</td><td>5 分</td><td></td></tr>
<tr><td colspan="2">生产现场管理 8S 标准</td><td>5 分</td><td></td></tr>
<tr><td rowspan="4">专业能力
考核项目</td><td colspan="2">抽油机原理、载荷传感器等相关专业知识查找及时、准确</td><td>12 分</td><td></td></tr>
<tr><td colspan="2">安装载荷传感器操作符合规范</td><td>18 分</td><td></td></tr>
<tr><td colspan="2">操作熟练、工作效率高</td><td>12 分</td><td></td></tr>
<tr><td colspan="2">完成质量</td><td>18 分</td><td></td></tr>
<tr><td colspan="4">总分</td><td></td></tr>
<tr><td rowspan="2">总评</td><td rowspan="2">自评（20%）＋互评（20%）＋师评（60%）</td><td colspan="2">综合等级</td><td rowspan="2">教师签名</td></tr>
<tr><td colspan="2"></td></tr>
</table>

任务 9.7　安装井口数据采集器

【任务描述】

井口数据采集器（RTU）是构成企业综合自动化系统的核心装置，通常由信号输入/输出模块、微处理器、有线/无线通信设备、电源及外壳等组成，由微处理器控制，并支持网络系统。RTU 主要用于井场抽油机井示功图、压力变送器、远程启停模块指令等数据的采集、控制及管理，对井场采集到的示功图数据、压力数据、流量数据进行过滤处理和 A/D 转换（将模拟信号转换成数字信号），并将处理后的数据上传至井场交换机。本任务需要在了解井口数据采集器工作原理、结构组成的基础上，正确地安装井口数据采集器。要求：正确穿戴劳动保护用品；操作应符合安全文明操作规范；质量达到技术要求；按照规定和流程完成操作；实施过程中能主动查阅相关资料、互相配合、团队协作。

小贴士

RTU是数字化油田的核心设备之一。操作人员需要具有数字化思维和创新思维，并在实际工作中不断提升创新能力，将数字化思想融入实际生产中。

【任务目标】

1. 知识目标

（1）了解数字化抽油机控制柜的组成与特点。

（2）掌握安装井口数据采集器的操作步骤。

2. 技能目标

（1）会使用数字化抽油机控制柜。

（2）能安装井口数据采集器。

3. 素质目标

（1）具有崇高的职业理想和爱岗敬业的精神。

（2）具有数字化思维、创新思维和系统思维。

【任务分组】

学生填写表9－7－1，进行分组。

表9－7－1　任务分组情况表

<table>
<tr><td>班级</td><td colspan="2"></td><td>组号</td><td></td><td>指导教师</td><td></td></tr>
<tr><td>组长</td><td colspan="2"></td><td>学号</td><td></td><td></td><td></td></tr>
<tr><td rowspan="3">组员</td><td>姓名</td><td colspan="2">学号</td><td colspan="2">姓名</td><td>学号</td></tr>
<tr><td></td><td colspan="2"></td><td colspan="2"></td><td></td></tr>
<tr><td></td><td colspan="2"></td><td colspan="2"></td><td></td></tr>
<tr><td colspan="7">任务分工</td></tr>
<tr><td colspan="7"></td></tr>
</table>

【知识准备】

数字化抽油机控制柜是以RTU为核心，实现冲次手动/自动调节、平衡手动/自动调节、工频/变频切换功能，同时实现无线远程监控的一体化智能控制系统。该系统具有良好的稳定性和自适应能力。

数字化抽油机控制柜分上下两层设计，上层为RTU控制系统，下层为工频和变频控制回路、平衡控制回路、二次回路、其他电气元件及接线端子。

（一）上层RTU系统

从左向右依次为开关电源模块、数据通信模块、电量采集模块及控制器模块RTU。

（二）下层电气控制回路

从左向右、从上向下依次为断路器、浪涌保护器及电流互感器部分，变频器部分，接触器、电动机综合保护器、中间继电器、时间继电器及插座部分，接线端子、电流变送器、温控器及接地汇流铜排部分。

（三）控制柜

控制柜主要由控制面板、变频控制系统、工频控制系统、尾平衡调节系统、数据采集及传输系统五部分组成。

1. 控制面板

控制面板由工频和变频转换按钮、启动按钮、停止按钮、复位按钮、冲次调节按钮、平衡调节按钮和数据显示模块等组成，如图9－7－1所示。该部分可实现抽油机的本地启动/停止、工频/变频切换、冲次的本地调节及平衡的本地调节。

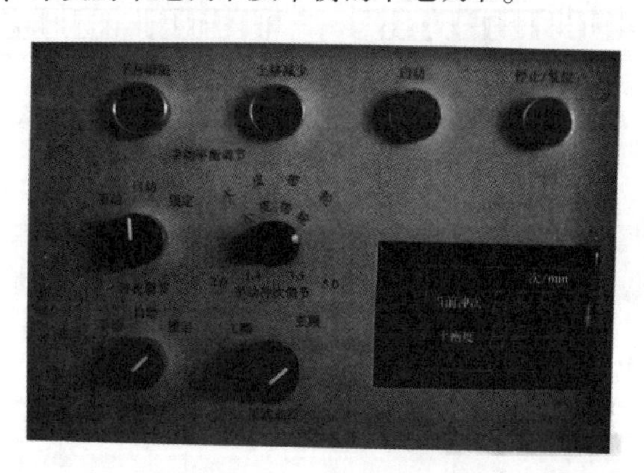

图9－7－1　控制柜控制面板

2. 变频控制系统

变频控制系统由变频器、制动单元、交流接触器、继电器及相关电气元件等组成，实现抽油机冲次手动/自动调节、电动机软启动和电动机智能保护等功能。

3. 工频控制系统

工频控制系统由继电器、断路器、接触器等相关电气元件组成，具有工频启动、停止、过流、过载、缺相等保护功能。当变频器发生故障时，系统可自动切换到工频状态，实现抽油机平稳、安全运行。

4. 尾平衡调节系统

尾平衡调节系统由继电器、平衡电动机接触器、行程开关等相关电气元件组成，具有增加和减少配重的能力，能实现自动/手动调节平衡的功能。

5. 数据采集及传输系统

数据采集及传输系统由井口 RTU 控制器（Super32）、三相电参采集模块（SU306）和数据通信模块（SZ930）等部分组成，如图 9－7－2 所示。该系统为整个控制柜的核心所在，主要完成载荷及角位移数据的采集，井口三相电参的采集，示功图、电流图的生成，抽油机的远程启停，冲次、平衡的自动调节，控制柜的智能保护，以及数据的远程传输等功能。

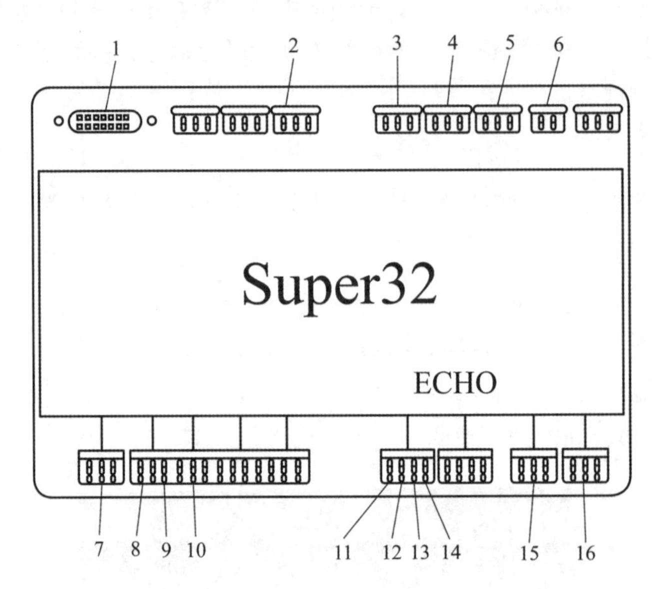

1—SZ930 通信串口；2—平衡电动机下移端子；3—平衡电动机上移端子；4—抽油机终止端子；5—抽油机启动端子；6—喇叭端子；7—SU306 通信串口；8—载荷端子；9—角位移端子；10—电流变送器端子；11—冲次调节选择；12—平衡调节选择；13—上行程状态；14—下行程状态；15—变频器串口；16—电源端子。

图 9－7－2　数据采集及传输系统

【任务实施】

安装井口数据采集器

实施步骤一：准备工作。设备：数字化抽油机 1 台，井口数据采集器（RTU）1 个；工具、材料：串口数据线 1 根，参数表 1 张，100 mm 十字形螺丝刀 1 套，100 mm 一字形螺丝刀 1 套，数字式试电笔 1 个，500 V 绝缘手套 1 副，安全警示牌 1 块；人员：1 人操作，持证上岗，劳动保护用品穿戴齐全。

实施步骤二：用试电笔检查配电柜是否带电，检查抽油机刹车是否灵活好用，按启、停抽油机标准操作停机，拉紧刹车，挂好制动板。

实施步骤三：切断控制柜主电源，检查并确认配电柜接地线是否完好，挂好安全警示牌。

实施步骤四：用螺丝刀卸松 RTU 固定螺栓，将 RTU 卡在配电柜安装部位的卡槽上，紧固 RTU 固定螺栓。

实施步骤五：依次插入 RTU 数据线，检查并确认无虚接。

实施步骤六：插入 RTU 电源线，检查并确认无虚接。

实施步骤七：摘下安全警示牌，按照 QF1、QF4、QF5 的顺序送电，用数据线连接 RTU 至便携式计算机，运行调试软件进行调试，调试完毕后退出调试软件，断开 RTU 与便携式计算机的连接线。

实施步骤八：关闭配电柜门，取下制动板，缓慢松刹车，在本地和工频状态下，按照抽油机启、停标准操作启机。

实施步骤九：检查抽油机运行情况。

实施步骤十：收拾工具、用具，清理现场。

注意

（1）显示模块显示冲次、平衡度等信息，与 RTU 通过 RS－485 连接。

（2）RTU 使用环境温度要求为 －40～80 ℃，当温度高于 80 ℃时必须设置风扇或冷风机进行降温。

（3）RTU 在安装时应配套完善避雷措施，以防止雷击对 RTU 正常工作的影响。

（4）RTU 应远离强干扰源如电焊机、大功率硅整流装置和大型动力装备，不能与高压电器安装在同一个开关柜内。

（5）为防止静电对 RTU 的影响，在接触 RTU 前，先用手接触某一接地金属物体，以释放人体所带静电。

【评价反馈】

1. 学生自我评价

学生扫码完成自我评价。

学生自我评价表

2. 互相评价

学生扫码完成互相评价。

学生互评表

3. 教师评价

教师根据学生表现，填写表9-7-2进行评价。

表9-7-2 教师评价表

项目名称	评价内容	分值	得分
职业素养考核项目	穿戴规范、整洁	5分	
	安全意识、责任意识、服从意识	5分	
	积极参加教学活动，按时完成工作任务	10分	
	团队合作、与人交流能力	5分	
	数字化思维、创新思维、系统思维	5分	
	劳动纪律	5分	
	生产现场管理8S标准	5分	
专业能力考核项目	RTU相关专业知识查找及时、准确	12分	
	安装井口数据采集器操作符合规范	18分	
	操作熟练、工作效率高	12分	
	完成质量	18分	
总分			
总评	自评（20%）+互评（20%）+师评（60%）	综合等级	教师签名

任务9.8 安装磁浮子液位计

【任务描述】

液位计是一种测液位或界面的测量仪表，被广泛应用于石油、化工、电站制药、冶金船舶、水/污水处理等行业的罐、槽箱等容器的液位检测。本任务需要在了解磁浮子液位计工作原理、结构组成的基础上，正确地安装磁浮子液位计。要求：正确穿戴劳动保护用品；操作应符合安全文明操作规范；质量达到技术要求；按照规定和流程完成操作；实施过程中能主动查阅相关资料、互相配合、团队协作。

小贴士

在磁浮子液位计的安装过程中，一方面要掌握设备的工作原理，提升数字化能力；另一方面要提升安全风险意识。

【任务目标】

1. 知识目标

（1）了解磁浮子液位计的优点。

（2）熟悉磁浮子液位计的工作原理。

（3）掌握安装磁浮子液位计的操作步骤。

2. 技能目标

（1）能分析磁浮子液位计的优点。

（2）能掌握和识别磁浮子液位计的工作原理和组成结构。

（3）会安装安装磁浮子液位计。

3. 素质目标

（1）具备安全生产及环境保护意识，能够认同石油企业文化。

（2）具有崇高的职业理想和爱岗敬业的精神。

（3）具有劳模精神、奉献精神、吃苦耐劳精神和工程质量意识。

【任务分组】

学生填写表9－8－1，进行分组。

表9－8－1　任务分组情况表

<table>
<tr><td>班级</td><td></td><td>组号</td><td></td><td>指导教师</td><td></td></tr>
<tr><td>组长</td><td></td><td>学号</td><td></td><td></td><td></td></tr>
<tr><td rowspan="3">组员</td><td>姓名</td><td>学号</td><td>姓名</td><td colspan="2">学号</td></tr>
<tr><td></td><td></td><td></td><td colspan="2"></td></tr>
<tr><td></td><td></td><td></td><td colspan="2"></td></tr>
<tr><td colspan="6">任务分工</td></tr>
<tr><td colspan="6"></td></tr>
</table>

【知识准备】

（一）液位计的分类

液位计的分类如下。

（1）超声波液位计：探头部分发射出超声波，然后被液面反射，探头部分再接收，探头到液（物）面的距离和超声波经过的时间成比例，即

$$距离 = 时间 \times 声速/2$$

（2）差压液位计：通过测量容器两个不同点处的压力差来计算容器内物体液位（差压）的仪表。

（3）磁浮子液位计：又称磁性液位计、磁翻柱液位计、磁翻板液位计，是通过磁性浮子与显示色条中磁性体的耦合作用，反映被测液位或界面的测量仪表。

（4）静压式液位计：利用液柱静压与液柱高度成正比的原理，采用扩散硅或陶瓷敏感元件的压阻效应，将静压转换成电信号，经过温度补偿和线性校正，转换成4～20 mA DC的标准电流信号输出。

（5）雷达液位计：脉冲发射装置发出电磁脉冲以光速沿钢缆或探棒传播，当遇到被测介质表面时，部分脉冲被反射形成回波并沿相同路径返回脉冲发射装置，脉冲发射装置与被测介质表面的距离同脉冲在其间的传播时间成正比，经计算得出液位高度。

（二）磁浮子液位计的工作原理

如图9－8－1所示，磁浮子液位计与被测容器构成连通器，利用浮力原理和磁性属合作用，磁浮子随被测介质液面的变化上下移动，浮子内置永磁磁组与显示器的磁柱之间产生磁性相合作用，吸引外部显示器磁柱翻转，从而使现场显示器可清晰地指示出液位的高度。

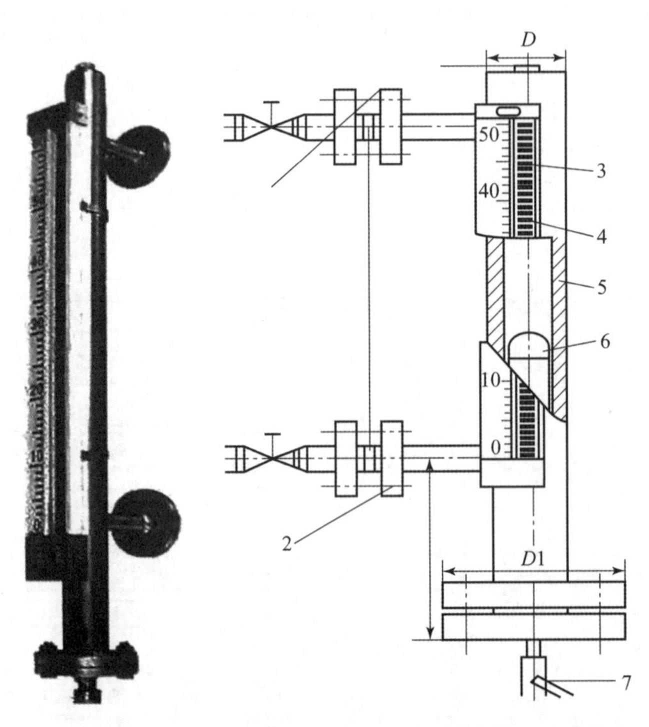

1—上连接法兰；2—下连接法兰；3—翻板指示器；4—标尺；5—主体；6—磁浮子；7—排污阀。

图9－8－1　磁浮子液位计的结构

（三）远传式磁浮子液位计的结构

远传式磁浮子液位计由磁浮子、工作筒、指示器和远传变送器组成。远传变送器由传感器和转换器两部分组成。当处于某一液面位置时，磁浮子的磁钢使相应的干簧管（如第 k 个）吸合，其他干簧管均为断开状态，传感器的输出电阻为：$R_{AB}=R_1+R_2+\cdots+R_k=kR$。液面的高低与传感器的输出电阻 R_{AB} 呈一次线性关系，当液位变化时，通过变送单元转换器将对应的输出阻值转换为 4～20 mA 的标准电流信号输出，实现远距离的液位指示、检测、控制和记录。

（四）磁浮子液位计的优点

磁浮子式液位计显示直观醒目，不需要电源，安装方便可靠；配合磁控液位计使用，可就地数字显示，或输出 4～20 mA 的标准远传电信号，满足记录仪表或工业过程控制的需要，实现液位检测数据远传通信功能，便于液位远程控制及监控报警；远传磁浮子液位计取压管路较短，结构紧凑、附件少，大大降低了人员的维护量。

【任务实施】

安装磁浮子液位计

实施步骤一：准备工作。设备：校验合格的磁浮子液位计 1 套；工具、材料：防爆管钳 1 把（600 mm），一字形螺丝刀 1 把（200 mm），活动扳手 1 把（200 mm），棉纱密封脂、密封垫片、螺栓若干，排污阀 1 个（20 mm），堵头 1 个（20 mm）；人员：1 人操作，持证上岗，劳动保护用品穿戴齐全。

实施步骤二：选择安装位置。磁浮子液位计本体周围不允许有导磁物质，禁用铁丝固定，否则会影响磁翻板液位计的正常工作。

实施步骤三：打开底部法兰，保持浮子顶部向上，将浮子装入测量管内，将底部法兰加入法兰垫片并对角紧固螺栓

实施步骤四：将磁浮子上下法兰与容器被测上下法兰相连，加入法兰垫片并对角紧固螺栓。

实施步骤五：将面板指示器由上至下安装在立管（工作筒）外侧并紧固。

实施步骤六：在磁浮子液位计底部法兰下方安装排污阀及堵头。

实施步骤七：安装远传变送器，连接远传配套仪表与显示仪表或工控机之间的连线（最好单独穿保护管敷设或用屏蔽二芯电缆敷设），盖上接线盒盖板。

实施步骤八：对磁浮子液位计进行校正，试运行调试。

实施步骤九：填写记录，清理现场，收拾工具。

注意

（1）远传变送器接线盒进线孔敷设后，要求密封良好，以免雨水、潮气等侵入接线盒。在检修或调试完成后应及时盖上。

（2）安装或更换磁浮子液位计时不允许带压操作。

（3）液位计安装必须垂直，以保证浮球组件在主体管内上下运动自如。

(4) 液位计主体周围不允许有导磁体靠近，否则会直接影响液位计正常工作。

(5) 液位计安装完毕后，需要用磁钢对翻柱导引一次，使零位以下显示红色，零位以上显示白色。

(6) 液位计投入运行时，应先打开下引液管阀门让液体介质平稳进入主体管，避免液体介质带着浮球组件急速上升，而造成翻柱翻转失灵和乱翻。若发生此现象，则待液面平稳后可用磁钢重新校正。

(7) 根据介质情况，可定期打开排污阀门清洗沉淀物质。

【评价反馈】

1. 学生自我评价

学生扫码完成自我评价。

学生自我评价表

2. 互相评价

学生扫码完成互相评价。

学生互评表

3. 教师评价

教师根据学生表现，填写表 9－8－2 进行评价。

表 9－8－2　教师评价表

<table>
<tr><td>项目名称</td><td colspan="2">评价内容</td><td>分值</td><td>得分</td></tr>
<tr><td rowspan="7">职业素养
考核项目</td><td colspan="2">穿戴规范、整洁</td><td>5 分</td><td></td></tr>
<tr><td colspan="2">安全意识、责任意识、服从意识</td><td>5 分</td><td></td></tr>
<tr><td colspan="2">积极参加教学活动，按时完成工作任务</td><td>10 分</td><td></td></tr>
<tr><td colspan="2">劳模精神、奉献精神、工程质量意识</td><td>5 分</td><td></td></tr>
<tr><td colspan="2">团队合作、与人交流能力</td><td>5 分</td><td></td></tr>
<tr><td colspan="2">劳动纪律</td><td>5 分</td><td></td></tr>
<tr><td colspan="2">生产现场管理 8S 标准</td><td>5 分</td><td></td></tr>
<tr><td rowspan="4">专业能力
考核项目</td><td colspan="2">磁浮子液位计相关专业知识查找及时、准确</td><td>12 分</td><td></td></tr>
<tr><td colspan="2">安装磁浮子液位计操作符合规范</td><td>18 分</td><td></td></tr>
<tr><td colspan="2">操作熟练、工作效率高</td><td>12 分</td><td></td></tr>
<tr><td colspan="2">完成质量</td><td>18 分</td><td></td></tr>
<tr><td colspan="4">总分</td><td></td></tr>
<tr><td rowspan="2">总评</td><td rowspan="2">自评（20%）＋互评（20%）＋师评（60%）</td><td colspan="2">综合等级</td><td rowspan="2">教师签名</td></tr>
<tr><td colspan="2"></td></tr>
</table>

参 考 文 献

[1] 刘玉忠．钻井机械[M]．2 版．北京：石油工业出版社，2016.

[2] 马春成．采油机械[M]．2 版．北京：石油工业出版社，2016.

[3] 姚春东．石油矿场机械[M]．北京：石油工业出版社，2012.

[4] 编写组．钻井专业岗位操作安全培训视频教材[Z/CD]．北京：中国石化出版社，2009.

[5] 胜利石油管理局劳动工资处．石油钻井工[Z/CD]．东营：中国石油大学出版社，2009.

[6] 中国石油天然气集团有限公司人事部．石油石化职业技能培训教程石油钻井工（上册、下册）[M]．东营：中国石油大学出版社，2019.

[7] 中国石油天然气集团有限公司人事部．石油石化职业技能培训教程采油工（上册、下册）[M]．东营：中国石油大学出版社，2019.

[8] 中国石油天然气集团有限公司人事部．石油石化职业技能培训教程石油钻井工 [M]．东营：中国石油大学出版社，2009.

[9] 谷风贤．钻井作业 [M]．北京：石油工业出版社，2011.